XINZHI

How Dogs Think

What the World Looks Like to Them and Why They Act the Way They Do

How Dogs Think: What the World Looks Like to Them and Why They Act the Way They Do
by Stanley Coren

Published by arrangement with Atria Books, a Division of Simon & Schuster, Inc. through
Bardon-Chinese Media Agency

狗智慧

它们在想什么?

[加] 斯坦利・科伦 著　江天帆 马云霏 译

生活・讀書・新知 三联书店

图书在版编目（CIP）数据

狗智慧：它们在想什么？／（加）科伦（Stanley Coren）著；江天帆，马云霏译．—2版．—北京：生活 · 读书 · 新知三联书店，2018.7
（2021.4重印）
（新知文库）
ISBN 978－7－108－06116－4

Ⅰ．①狗…　Ⅱ．①科…②江…③马…　Ⅲ．①犬－驯养
Ⅳ．①S829.2

中国版本图书馆CIP数据核字（2017）第321616号

责任编辑　樊燕华
装帧设计　陆智昌　薛　宇
责任校对　常高峰
责任印制　董　欢
出版发行　生活 · 讀書 · 新知　三联书店
（北京市东城区美术馆东街22号 100010）
网　　址　www.sdxjpc.com
经　　销　新华书店
图　　字　01-2017-7671
印　　刷　三河市天润建兴印务有限公司
版　　次　2007年7月北京第1版
2018年7月北京第2版
2021年4月北京第4次印刷
开　　本　635毫米×965毫米　1/16　印张22.25
字　　数　268千字
印　　数　20,001－22,000册
定　　价　47.00元
（印装查询：01064002715；邮购查询：01084010542）

新知文库

出版说明

在今天三联书店的前身——生活书店、读书出版社和新知书店的出版史上，介绍新知识和新观念的图书曾占有很大比重。熟悉三联的读者也都会记得，20世纪80年代后期，我们曾以“新知文库”的名义，出版过一批译介西方现代人文社会科学知识的图书。今年是生活·读书·新知三联书店恢复独立建制20周年，我们再次推出“新知文库”，正是为了接续这一传统。

近半个世纪以来，无论在自然科学方面，还是在人文社会科学方面，知识都在以前所未有的速度更新。涉及自然环境、社会文化等领域的新发现、新探索和新成果层出不穷，并以同样前所未有的深度和广度影响人类的社会和生活。了解这种知识成果的内容，思考其与我们生活的关系，固然是明了社会变迁趋势的必需，但更为重要的，乃是通过知识演进的背景和过程，领悟和体会隐藏其中的理性精神和科学规律。

“新知文库”拟选编一些介绍人文社会科学和自然科学新知识及其如何被发现和传播的图书，陆续出版。希望读者能在愉悦的阅读中获取新知，开阔视野，启迪思维，激发好奇心和想象力。

生活·讀書·新知三联书店
2006年3月

Contents

目　录

前　言

Preface

狗会思考吗？它们眼中的世界和人类的一样吗？我们可以说狗和人一样具有意识行为能力吗？狗真的有情感吗？和人类比起来，狗的智商有多高？如果你在一间坐满了行为学家和哲学家的房间里谈论这些问题的话，将会展开一场激烈的争论。

尽管考古学家已经证明人类和狗在一起共存的时间已经超过140个世纪，但对于狗到底是否具有思想，如果有的话，它们又是怎么思考的这些问题一直没有定论。有些人认为狗只不过是没有脑子、长着一身毛发的生物机器，而另一些人则认为狗是披着皮毛衣服的小矮人。

很多狗主人都认为狗是具有智慧和意识的，尽管他们有时也会因为狗的愚蠢表现而产生怀疑。在津巴布韦有一则广为流传的民间故事，里面也证实了这个观点，认为狗不但聪明，甚至还会说话，只是它们平时选择了沉默而已。故事里说，有个叫恩汉格的英雄和一只名叫卢卡巴的狗达成了一个协议，如果卢卡巴能从火神尼亚穆拉里那里偷出火种的话，人类就会成为狗永远的朋友。狗遵守了诺言，把火种给了人类。后来，恩汉格又让狗帮他打猎、守卫、放牧，还有其他一些高难度的工作。最后恩汉格决定让狗做信使。这个决定让卢卡巴很为难。它认为自己已经把火带给了人类，就应该躺在火堆边享受安逸；它想："人类之所以把我呼来唤去，主要是因为我既聪明又会说话，所以如果我不会说话的话，他们也就不会让我当信使了。"于是从那天起，狗就开始选择不说话了。

甚至有些高级知识分子也会对狗的能力和智力想入非非。我的一位律师朋友曾经参与了美国历史上最具争议的一个案件——辛普森案的审理。美国超级橄榄球明星O. J. 辛普森的前妻妮科尔和其男友戈德曼双双被杀害于妮科尔在洛杉矶的别墅。现场发现的一些物证使辛普森成为案件最大的、也是唯一的嫌疑人。辛普森被捕后，申辩自己是无罪的，并聘请了由全美最好的律师所组成的被称为"梦之队"的辩护律师团。在这个案件中曾出现过一只名字叫卡托的秋田犬，它是妮科尔的爱宠。卡托之所以会被牵涉进来是因为一个邻居曾听到它狂躁的咆哮，那个邻居还注意到了卡托脚上的血迹，怀疑它是受伤了。但是当他打算把卡托送还给妮科尔的时候，狗却把他领往了车库的方向。尸体就是这样被发现的。很多人认为卡托目击了这起凶杀并想求助。在O.J.辛普森案件审理中的一天早上，我接到这位律师朋友的电话，他当时正在参与该案的庭审。他告诉我他们愿以重金请我去洛杉矶和卡托见面，看看是否有办法让它指认凶手。为了解释清楚这个问题，我给他打了一个比方，即和人相比，狗的智力大约和一个两岁婴儿相当；我问他是否会指望一个只有两岁大的没有清晰意识及语言能力的婴儿来评断九个月前发生的一个案件。“你看，”他请求道，“也许你只是过来和这只狗见一面，沟通一下。”我一时忘记了某些律师缺乏幽默感，随口调侃道：“你的意思是最好能让它叫一声表示‘是’，叫两声表示‘不是’吗？”电话那端兴奋而又惊喜的声音问道：“你可以吗？”

我写这本书的目的，是想告诉世界上所有的人（包括那位律师）狗是如何思考的。要了解犬类的思维，就需要我们首先了解狗对这个世界的认知程度，其次要从基因的角度来理解狗的行为，了解狗对于环境的应变能力，在对这个问题的探索过程中，我们将会一起讨论很多发生在狗和狗主人身上的趣事，要研究不同种类狗的性格以及那些改变它们脾性的经历，还要探索狗在成熟及衰老的过程中思维上的变化。这其中我们会回答很多人对于狗的千奇百怪的问题：比如它们有没有艺术细胞，懂不懂算术，有没有第六感，能否预测地震，甚至能不能检测人体癌细胞等。这本书的内容是基于一些最新的令人兴奋的科学研究，让我们对这些披着皮毛的生物的思维有更深入的了解。在这里你会有很多惊奇，比如发现你家的小狗竟然有一些你从未想到过的超常能力，或者发现它其实根本不具备某些你一直以来都认定它具备的能力。你也许还会学到如何更进一步地了解你的狗，如何和它进行更顺畅的交流，并且让它真正和谐地融入到你的生活中去。你还能从中获得很多真实的数据和精彩的事例，当你和一屋子哲学家和行为学家在一起讨论狗是如何思考和行为的时候，可以以此来炫耀和争辩。

最后，我必须要感谢我聪明的爱妻琼，如果没有她帮助我一起整理编纂初稿，就不会有现在这本书的诞生。

The Mind of a Dog

第一章

狗的思想

> 我本人看到过很多极有思想的狗。
>
> 詹姆斯·瑟伯

考古学家给我们描绘了这样一个画面：在1.4万年前的石器时代，一位人类祖先静坐在一堆篝火旁看着身边的一只动物，这只动物就是我们现在所说的狗。所有现代狗的祖先起初并非只是家养的宠物，它还曾担当过警卫、守护者及猎人助手的职责，而它的后代们则扮演了更多的角色，牧羊犬、战斗犬、搜救犬、协助法律执行犬、救生犬、导盲犬、助残犬等，而且它们更是被很多人视为家庭中的一分子或生死挚友。回到刚才的画面中，我们可以试想那些刚刚开始学会使用木棍、石头及石头碎片制造工具的原始人，可能正放下手头的工作，全神贯注地看着身边的这个同伴，透过它那黝黑而又深邃的双眼猜想着：它在思考什么？它知道些什么？它是否有感情？它对我又是什么感觉？

篝火闪烁，转眼间，140个世纪过去了，我们仍在讨论着有关犬类朋友的问题。很多狗的主人都会从狗的眼神里捕捉到一些智慧、情感和意识的火花，并由此开始猜想狗的脑子里到底在想些什么。历史上，有很多伟大的思考者也曾为此类问题而争论不休，有些人凭直觉认为那一双深邃的眼睛后面藏着智慧的思维，而另外一些人则认为狗的行为纯粹源于它们的基因。

狗与哲学家

希腊哲学家柏拉图对狗的智慧有着极高的评价。他把“高贵的狗”描述为“诚挚的学者”和“值得尊敬的动物”。他在一次谈话中提到苏格拉底和格劳孔的一段讨论。在这次讨论中，苏格拉底经过缜密的分析，最终使他的学生确信狗是一位“真正的哲学家”。

与柏拉图同时代的第欧根尼，是希腊另一位具有重要影响力的哲学家。虽然和大多数人相比，他看起来很古怪，但是他以提着灯笼满世界转悠、就为了“找到一个真正的正人君子”而闻名。他对人类的品行产生了质疑，认为狗才是最具道德与智慧的动物，并给自己取了个昵称“Cyon”。其实Cyon就是希腊语中狗的意思。随后，他创立了古代一个伟大的哲学流派，这一流派与他的追随者一起，被后人称为“愤世者”或“犬儒”。第欧根尼拥有相当的聪明才智，亚历山大在科林斯湾会见第欧根尼之后曾有言：“如果我不是亚历山大，我希望我是第欧根尼。”

第欧根尼死后，雅典人在纪念堂竖起了一座大理石柱，在柱顶是一尊狗的石像，石像下面有段意味深长的题词，开头是这样一段对白：

“嗨。石像狗，请问，谁在坟墓中守护你？”

“是一只狗！”

“他的名字是？”

“第欧根尼。”

有很多次，我那些爱犬的种种行为都让我想起柏拉图和第欧根尼对它们的赞誉。在一个阴冷的雨天里，我因极度的疲倦和不适而不能带狗出门晨练，所以决定让它在院子里自己玩耍。但是对于我的平毛寻回犬奥丁来说，这是绝对不能接受的。那天的傍晚时分，我正在读书，突然被脚边咯咯的声音打断。我低头看去发现是奥丁，它不知从哪里找来了它的颈链并且扔在了地板上。我捡起颈链，将它放在了我旁边的沙发上，轻轻拍拍奥丁并安慰道：“等一会儿啦，奥丁。”

几分钟过去了，脚边又传来咯咯的响声，我发现奥丁竟然将我的一只鞋子捡到我旁边。我不理它，它马上捡起另外一只鞋子放在我身边。很明显，在它看来我又蠢又倔，因为我一次次地将在这阴冷潮湿的天气里出行的计划推迟。就在这个时候，奥丁冲向门口发出熟悉的吠声。每当我的太太琼回到家门口时，奥丁就会发出这种有特色的吼声。我在纽约市的一所大学里教书数年，并且已经养成了像纽约市民一样的即使白天在家也要锁门的习惯，而这一做法总使琼感到不快，因为她是在加拿大艾伯塔省的安全、宁静的环境中长大的。所以，当奥丁发出意味着“琼已经回家”的吼叫声时，我就起身去开门，以免她蜷缩在阴冷的雨中、翻遍手袋寻找钥匙，最后又责怪我这个“坏习惯”。当我走到离大门只有一两步远的时候，奥丁猛地冲回沙发叼起了它的颈链。在我还未能判定琼的汽车是否已停到车位上的时候，奥丁已经开始用它衔着的颈链轻推我的手。

我开始嘲笑它的阴谋诡计。我能想象它在几分钟前的思维过程："我需要出去走走，所以把我的颈链给你；我把你的鞋子也拿给你了，所以我们出去吧。现在都好了，你都已经准备站到门口去了，然后我把颈链交给你，我们为什么不出去散散步呢？"我为奥丁的行为加上了一系列的逻辑推理，一段内心的对话和一个经过周密计划的想法。然而，所有的行为都肯定与它的表现相符。顺便说一下，它的阴谋最终还是得逞了。

思想的多与少

尽管对狗拥有智慧、推理能力及情感的论断已延续了几个世纪，但是我们也许可以说狗在17世纪时失去了思想。根据当时最具影响力的法国哲学家热内·笛卡尔的观点，狗从来就没有过意识。作为一名杰出的数学家，笛卡尔在生理学领域也尝试过一些重要的实验，但最终导致他得出这个结论的，似乎是他强烈的天主宗教情感而非他的科学发现。对于笛卡尔来说，如果承认狗具有或多或少的智慧，那就意味着承认狗具有规划未来的能力和意识。对于当时的天主教教义来说，任何有意识的物质都有灵魂，而有灵魂的物质就拥有进入天堂的许可证，而狗也能进天堂这一说法对于笛卡尔和当时的罗马天主教来说是绝对不可能被接受的。

为什么没有智慧、逻辑和意识的狗会有如此复杂的行为表现，这个问题给笛卡尔带来很大的困扰。笛卡尔在参观游览了路易十四的故居和出生地圣日耳的花园后，给出了答案。花园里陈列着17世纪意大利工程师托马斯·弗兰奇尼设计的雅致端庄的雕像，它们所具备的特殊功能使得它们和现在的动画机器或者是机器人很相似，每个雕像艺术品都是以水为动力、并且在连接起来时就能展示一系列复杂动作的装置。当一尊雕像弹奏竖琴时，另一个就会跳舞，以此来带动其他雕塑的动作。笛卡尔推论狗就是这些装置的生物上的等同物，所不同的是控制它们行为的不是水动力和齿轮，而是在基本的物理反射和外界刺激产生的下意识的反应。而狗对外部环境的刺激会产生反应的现象，也并不违背他的论点，因为那些雕塑也对外界事物产生反应，比如一个人踩到了花园小径上的一块特殊的石头上，从而触动了激活雕塑运动的按钮。

笛卡尔关于狗是没有推理也没有意识的生物机器的观点，统治了学术界将近两个世纪，直到查尔斯·达尔文和他的生物进化论的诞生。达尔文认为人类在思维能力上并不是独一无二的，他反对那种每个物种都是由上帝特别创造的传统思想。他在那本名为《人类的起源》的书里写到，人类和大多数其他低等哺乳动物之间的差别仅在于程度而非种类。他说人类所自诩拥有的种种意识和直觉，种种情感和能力，比如爱情、记忆力、注意力、好奇心、模仿力和推理能力等，在一些低等哺乳动物身上同样有初级的甚至是成熟的体现。

达尔文认为动物和人类是进化这一连续统一体中的一部分，这个统一体推动着不同的物种在意识、推理能力、智慧和记忆力等方面向高层次不断进化。依照他的说法，这些元素都是意识的组成部分，不同物种有着不同层次的意识，因此一只狗就可能具有意识和自我感知能力，只是和人类不是处在同一个层次上。

最近有研究表明达尔文的理论不无道理，因为实验发现狗的神经系统和人存在着诸多相似之处。比如说，研究者通过实验证明，狗脑细胞的运作与人脑细胞的运作方式几乎一样，而且组成人类大脑的神经元的构成成分以及大脑中电子的运动模式也和狗脑中的如出一辙。总之，狗大脑的结构中含有绝大部分人脑中的器官。

和人类一样，狗的大脑中也有不同的区域分工。实际上，如果我们给狗大脑的不同功能区画个地图的话，你会发现它和人脑的功能区域图惊人地相似。比如说，控制视觉的区域都位于大脑后部的位置，而控制听觉的区域都在大脑两侧靠近太阳穴的地方。触觉的感知和运动的控制都在一条贯穿大脑顶部的狭长的条形区域里。

最近一项对狗的染色体的研究数据更让人吃惊。马里兰州罗克维尔基因组研究中心的尤恩·科克尼斯和他的研究小组，在对一只狮子狗和人的DNA进行比较后发现，两者有75%以上的基因密码完全吻合。以上所有这些在生理基础上的相同点，都可以成为人类与狗在思考方式上存在相似之处的有力佐证。

思维的得与失

关于动物思维和意识的科学理论总是处于钟摆似的不定状态，从一个极端摆到另一个极端。尽管达尔文的理论影响至深，但从20世纪初开始，一种新的被称为行为主义的心理学观点开始流行。这是一个更接近于笛卡尔的观点。来自约翰·霍普金斯大学的心理学家约翰·沃森教授率先提出以这种特殊的视角来观察动物的行为，此后，哈佛大学著名的心理学家斯金纳教授进一步拓展了这一理论。

行为学家认为，观察与衡量一个行为的最合理和有效的方法就是由第三方来进行操作。对于他们而言，任何关于意识和思想的谈论都只是无稽的猜测，因为我们根本无法对意识、感情和思维进行衡量。行为学家甚至认为我们根本不必费劲去用思维和意识来解释行为。看来沃森教授一定会对我先前关于奥丁那些具有思维意识的行为的描述提出强烈的质疑。

举个例子来说明行为学家的理论：假设我告诉沃森教授我的狗喜欢肉，他很有可能会告诉我这只是我的一种主观猜测。如果我给狗一片肉，我可以这样来形容狗的行为表现：它叫，跳，摇尾巴，淌口水，随后张开嘴，把肉吃掉，仅此而已。但是如果我要说这只狗喜欢吃肉，想吃肉，或者是“能感觉到这块肉马上会给它吃”，则都属于不规范的描述。所有类似的结论都仅仅是观察者对于这只狗的主观态度和情感，而且沃森教授会主张说没有任何论据来证明我的狗具有任何形式或任何程度的思想或感情。和笛卡尔一样，这类科学家认为奥丁这种行为上的升级就是它对外界刺激所做出的反应。

随着人类对动物世界认知的扩展，心理学界渐渐重新开始对动物思维的讨论。生物学家和心理学家开始研究起动物的目的性的行为，并开始讨论狗是否具有自己的意识世界。狗是思考者或狗是机械的争论延续着，在世界各地行为科学研究所的过道里和实验室里都可以听到这样的讨论。有些时候这样的讨论会演变成激烈的争论，甚至把宗教也扯进来，将这个问题看作与信仰和情感有关，而不仅仅是一个简单的科学事实。

犬类的思维能力

不论人类认为狗拥有一个具有意识、推理和复杂思维能力的脑子，还是坚持认为狗只是简单的机械，它们和普通机械的唯一差别就是它用神经元而不是硅芯片来处理信息，但有一些科学事实还是可以得到肯定的：

●狗能够感知世界并从中得到信息。

●狗能通过学习来改变修正它们的行为以适应外界环境。

●狗有记忆能力并能解决一些问题。

●狗在幼年的经历会对它成年以后的行为产生影响。

●狗具有感情。

●每一只狗都有独立特殊的个性，而且不同品种的狗有不同的性情。

●与外界的互动，比如说玩耍，对狗来说很重要。

●狗与狗之间及人之间都能进行沟通。

遗憾的是，随着这些事实的成立，一系列新的问题随之而来。比如说，狗是用和人一样的角度和方式来观察世界的吗？如果不是，那么这个世界在它们眼里是如何呈现的？有哪些是我们能感觉到但狗不能的、又有哪些是它们能而我们却不能的？狗的记忆力和人有差别吗？狗能够解决什么样的问题，它们的智商到底有多高？狗懂时间、美、音乐和数学吗？狗是不是真像有些人说的那样具有第六感？当我们在谈论狗的性情的时候，是不是指的就是类似于人的性格？狗有没有通过观察来学习模仿的能力？所有这些问题，以及其他不计其数的相关疑问其实都可以找到答案，不管狗是否真的有思想抑或它们仅仅只是披着皮毛的计算机。

截然不同的思想

很多人在读这本书的时候都和我一样带着一个愿望，就是能从这本书里了解到我们的狗朋友们在想些什么，它们是怎么想的。但是，事与愿违，我们必须要接受这个事实，这个愿望是不可能实现的，我们永远都不可能像了解另一个人一样地彻底了解我们身边的一只狗。

主要问题在于我们是人类，因此我们只会用人类的方式来进行推理。如果动物的思维方式和人类完全不同的话，我们就根本不可能用人类的经验来解释它们行为背后的“思想”。想象一下蝙蝠眼中的世界，飞翔在漆黑的夜晚，用声呐来探寻这个大自然。再来看看线虫，微小的蠕虫，没有视觉和听觉，靠着仅有的化学感知和极弱的触觉来了解这个世界。在这些情况下我们也依赖于人类的经验，比如，我们可能会把蝙蝠在声呐探测过程中的感觉，想象成人闭上眼睛以后在一个空旷的房间里面依靠回声来定位物体的感觉，但是这都只是我们的推测；运用了高科技声呐技术的现代船只，通过使用声音的反射和高性能的电脑来绘制出详细的大陆架地图，这就好比蝙蝠的声呐可以为它提供关于这个充满物质的世界的完整、丰富的经验一样。这种经验是如何转化为意识的，我们无从知晓。那线虫呢？你能想象用味觉来探测周围的环境吗？能仅凭你对所经区域的化学成分的感知来绘制出周边的地形吗？总之，对于人类以外生物的感知和思维状况，我们不具备足够的想象能力。

思维的过程能观察吗？

甚至是最谨慎的科学家都会很自然地用人类的术语来解释动物的行为。遗憾的是，在动物身上所表现出来的一个和人类极为相似的动作和行为，都可能有着截然不同的原因。来看看下面这个情况：首先我们要求一个孩子去解决一个问题，但是并不告诉他具体细节。然后我们从一排正面朝上的纸牌里面选出两张，而这两张纸牌上都写着数字2。现在我们让他找出一个答案。孩子在察看过所有的纸牌后会选出写有4的那一张。接着我们找来一只狗，也把同样的两张纸牌给它。出乎我们的意料，它竟然也选择了写着4的那张。尽管我们没有办法询问狗，但是我们还是询问了孩子的思维过程。当我们问他“你是怎么得到4这个答案的”时，他回答说他将第一个数字和第二个数字相加，然后得到了这个4。

从人类解决问题的基本的角度来看，我们是否可以得出一个结论，即参加实验的这只狗懂得加法？看上去好像没错，但从科学的角度来说，这是个谬论。首先，对人类而言，2和4代表的是数字，但是在狗看来它们只是抽象的形态。尽管数字是我们看来最为直观的因素，但也许存在着另外一些因素或是实验的环境，使狗把这几张卡片联系在了一起。可能狗的行为比辨认卡片上的数字要来得更为微妙。比如，狗可能更关注我们的行为。因为我们期待（或是希望）狗具有算术能力，而且我们知道加起来的答案是4，所以我们就会直接看着写有4的卡片。狗在没有任何算术头脑的情况下捕捉到了我们的目光，然后挑出了这张卡片。

鉴于狗对于外部世界的观察方式，其感知能力以及角度和人类是那么不同，所以我们为它们所设计的各种心理测试就不能说明太多问题。狗的思维过程和信息来源可能完全出乎我们的想象。举个例子，在我的孩子还很小的时候，我养过一只叫弗林特的凯恩梗。我曾经用下面的这个演示让我的孩子们相信弗林特能识字。首先我让他们画画，比如说小猫小狗什么的。接着我让他们在三张纸上写三个不同的单词，猫，狗，马。然后我把纸对折，并把有字的一面对着弗林特。然后我把画着猫的纸给弗林特看，用严肃的口气对它说：“弗林特，这是一只猫，快去找写有‘猫’的那张纸。”弗林特听到后会极其兴奋地冲过去，然后得意扬扬地咬着写有准确答案的纸回来。我们会一起重复几次，不同的图画，不同的单词。在这样的“测试”下，孩子们都确信无疑弗林特会识字。我甚至还成功地让我的几位心理学家同事们相信，我教会了我的狗将这些简单单词与图形或我的声音联系起来。

而事实是，我和所有舞台上表演的魔术师一样，使用了个小伎俩蒙蔽了大家的眼睛。在弗林特展现它的“认字技能”前，我先去洗手间里找了块肥皂，然后用左手的手指刮了点肥皂屑。当孩子们在画画的时候，我就偷偷地把左手上的肥皂屑弄到图片上面。然后我又同样用左手来拿写着正确答案的那张纸。而没有肥皂的右手则拿着所有写着错误答案的卡片。我在给弗林特描述图片并念出单词的时候，就把卡片凑近它的鼻子，好让它闻到肥皂的味道。当它冲出去“认字”的时候，它其实是去寻找另一张闻起来一样的卡片。这个小把戏几乎迷惑了所有的小朋友和大朋友，因为他们都站在人类的角度来思考观察这个现象，而视觉是人类最主要的感知能力，对于像嗅觉这样的次要感觉的忽略，使得他们错过了问题的本质。

因此再回到我们先前那个2＋2=4的例子，我们会发现狗解决这个问题的方式有别于所有的人类。也许，和弗林特一样，这只狗用来解决问题的方法也是靠嗅觉。因为孩子的手既接触过写着2的卡片，也接触过写着4的卡片，所以卡片上就留下了孩子的味道。于是狗就把我们的问题解读为“去找到另一张味道闻起来像这两张2一样的卡片”。或者，也许它会用我们匪夷所思的方法来思考这个问题。

这一点应该在我们的脑子里引起足够的重视。同样的行为可能源于截然不同的思考方式。在人类的思维世界中，如果要我们推测当一个男孩子被他所心仪的女孩子说“不”的时候会是什么反应，我们一定先要知道这个男孩子问了什么问题。同理，当我们试图解释狗的思想和行为的时候，我们就必须要知道它是如何来解读我们的问题的，它要达到什么样的状态，它使用的方法和处理过程又是怎样的。所以当狗和人面对同样问题的时候，他们的处理问题的方式是否会一样，谁都没有答案。

要迈出狗的思维探寻之旅的第一步，我们首先要知道世界在狗的眼中是如何呈现的，而要知道这一点，我们就一定要了解狗的感官世界。一些肉食性的鱼类通过感知水流的变化来捕获它们的猎物。蜜蜂能看到人的肉眼所看不到的紫外线，并以此来寻找花蜜，因为大多数花朵的花蜜和花粉在紫外线下长得像一个靶子。很多蛇可以看到人类看不到的红外线，而所有有体温的动物都是红外线的发散体，即使在伸手不见五指的黑夜，对于蛇而言，它们都是发着亮光的攻击对象。所有这些在动物眼中的世界，都和我们人类所看到、听到及感觉到的不尽相同。

鉴于人与狗之间在感知能力和方式上所存在的诸多不同，我们必须首先来研究一下狗的感官。正是感官信息最终决定了狗的现实世界，塑造着狗对整个世界的思维过程。

第二章

进入大脑的信息

Getting Information into the Mind

自从1873年威尔海姆·冯特在德国的莱比锡城建立了第一所心理学实验室，心理学家们便开始进行种种有关视觉的试验，试图了解人类意识的组成部分。如果没有了视觉、听觉、触觉、味觉和嗅觉，那么掌控我们意识的大脑便只是囚禁在我们头颅中的一个囚犯而已。形成思想和意识的基础就是这些通过感官获得的信息。古希腊哲学家普罗泰戈拉在公元前450年就曾总结过这个观点："我们人类不过是一组感官的集合体。"

如果你还不能完全理解这个观点，那就把我们的头脑想象成一台计算机，意识的活动过程就好比计算机处理数据的过程。计算机处理的数据显然必定来源于某处，对动物而言，进入他们"头脑计算机"的信息来自于感官，而计算机处理的数据来源于键盘。花一分钟的时间，想象一台键盘上只有数字的计算机。这台计算机的功能无论如何强大，也只能处理与数字相关的数据。而一个既有数字又有字母的键盘则从根本上改变了计算机能够接收的数据，使它还能够处理语言文字。但若键盘上缺失字母B，那么我们便无法区分“大脑”（brain）和“雨”（rain），无法判断输入电脑的词究竟指人体的部分还是天气状况。同样，动物的感官能力如果存在缺陷，它对于外界得出的结论也会受到影响或产生偏差。感官限制着我们大脑所能够处理的数据信息，缺乏色彩分辨能力的动物就如同没有字母“B”的键盘，无法从外界吸收那些依据色彩差异获得的有用信息。如果我们的某些感官能力强于其他的感官能力，我们可能会发掘出那些较强的感官收到的信息，而忽略其他感官获得的信息。因而我们人类有这样一种说法“眼见为实”（因为视觉是人类最精确的感官），而对狗来说，或许就应该是“鼻嗅为实”了。

脑海中的影片？

我们很少能够记得四岁之前发生的事。但可以肯定，在我们生命最初的这三四年里，我们学到了很多东西，拥有了许多经历并把它们储存在记忆中。那时的你也许学会了上厕所，学会了使用餐具吃饭，学会了辨认父母和其他家庭成员，也许会玩一些孩童的游戏，也许还去过动物园、海滨这样有趣的地方。这一切都形成了记忆，并以视觉形象储存在脑海中。而一旦你拥有了更高级的语言能力后，你开始通过语言的形式来进行记忆，开始用语言而非直观形象来进行思考。那些早年的记忆仍在你的大脑中，但你却无法再读取，因为你现在已经用文字来思考，无法再唤起那些非文字的、画面般的过去的记忆。

懂得多国语言的人常常可以发现，通过某种语言获得的信息，过后用同样的语言再去回忆往往更加容易。我的一位朋友说英语和法语，她在巴黎求学期间遇到了现在的丈夫，也是在那里他向她求婚。他们目前生活在一个讲英语的国家，但每每谈论彼此的亲密感觉时，他们只用法语，这是他们在巴黎热恋时用的语言。她告诉我："我用法语和帕斯卡谈论感情时，听起来柔情蜜意，但一旦换成英语，听起来就会虚伪，甚至可笑。而聊起我们在温哥华的生活琐事时，我们通常用英语，好像找不到合适的法语词汇来表达。"

狗不使用语言，至少不使用这种人类社会的、由单词构成的语言，因而它们储存想法的方式与人类也大相径庭。没有语言，狗就必须借助于一种意识过程，就像人类幼童时期通过感官进行思维那样。这并不是说狗在它们的头脑中放电影，而是说它们在思维过程中，用感官从经历中获取的一系列画面来代替语言。

有科学资料显示，狗在想到一件事物的时候，大脑反应与它当时亲身经历这一情形时产生的感官体验十分相似。俄罗斯科学家卢斯诺夫曾用狗来研究大脑的电生理学。他将用于测量、传输狗大脑波动的精密设备，通过微型的传输器与记录仪相连。每天把狗带入实验室进行不同的训练和感官试验。实验按照严格的时间表进行，一个星期五天，每天在同一时间开始。卢斯诺夫很快从脑电波的显示中发现，狗刚进入实验室的时候状态很放松，而实验项目一旦开始，脑电波便随着狗的感受呈现出明显的变化。一个周末，卢斯诺夫带领一群游客来实验室参观。他原本并没有计划进行任何实验，但当他打开记录脑电波的仪器打算向参观者展示它的工作原理的时候，却大吃一惊：那只在工作日的这个时间要接受实验的狗，竟然显示了与它平时在实验状态下几乎完全相同的脑电波图像！当实验时间过去，狗的脑电波也重新回到正常的非工作状态。卢斯诺夫由此得出结论：狗对于时间的流逝具有敏感性。每到实验时间，它的头脑中就会出现实验的情景和通常会发生的一切。由于狗通过感官形象进行记忆，它的思考就会激活大脑中的一部分区域，就像它平常在实验室中亲眼所见、亲耳所闻时激活那部分区域一样。

显而易见，如果具有感官产生的特定“观点”，并由感官形象取代文字进行思维，那我们一旦能够解读它们的感官语言，也就不难理解它们的思维过程了。要是狗无法像人类这样感知，那也就无法对特定的场景得出同人一样的结论。如果它们感知事物的方式与人类不同，或是能够感知到人类无法感知到的信息，那么它们对于事物的思考和理解也会与我们大相径庭。因而想要懂得狗的思维“语言”，首先得了解它们的感官提供的“词汇”。

夜猎者的眼睛

人与狗的眼睛有着大体相同的设计构造，但人和狗用双眼观察世界的时候，它们的工作原理却大不相同。与其他所有的感官相比，人类的视觉系统在处理和传输信息的过程中，动用了最多的大脑部分与神经细胞，因而我们对于某一事物的理解常常是建立在“眼见”的基础上的。狗却不是如此，它们的视觉系统对大脑的影响远没有那么高，从而它们对外界环境的解读依赖于视觉的程度也就较低。

从很多方面来说，狗的视觉能力弱于人类。如果有人目睹一只狗追着一只扔出的飞盘跑，在半空中一跃而起接住飞盘，一定不会怀疑狗进行视觉形象处理的能力和它的好视力。许多种狗生来就胜任一些要用视力进行的工作，人类也训练它们进行这些工作。寻回犬要用眼睛追踪鸟儿的飞行轨迹，并通过大脑判断它被猎人射中后落下的地方。牧羊犬能够觉察到羊群中每一头羊的细小移动，来决定该如何行动以保持羊群集中，还能够从远处望见主人的手势，根据命令采取行动。依赖视觉工作的狗，如灵缇，数千年来经历了无数次的繁衍，它们都拥有了与生俱来的依赖视觉快速奔跑的能力。导盲犬能够看见它们视觉障碍的主人看不见的东西，从而为主人服务。

经过长期的进化，每个物种的感官都向着适应生存的方向不断演化。人类从树栖的猿演化而来。猿需要有能够分辨色彩的双眼，以便从树叶中挑出成熟的果子；需要敏锐的视力，以便能看见微小的坚果和浆果；需要目测深度的能力，以便准确地判断树枝间的距离，而不致摔落到地面上。狗的祖先是以猎食为生的肉食动物，进化使它们具备了在地面上快速奔跑的能力，去追逐远处在追捕范围内的猎物。狗还是个“晨昏活动者”，在黎明和黄昏的时候行动活跃，比人更适于在微弱的光线下活动。它们需要有一双对低亮度敏感的眼睛，而辨色力并不是那么重要。

要了解狗的视觉，我们首先应对眼睛的构造和机能有所了解。眼睛的工作原理与照相机十分相似：两者都有一个让光线进入的孔（照相机的光圈与眼睛的瞳孔），有一片用于收集和聚焦光线的透镜，以及用来储存形象的感光表层（照相机的胶卷与眼睛的视网膜）。两者都能够根据不同的光线条件进行调节，在最大程度地利用微弱光线与最大限度地看清细节之间不断寻求平衡。

狗的眼睛构造的每一个部分，都更注重在微弱光线下工作的功能，因而辨识细节的能力就有所减弱。举例来说，狗的瞳孔要比大多数人大得多。观察许多狗的眼睛，你会发现除了大大的瞳孔，几乎什么都看不到，只在边缘可见少许彩色的虹膜。如此大的瞳孔可以让更多的光线进入眼睛，但却造成了景深的下降。只有在这个范围内，物体才能清晰地聚焦成像。让我们回到那个照相机的比喻。

摄影师对照片中人物的背景做模糊处理时，会使用宽口径光圈（F制光圈）来降低景深，而如果要让远处地平线上的山脉等景物获得清晰聚焦，他会使用最小的光圈。狗的瞳孔也可以缩放，但即使缩到最小也无法达到人眼的景深。

由于晶状体较大的缘故，狗眼采集光线的能力也较强。透镜必须达到足够大小才能获得充足的光线，所以天文望远镜都有巨大的透镜，加利福尼亚的帕洛马山上的望远镜透镜更有200英寸（508厘米）之巨的直径。人和狗的眼球中有两个部分起着透镜的作用：一个是角膜，也就是眼球前部鼓出的透明部分，进行光线采集；另一个是晶状体，位于瞳孔后面，对光线变焦。在微光下活跃的动物通常角膜很大。你可以注意看看自己家小狗的角膜与人相比有多大。

光线穿过瞳孔和晶状体，最后在视网膜上成像。光线的捕捉和成像是由视网膜上一种叫作受光体的特殊神经细胞完成的。人类的视网膜上有两种受光体：外形细长的杆状体，和外形粗短、逐渐变窄的锥形体。杆状体专门适合在微弱的光线下工作，因此我们不难理解狗眼中杆状体的比例要远高于人类，但为了满足夜间捕猎的需要，它们还具备另一种人类所没有的机能。

或许你曾注意到过，到了夜间，狗的眼睛被车头灯或手电筒的光束照到时，会发光并呈现出奇怪的黄色或蓝色。这是由于受到视网膜后面的反射膜的左右。它像一面镜子，将光感细胞未能捕捉到的光线反射到视网膜上，使受光体重新又能捕捉到那些进入眼睛的微弱光线。反射膜上的光电反应产生了荧光，从而经过反射的光线亮度更高了，颜色也略有变化。经过变色的光线波长更接近杆状体最敏感、最易探测的波长，因此提高了眼睛的敏感度，但这也带来了副作用。照到反射膜上的光线来自不同的方向，就如同撞上桌角的弹子球，光线会改变角度而不是按入射时的路线反射回去。因为入射光线与反射光线的方向不同，视网膜上的形象变得模糊不清。这一机制很清楚地显示了眼睛在微弱光线下看见事物与看清微小细节两种能力间的取舍。

一些爱斯基摩犬，尤其是蓝眼睛的爱斯基摩犬没有反射膜，眼睛也就不会因光照而发亮。这也是选择育种的结果。这些爱斯基摩犬生长、工作的北半球高纬度地区终年被积雪覆盖，到了夜间，天空照射到地面的光线会被自然反射，因而提高了物体的能见度。很可能就是在这样的环境中，被反射膜反射回来的光线不再具备任何优势或作用，而爱斯基摩犬也就这样渐渐失去了这种生理机能。曾有研究者提出，在一个地面光会被反射的环境中，没有反射膜或许会是一种优势，因为眼睛看清细节的能力提高了，而对光的敏感性却几乎没有降低。

与人相比，狗的瞳孔更大。由于采集光线的晶状体更大，视网膜上杆状体的数量更多，再加上反射膜的作用，狗的眼睛在微光下的视力要远远高于人类。据估计，在夜间，狗看清物体需要的光线量仅为人类的四分之一。而作为更彻底的夜间捕猎者的猫，眼睛的敏感性比狗更高，只需要人类所需光线的七分之一便能看清物体。

聚焦世界

照相机通过前后移动透镜，调节透镜与胶卷间的距离来聚焦图像，而人是通过肌肉作用改变晶状体的形状来进行聚焦。物体在远处时，晶状体变得较扁较平，物体在近处时，晶状体则变得较圆较厚。狗对晶状体的调节能力不如人类，但也有学者指出，狗和猫一样，有一组肌肉，可通过微调眼睛的长度来进行聚焦。晶状体能在多大程度上改变焦距，直接关系着狗视觉的精确度。

如果眼睛能恰好在视网膜的水平上聚焦图像，就能获得眼睛所能达到的最高视觉精确度（专业角度来说，是最理想状态，称为正常眼）。图像进入焦距过早（即到达视网膜之前）或太迟（实际上想要聚焦在视网膜表面之上的某一点），都会造成图像模糊，并产生不同的视觉问题。光线过早进入焦距可能导致近视，眼睛看得清近处物体却看不清远处物体，而光线太迟进入焦距则可能导致远视，看得清远处物体却看不清近处物体。用一种叫作视网膜镜的仪器可检测眼睛的聚焦能力。视网膜镜利用一束经过角膜和晶状体的光线，测量出光线焦点的位置。若要用视网膜镜测试狗的眼睛聚焦能力，需要一只高度配合的狗，以及技巧娴熟又有耐心的研究员。

美国威斯康星大学动物医学院的克里斯托弗·墨菲与他的同事，曾展示了他们运用视网膜镜对240只狗进行聚焦能力测试的结果。他们研究的狗包括可卡犬、史宾格犬、金色寻回犬、拉布拉多寻回犬、乞沙比克海湾寻回犬、德国牧羊犬、贵妇犬、罗威那犬、迷你雪纳瑞犬、中国沙皮犬和一些不同品种的梗和杂交品种。大部分狗的眼睛都属于正常眼，有与眼睛形状大小相符的聚焦能力。然而也有一些例外，超过半数的罗威那犬、迷你雪纳瑞犬与德国牧羊犬都患有近视。

从近视集中在特定品种狗的结果可以看出，这是由基因遗传的因素造成的。而另一方面，选择育种的法则也在起作用。研究人员从一群专门饲养用于导盲的狗中挑选出一组德国牧羊犬，进行测试后发现，这一组中只有七分之一的狗近视。由此看来，为专门目的饲养和训练狗，可使它们的视觉能力产生变化。这一结论与另一份关于灵缇的研究结论一致，这份研究结论认为，灵缇生来被用来搜寻远距离的猎物，都患有轻度的远视。尽管它们的视力偏离了眼睛的理想聚焦状态，但却是朝着更适于它们发现远处猎物并追逐猎物的方向在发展。

粒状景象与清晰景象

除了聚焦能力，受光体也是影响狗视觉精确度的因素之一。眼睛中受光体的不同种类与不同排列可产生特定的效果，就像摄影胶卷。照相机中的胶卷表面涂有感光乳剂，乳剂中含有遇光会产生化学反应的光感银粒子。胶卷上的银粒子颗粒越大，单个颗粒捕捉到足以产生化学反应的光线的可能性也越大，胶卷对微光的敏感性也越强，但同时，形成的图像颗粒状也越明显（就像像素低、色块大的低质数码照片），有些细节处变得不清晰。因而在光线亮度较高的情况下，可选用感光性略弱些的胶卷，以使图像的颗粒更细密，可看清图像中的细节部分。

胶卷乳剂中的颗粒就好比视网膜上的感光体。大部分杆状体（感受微光的细胞）与同一个神经节细胞相连，这个神经节细胞的功能是将杆状体收集的信息汇总后发送出去，杆状体的作用就像大颗粒的感光盐，照射到杆状体的光线，不论强弱，都会触动神经节细胞。相比之下，只能在明亮光线下作用的锥形体，只有一两个是与神经节细胞连接着的。因而锥形体就类似于小颗粒的感光盐，在微弱的光线下难以发挥作用，而一旦光线亮度充足，它们便能以小颗粒把细节表现得十分出色。

摄影师可以根据光线条件调节他的相机胶卷的敏感性，而动物却无法改变它们感光体的构成。但经过进化作用，眼睛已经可以最大程度地适应动物的行为与生存。动物的眼睛中同时含有杆状体与锥形体，分布在眼球不同区域的不同部位。人眼中有一块被称为中央凹的区域，位于视野正中央。中央凹只有锥形体，排列十分紧密，在亮光下有极佳的视觉能力。从中央凹的中间向四周辐射，锥形体的数量开始下降，所以我们在视野边缘看清细节的能力也减弱了。当你注视一件物体，中央凹就正对着它。在你阅读本页文字的时候，你正在将中央凹依次逐个对准句中的单词。不对准中央凹的单词显得模糊，而且离视线中央越远，就越是模糊。你不妨试试以下这个小实验：闭上一只眼睛，另一只睁着的眼睛直视本页中央。现在页面看起来很清晰。现在伸出手指，放在眼睛前方，挡住视线的中央。保持眼睛的中央对着手指，同时注意没有被手指挡住的那部分纸页，页面上的字在你手指的两侧变得模糊了，甚至无法再阅读。

就人眼而言，随着你的视野从中央向四周散开，杆状体的数量也随之增加，因此人眼中对光线敏感度最强的部位不是在中央凹，而是在眼睛的边缘。这就可以解释为何人们在夜间，在微弱的灯光下看东西时，常会发现物体的边缘部分更清晰，因为这时光线正落在视网膜上杆状体大量集中的部分。事实上，在我们眼睛的不同区域，存在着两种不同的“胶卷”——在亮光下能看清物体细节的中央部分和感光性较强而精确度较低的周围部分。

狗的眼球中，各个区域对光线的敏感性也不相同，排列方式也与人类不同。狗的中央凹比人大，形状像一只横放的椭圆。和人眼相同的是，狗眼的中央凹也聚集了大量感光细胞，而不同的是，狗的中央凹不仅含有锥形体，同时也含有大量的杆状体，只是这些杆状体的排列较为分散，与神经节细胞相连的也较少。这种构成为眼睛提供了更高的精确度。在这个紧密排列着细胞的椭圆体两端之间，有一条水平的条纹穿过，条纹上也密集地排列了众多细胞，这些细胞同样提升了眼睛的敏感度，也有利于狗的祖先们搜寻猎物。在其他一些善于在平原上奔跑的动物，如马和羚羊身上，也能找到类似的眼睛结构。科学家认为，这是进化为动物带来的一种适应能力，有助于它们搜寻猎物。

奔跑快速的灵缇依靠视觉来捕猎。它们眼睛里的条纹最为显著，相比之下，更多依赖于嗅觉捕猎的其他种类的狗，如猎兔犬，水平条纹就没有那么明显。根据狗的特定行为所做的育种选择，使各个品种狗的生理与神经系统产生了显著而令人意想不到的变化。不仅仅狗与人看世界的方式不同，狗与狗之间看世界的方式也不一样。

狗需要眼镜吗?

狗的视力究竟有多好？让我们首先来了解一下视力的度量。使用一张典型的视力表（你在眼科医师办公室里见到的那种，上端有个大大的字母E），你能看见的最小字母就代表你视力的高低。如果站在距离视力表20英尺（6米）处，可以看到正常视力的人在这个距离看到的最低那行字母，那么根据斯耐伦度量，你的视力就是20/20（若用“米”作距离单位，就是6/6）。要是你的视力差一些，站在同样的位置你只能看清更大的字母，比如如果你站在20英尺处能看见的最小字母，正常视力的人在40英尺处就能看清，那么你的视力就是20/40（或6/12）

我们不可能强迫狗也来看字母测视力，因此用别的办法来测定它们的视力：教狗在两种图案中进行选择，一种是由同样大小的黑白竖条纹组成，另一种是没有条纹的纯灰色块。选中前者就给一块食物作奖励，选后者则不给奖励。随着实验的进行，条纹越来越窄，一直窄到狗甚至无法辨认是不是有条纹存在。这个时候，狗眼中的条纹变得模糊不清，有条纹的卡片看起来和纯灰的卡片完全相同，这时就达到了狗的视力极限。最后我们再将狗能看到的条纹大小转换成普通视力表的斯耐伦度量。

然而在实际操作中，当条纹窄到接近狗的视力极限时，狗会开始变得沮丧。它们不会像人那样仔细地观察图案来辨认模糊的条纹，而是会放弃努力瞎猜一个。狗对视力的依赖程度确实不如人类那么高，而且仅凭猜测，它们也有一半的概率可以猜中，得到食物奖励。至今测到的视力最好的是德国汉堡的一只忠诚的贵妇犬。但尽管如此，它的视力仍然不高，它能够辨认的图案大小有人类所能够辨认图案的六倍之大。将这个结果换算成斯耐伦度量，可以看出，这只贵妇犬的视力仅为大约20/75，也就是说，它在20英尺处勉强可见的物体，正常视力的人在75英尺（23米）处就能看见。对人而言，只要视力低于20/40，就无法通过美国驾照考试的视力检查，还要求佩戴矫正眼镜，而狗的视力要远远低于这个标准。

不过，不要被这些数据欺骗了。狗的视力确实远远低于人类，但它的大脑仍能通过双眼获取大量的信息，即便焦点模糊，也无法辨认许多细节。狗看外界就像是透过一张细密的纱网，或是涂了一层矿脂的玻璃纸，物体的轮廓仍然清晰可见，但中间一些细节却看不清，甚至看不见了。

对狗的视力有了一些了解之后，我们就能理解它们一些看似难以理解的行为了。例如，有几次我的狗在院子里，当我缓步走出屋子时发现，它们都停下来盯着我。我继续慢慢朝它们走去，它们便会紧张地挪动几步，甚至弓起背，摆出敌对的姿势。很显然，那时它们还不确定我是谁。而一旦我对它们开口说话，它们便立即解除戒备放松下来，朝我飞奔过来，而我的平毛寻回犬奥丁，更会傻傻地跳起它惯常的迎接舞。现在我们来变换一下场景。我走出屋子，狗在院子里，这一次我戴上了在户外一直戴的宽檐西帽。奥丁一见到我出现，便跳着舞过来和我打招呼，院子里的其他狗也很快跟了过来。

为什么它们在第二个场景中立即认出了我，而在第一个场景中却不能呢？因为在第一个场景中，它们只能根据一些不太明显的细小特征来判断我的身份，例如我的眼睛、鼻子、嘴巴的外形，这些任凭它们怎样努力都看不清楚。但在第二个场景中，宽檐帽提供了一个又大又容易辨认的视觉特征，使我的外形轮廓更加显著独特。家里除了我，没有人戴同样款式的帽子，因此即便狗找不到明晰的焦点，也能轻易地辨认出这一特征。

它动了，我就能看见它

注意，当我提到我的狗难以通过视觉来辨认我的时候，特别强调了我出现的时候脚步十分缓慢。狗的眼睛对周围环境的变动似乎尤为敏锐。对一个猎食者而言，觉察外物的移动，并根据动作的模式判断正在移动的为何物，这是一种十分重要的能力。科学研究与传闻轶事中都有许多证明狗出色的洞察外物移动能力的例子。一项对14只警犬进行的研究显示，当一个物体移动时，即便相隔半英里（900米）的距离，狗也能辨认出它；而当物体处于静止状态，即便距离很近（600码或585米），狗也无法认出它。

几年前，我曾亲眼目睹了狗那令人震惊的出众的敏锐度。我去佛罗里达探访一位曾参与过灵缇拯救项目的人员查理。到达他家农场的时候，查理和他儿子特德正在同史蒂夫和休聊天，史蒂夫和休打算收养一只从前参赛的灵缇。查理向他们解释，饲养退役的灵缇，最好大多数时间都圈住它，并且利用一些特殊的训练技巧来和它更好地进行沟通。

“它们的视觉极其敏锐，即使在一英里之外或更远的距离，它们也能分辨出看到的是什么。如果是值得追捕的猎物，它们会即刻冲出去。灵缇的听力不是特别好，所以我觉得你们可以训练它们在你挥手或示意时走近你。”

查理轻轻地将手放在一只名叫珍妮的浅黄褐色灵缇身上。珍妮周身长着棕黑色的条纹，看起来像是从19世纪中期的书里走出来的浮雕。

“它们的眼睛非常善于寻找目标。一旦有人问它‘查理在哪儿？’即使那时我在一英里之外被一大群人团团围住，它也能找到我。”

这句话激起了我作为科学家的好奇心。我问查理能不能检验一下他的话。在说好了把一瓶波旁威士忌作为赌注之后，查理、特德、珍妮和我一同上了卡车，史蒂夫和休夫妇坐在小汽车里跟随我们，大家向附近的一片沙滩出发。查理选择沙滩，是因为这里曾被赛车手们用来作练习场地。以起跑线为起点，1.25英里内，每隔100码就插有旗帜；1.5英里内，每隔1.25英里还另有标志旗。查理、史蒂夫和休将车开到1英里（1.5公里）处，下了车，各自相隔100英尺（30米）左右站好，面朝着我们。特德大声地问：“查理在哪儿？”珍妮明白了自己的任务，仔细扫视了远处的地平线，几乎转了一整圈。没有人移动。尽管特德重复了好几遍问题，珍妮仍一脸迷惑。接着，我示意远处的三个人开始挥动手臂。我几乎看不清楚远处三个人的动作，连男女都无法分辨，然而这一次，听到“查理在哪儿？”珍妮看着远处的三人，立即找准了右边查理所在的位置，快速地向他跑去。几分钟后，卡车载着三个人同小狗回到起跑线，查理已经在谈论他赢得的战利品了。

尽管珍妮的表现令人惊叹，胜负早已分明，我还是请求大家把实验再重复一遍。这一次距离近了很多，约为100码（91米），查理这回站在左边。没有人移动。特德又问珍妮："查理在哪儿？"在这个距离上，我可以清晰地看到每个人，一动不动地站定了等待我的信号。同时，珍妮却似乎完全无视他们的存在，仍然环视四周试图寻找它的主人。而一旦我们给出了挥手的信号之后，珍妮毫不迟疑地将眼睛对准了左边，朝查理直奔过去。这个实验的重点在于，珍妮能够在1英里之外的距离认出运动的主人，却无法在仅仅100码的距离处认出静止的主人！

狗不但能轻松地看到运动的物体，而且仅仅根据运动的模式，就能分辨出自己熟悉的事物。上面珍妮远远地就能认出查理的例子即是如此。因而现在我们就能理解为何狗看到电影或电视中运动的狗会做出反应，但它们的表现却又表明它们并没有把眼前的卡通狗当作狗。卡通狗显然是在运动，但狗却看出，这些动作和真狗不一样，所以不管那个在运动的物体是什么，它一定不是一只狗。

就视网膜上单个的细胞而言，移动的目标就像是闪烁不定的星星。当标的的形象照射到杆状体或锥形体上，会在瞬间提高或降低亮度。正因为如此，行为学者经常用个体看清移动标的的能力来衡量其视觉系统可见的速度和观察运动的能力。

测试人对闪光的敏感性时，方法是让其注视一块发光的嵌板。闪动频率足够高的时候，会产生闪光融合，使嵌板看起来处于持续发光状态。例如荧光灯看起来是同一种光在连续发光，但实际上它是以每秒120次的频率不断闪烁。在实验室，科学家通过不断降低闪光的频率直到人眼能够辨出闪动，来测定眼睛观察闪光的能力。通过对人进行实验发现，普通人能见的闪光频率最高为每秒55次，约为荧光灯闪烁频率的一半（从技术角度而言，每一秒闪动的次数以赫兹为单位，缩写为Hz）。同样我们也对狗进行了同样的实验，猎兔犬可见的闪动频率为平均75赫兹，比人类可见的约高出50%。

狗的闪光辨识力优于人类，这一结论也符合狗的动态视力高于人类的事实。它还能够解释一个常见的问题：为何大多数狗总对电视荧屏上的图像提不起兴趣，即便是关于狗的图像也如此。电视屏幕上的图像一分钟闪动变化60次，高于人类的可视极限55赫兹，因而我们看到的图像是连续的。这是渐变图像造成的错觉。而在狗看来，电视里的图像是在快速闪动的，因而图像不够真实，也就无法吸引它们的注意了。

即便如此，还是有一些狗不在意屏幕的闪动，会在电视上出现狗或是其他有趣的形象时做出反应。据调查显示，狗最喜爱有关动物的节目和画面包含了大量运动的节目。我曾访问过一位狗托中心的老板，她为了让寄放的狗高兴，在地板上放置了电视机，播放《马克斯兄弟》《三个伙伴》等一些西方老电影。

环顾四周

人与狗在视力上的另一个重大区别在于视野范围，即眼睛能看到的范围。人类的双眼位于头的前部，而狗的眼睛更靠近脑袋的两侧，有一个更全面更宽广的视野。事实上，狗能够看见眼睛两旁很远距离外的物体，甚至能看见它们背后的情形。

人的视野范围也可稍稍延伸至脑后，这点你自己很容易便可证实。在头部前方一定距离选择一个点，并注视它。现在，把双手举到离头部两侧一英尺的地方，与双眼齐高，食指向上，将双手尽可能向后拉，直到双手离开你的视野范围。继续注视前方的点，同时轻轻晃动手指，直到晃动的手指刚好在视野的边缘时停下。保持头部不动，将手指向内移近头部。你会发现手指触到的太阳穴上的点位于眼睛的后面，也就是说你看到了自己的后面。若人眼能看到的仅限于前方，那么视野范围就是180度，而我们实际能看到的要多一些，头部两侧各多了约10度的视域，因此人类的视野范围在200度左右。

一般狗的眼睛比人的眼睛更靠近头部两侧，它们的视野也就宽得多，约有240度。换言之，狗比人能更多地看到自己的四周。狗的脑袋形状不同，视野范围也不同。脸较扁平（短头颅）的狗，如哈巴狗和贵妇犬，双眼可视的方向也比较靠前，视野只比人类略大一些。而鼻子较长（长头颅）的狗双眼更靠近两侧，能见的范围更大，估计约达270度。视域如此宽广的狗，很难偷偷接近或偷袭它而不被它发现。

我曾与一位当物理学教授的同事探讨不同头形的狗有不同的视觉能力，我提起自己正在寻求一种快速简易的方法，不使用任何科学仪器来测量狗视野范围的大小。同事提示我说："如果你看不见狗的瞳孔，它也就看不见你，因为在你和狗的瞳孔之间，光线是直线传播的。"他的话提供了一种十分简便的办法测定狗的视野，你不妨在自己家里也试试。

实验最好由两人合作进行，一人只需拿一块食物举在狗的眼前，当作诱饵，使它保持向前看。同时另一人来进行测试。你的位置应在离狗眼睛侧面距离一英尺左右，与它的眼睛齐高。现在，一边注视狗的眼睛，一边缓慢向后移动，直至刚好看不见狗的瞳孔，这时你已经到达了它视野的边缘。你会发现自己已经在狗头部侧面相当靠后的地方了，可以看出它的视线之宽。现在我们可以理解，为何狗明明在你前面，还能知道你所在的位置，并且对你的动作做出反应。你也许在它背后，但它还是可以看见你。

彩虹问题

关于狗的视觉，最常见的一个问题莫过于：它们能不能看见色彩？大多数人会对“狗是色盲”这个简单的回答产生误解，认为狗分不出色彩，只能看到一片灰色。但他们错了。狗不但能够看见色彩，还能根据色彩来采取行动，只不过它们能见的色彩不如人类丰富而多样。

要理解这一点，我们可以看看狗视网膜上的感光细胞。狗眼中的锥形体远远少于人类，而锥形体不仅能为我们提供看清细节的能力，还给了我们辨识色彩的能力。因而，狗能够辨认一些色彩，却不如我们能见的那么丰富，那么明晰，原因在于它们的锥形体不够多。

要辨识色彩，光有锥形体并不够，还需要拥有几种不同种类的锥形体。每一种对应不同波长的光。大脑是通过不同的波长来辨认相应色彩的。人类经过长期的演化，如今拥有三种不同的锥形体：一种对应蓝色（波长较短的光），一种对应绿色（波长中等的光），另一种对应橙色（波长较长的光）。当光线进入眼睛，三种锥形体根据光波与之相匹配的程度，产生不同程度的反应。在三者的共同作用下，人眼就有了全面完整的辨色力。因此，一个正常人看到的彩虹是按赤橙黄绿青蓝紫的色彩排列的。

人类色弱症、色盲症最常见的原因是三种锥形体中某一种缺失造成的。只有两种锥形体的人仍能辨识色彩，只是能见的色彩种类要远远少于正常视力的人。狗也是如此。它们只有两种锥形体，一种与人类对应蓝色的锥形体基本相同，另一种对黄色最敏感（介于人类另两种分别对应绿色与橙色的锥形体之间），因而可以推测，狗对红色的敏感度要远远低于人类。

位于圣巴巴拉的加利福尼亚大学的杰伊·内茨，与同事投入大量努力，对狗的辨色力进行了测试，得出了十分详尽的报告。截至本书完稿时，他们已对猎兔犬、可卡猎鹬犬、意大利灵缇、一些杂交品种的狗，和一只研究人员自有的贵妇犬（它有个十分合适的名字“瑞特纳”，意为“视网膜”）进行了实验。同样的研究在一些野生犬科动物，如狐狸和狼的身上也进行过。

在实验中，每只狗被放在一间小实验室中，房间里摆放了一排三种光板。每块光板下有一只杯子，如果杯子上的嵌板被触动，就会有一块食物掉进杯子作为奖赏。由于实验十分复杂，整个过程采用电脑控制。计算机会选择三种颜色的光作为一组，打在嵌板上。每一轮实验中，两个嵌板的颜色相同，与另一个嵌板不同。狗的任务就是要找到那块颜色不同的嵌板并按下它，选对嵌板就能得到下面杯子里的食物作奖赏，选错了就没有食物。这个实验的难处在于教会狗从三个嵌板中选出颜色不同的那个，这一过程经过了约四千次的实验。我们已经有足够的理由相信，狗不像人类那样重视视觉，但在教会狗根据色彩来解决问题过程中的困难来看，它们对颜色的重视程度还要更低。

一旦狗明确了它们的任务之后，实验就真正开始了。每一个环节需要进行两百到四百次的实验，整个实验持续了几十个星期。之所以要大量进行试验，是为了获得一个庞大的数据库以精确地进行统计分析。研究人员要找出狗能够分辨的色彩和不能够分辨的。如果狗的正确率超过33%（随机猜测猜对的概率），研究人员就认为它能够分辨这组色彩。

科学家们在实验中十分谨慎，确保狗完全是基于色彩来做出选择的。他们随机变动不同颜色嵌板的位置，这样狗就不知道色彩不同的那块会出现在左边、中间还是右边。另外，由于狗还可能根据色彩的亮度来进行选择，研究人员还随机地变化了颜色的亮度。

内茨和他的研究人员最终确定，狗能够分辨色彩，只是种类比人类少得多。它们眼中彩虹的颜色不是赤橙黄绿青蓝紫，而是按深灰、深黄（偏棕）、浅黄、灰、浅蓝和深蓝来排列的。换言之，它们眼中的绿色、黄色和橙色都是黄色，而紫色和蓝色都变成了蓝色。青蓝在它们看来是灰色。而红色是狗很难辨认的一种色彩，它们可能将其看作深灰，甚至是黑色。

懂得了这些事实，我们就能明白狗的一些让人难以理解的行为了。目前寻回玩具上最常用的颜色是安全橙色，交通路标、马路工人的背心，甚至猎人的帽子上都有这种明亮荧光的橙色。对人眼而言，这种色彩十分醒目，称它为“刺目橙色”也不为过。但如果你扔出一只橙色的小球或弹球让狗捡回，它很可能从球的旁边跑过却视若无睹，最后通过嗅觉把它捡回来。大多数人不能理解，为何一开始狗会径直跑过球的旁边却不把它捡起来。

其实狗的行为并非出于固执，也不是因为笨，它背后的原因很简单：在狗眼中，橙色的玩具和它着地的绿色草坪都是一样的黄色。如果橙色再偏向红色一些，它仍看起来和草地的颜色差不多。即使是略深一点，要狗凭借视觉把它从田野或草坪上找出来仍是一桩十分艰巨的任务。玩具的设计者当然只考虑到狗的主人可以更容易找到它，而不会关心狗是不是看得见它！

我们可以从中得到一些启示，用于提高物体对狗的可见度。首先考虑狗工作的背景环境的色彩。若是在草坪上工作，蓝色是最佳选择。如果无法预计狗工作的背景颜色，也可以使用一组它可见的色彩，例如黄色和蓝色。

这个实验也证实了狗天生对色彩不太敏感，而我们又已经知道它们对亮度的变化十分敏锐，我们可以通过增加对比度来提高物体的可见度。一个显而易见的办法就是保证物体与其所处背景之间亮度的差异足够大。你也可以在同一物体上使用明暗程度不同的色块，但必须注意，色块要大，易于分辨。色彩或亮度不同的众多小色块组合在一起就成了迷彩色，会降低物体的可见度，使它不易被发现。

对于在草地上使用的玩具，合理的配色方案应当是包含有大块蓝色与白色的组合。而对于一片在空中（蓝色）飞的磁盘，黄色或橙色是最佳的选择，或者上端还可加入一块浅蓝色或是牛眼，以防它在空中时狗没能接住，要等它掉落到草地上再捡拾。

要记住的很重要的一点是，狗不像人类那么重视视觉，而且即使看到的是同样的场景，它们从中获得的信息也与人相差甚远。人若无法看见事物，就不能运用大脑意识对它进行处理，而狗若看不见事物，仅仅只是不能够解决依赖于这些视觉信息的问题。

眼见为实?

狗利用视觉的方式也同人类颇为不同。大多数情况下，狗只是用视觉来确认它们已知的信息，例如当一只狗听见主人正在上楼，它早已对主人的脚步声谙熟于心，因而看着主人进门不过是确认它从听觉获得的信息罢了。狗辨认气味时，情形也很相似。通过嗅觉，它可以判断自己正在尾随的是一只兔子的踪迹，等它离那只隐藏起来的猎物足够近了，它的眼睛再确认那确实是只兔子。这时候，兔子会受惊逃跑，而一旦兔子开始运动，狗的眼睛便变得锐利无比，根据兔子的运动，立即找到一条追赶的路径拦截住逃跑的兔子。许多被狗猎食的动物已经演化出利用狗视觉弱点的本能来躲避它：在原地纹丝不动是逃避狗的最简单有效的方法。静止不动的物体对狗来说，等于是完全看不见的。

人可以称得上是很依赖视觉的一种动物。狗运用视力大部分情况下是为了追捕猎物，视力可以引导狗找到逃跑的猎物，并用嘴咬住猎物。除此之外，狗从视觉获得的其他信息都只是额外的“奖赏”。狗的大脑中充满了关于外界的大量信息，但绝大多数不是来自于视觉。

第三章

用耳朵生活

我正在书桌前工作的时候，我的一只狗——丹瑟忽然从地上跃起，对着门吠叫。这种叫声并不是它平常发出的“我正在提醒大家注意危险！”的叫声，而是像我的另一只狗奥丁在我妻子回家时的叫声，告诉我“琼回来了！”我想丹瑟一定是从奥丁那里学来了这个，即便它没有学奥丁的叫法，也学会了要在什么场合下叫。我的大部分狗都已经学会了用不同的方式示意我家人或好友的到来。没有两只狗的叫声完全一样，由于各种叫声之间存在着明显差异，一段时间之后，我已经可以通过叫声来判别来者的身份。听到丹瑟的叫声，我站起身去查看门锁是否打开，并准备迎接琼。我向门外望去，却发现空无一人。这样的情形已经好多次了，现在我已经知道是怎么回事。我踱回桌前，几分钟后，丹瑟又叫了起来。这一次向窗外望去，我看到琼正把车停进车库。

这不是证明我的狗有通灵的本事，即超感官知觉（ESP），能在我妻子出现前的两三分钟预知她的到来，而恰恰证实了和人相比，狗的听觉更加敏锐，至少针对几种特定类型的声音如此。只要注意一下这个事实就不难排除超感官知觉的可能性：丹瑟的这种吠叫已经有好多年。有一阵琼的汽车旧到无法修理，我们不得不换了一部新车。然而换了新车之后，有将近一个月的时间，丹瑟没有叫，似乎是需要一段适应期才能将新车的声音和琼联系在一起。有一次琼去看望我们的女儿卡丽，女婿约翰开车送她回来时，丹瑟也没有发出叫声。很显然，若用所谓超感官知觉来解释，那么无论琼坐什么车回来，情形都没有区别。而如果用听觉来解释就很合理，柴油卡车和约翰的越野车发出的声响都要比琼的小货车大得多，但这两种声音对丹瑟来说既不熟悉也没有威胁性，所以它不会叫。

尽管狗的听觉要比人敏锐，但这并不是说，对同样的声音，狗的灵敏性就一定高于我们。我经常读到狗的听力比人类敏锐四倍的结论，但严格来讲，这是不正确的。这个结论是P.W.R.乔斯林在一次非正式的实验中得出的。他在阿尔贡金帕克观测了大灰狼的活动，发现狼可以在四英里之外对他模仿的号叫声做出回应，而即便是在安静的夜晚，他在一英里之外的同事也无法听见他的声音。也许正是由于犬类能听到人类四倍距离的声音，乔斯林得出了上述结论。而事实是，对于某些声音，狗的听力可能比人类的强数百倍，而对另一些声音，狗的敏锐度和人却相差无几。

听力的极限

声音是空气中压力变化的气流撞击到我们的耳膜时产生的。对一种声音信号的感知能力取决于它的两个性质。一个是声音的强度，或者说音量；另一个是声音的频率，即造成声音音调高低的那种声音性质。连续不断地测量空气中的气压变化可以发现，气压达到最高峰再降至最低谷的过程，在一秒钟之内重复许多次。对于简单的音调，这种有规律进行的气压变化可以被看作是波形的。波的频率是指它在一秒钟内，从一个波峰到达另一个波峰循环往复的周期次数。频率的单位是赫兹，等于每秒重复的周期次数。正是频率不同造成了我们听到的声音音高不同，频率高的声音听起来音调高，频率低的声音则听起来音调低。

至今为止，要测出狗能够听到什么仍然困难重重。对人进行测试时，只需播放不同频率、不同强度的声音，询问被测者是否能听见这些声音。而要测定狗（或者其他动物）的听力，通常的办法是把狗放入一个实验装置，左右各放有一只扬声器和一块面板。实验者随机在其中一边播放声音，要求狗对发出声音的那边做出反应，让狗判断出声音来自哪一边，按下扬声器下的面板。如果选对了，就能得到一块食物作为奖励，选错了则没有。很显然，这个实验同测试狗辨色力的实验十分相似，也同样费力，需要许多个星期的训练和数百次的实验。

近来科学家使用了一种叫“脑干听觉诱发反应”（BAER）的方法来对狗的听力进行测定。它能测出狗内耳和向大脑输送声音信息的神经通路中的电反应。研究人员将微型电极接到狗的头皮上，给它戴上耳机或是在它耳内安置小型的发声设备。这种方法听起来痛苦可怕，其实则不然，除了少数较为敏感烦躁的狗需要略微施用镇静剂外，大多数狗都可以在放松状态下完成实验。

实验将小段的声波送入狗的耳朵，计算机会记录下狗大脑的反应。通过计算机可以判断大脑是否对声音产生反应。若大脑对声音没有任何反应，则可以认为狗没有听见声音。这个实验的好处在于不需要花大量时间对狗进行训练。事实上，因为我们只是通过计算机观测狗的大脑对声音的反应，狗甚至不知道当时周围正在发生的事。但这种方法也有缺陷：首先，要对各种不同频率的声音进行实验十分复杂，因为只有在声波很短的情况下，实验才能达到最佳效果；而一些低频率的声音若是过于短促，可能无法形成足够的波峰以激活听觉系统。其次，BAER测试很可能低估狗的听觉能力，尤其是在施用了镇静剂的情况下。至少和需要投入大量劳动的行为学方法比起来，BAER低估的可能性要更大。不过尽管如此，作为一种快速可靠地测定狗听力的方法，BAER仍不失为一种很好的测试系统（尤其是在你担心狗是否听觉不灵的情况下）。

不管是采用行为学方法还是BAER，两者得出的结论是相似的。人与狗听觉能力最大的差别在于高频率范围的声波。粗略估计，一个年轻人能听到的声音最高频率为20000赫兹左右。若要在一架钢琴上弹出如此高音，要在琴的右边增加28个琴键（约为$3\frac{1}{3}$个八度音程）。不过你完全无须费周折去建造这样一架钢琴，大多数人听不见最高的那几个音。随着我们年龄的增长，声波对我们听觉系统的冲击会造成损伤，我们会先开始听不到高频率的声音。处在大音量的环境中（如常听摇滚音乐会或是长时间地大声播放磁带、CD）会迅速降低我们的听力，尤其是对于高频率音的听力。

你可以利用电视机做一个简单的小实验来测定自己对高音的听力。不过你需要一台显像管电视机而不是液晶显示器。打开电视，调到静音。把耳朵靠近电视机的背后，看看是否能听见微弱的、高频率的声音。光栅（在电视机屏幕上产生线条的部件）是以16000赫兹的频率振动的，如果你能够听见这个声音，那么说明你能够辨别的声音频率高于16000赫兹，你的听力非常不错。现在再找两个比你年长很多和年轻很多的人来做这个实验，你很可能发现，那位年长的人听不见这个声音，而那位年轻人却可以。

狗能听见的声音频率比人高得多，最高能达到47000赫兹到65000赫兹，因狗的特征不同而异。再回到刚才那架我们“改造”过的钢琴，要达到狗听力的极限，我们还要在琴的右边增加48个琴键，而最后的20个，即使听力最敏锐的人也完全无法听见。

声音的强度单位是分贝（dB），零分贝的声音是普通年轻人刚好能够听到的最低强度的声音，理论上称为“绝对声音极限”。低于零分贝的声音强度在书写时前面加上负号表示，这些声音对人耳来说过于微弱，无法分辨。在65赫兹至2000赫兹之间的声音，人与狗的听觉能力十分接近。而对频率为3000赫兹至12000赫兹的声音，狗可以听见的最低强度在–15分贝至–5分贝之间。也就是说，对于这段频率稍高的声音，狗的听力比我们好。而对大于12000赫兹的声音，人类的听力已经很难达到，因而也没有列举数字进行比较的必要了。

明白了狗听觉的灵敏性，尤其是对高频率声音的灵敏性高于人类之后，我们就能理解为何狗会因为一些很平常的声音而极度不安，比如吸尘器、割草机和许多电动工具的声音。这些工具往往在发动机上安有快速旋转的传动轴来驱动风扇、刀片或钻头，会产生高频率、高强度的尖锐声音，在狗听来太响、太刺耳，而人类的耳朵不如狗敏感，这些声音的频率比我们平常听到的声音频率要高得多，听来也就不那么刺耳了。

听辨高音

狗之所以能听到高频率的声音，是由于它们在野外生活的祖先长年进化的结果。狼、豺和狐狸经常捕食的小动物，如老鼠、田鼠、大鼠，不仅本身会发出高声的尖叫，还会拨动树叶堆、草丛发出高频率的细碎声响。尽管一些犬科动物，比如狼，也猎食鹿、野羊、羚羊之类的大型动物，但科学家通过实地研究发现，在夏季，狼的主要食物仍是小型啮齿动物，如大鼠、老鼠，偶尔有一些兔子。因而，听到这些小动物发出的高频率声音对其生存至关重要，很可能就是那些具备了这种能力的犬科动物生存了下来并且繁衍至今。完全以小型啮齿动物为食的猫，能够听见的声音频率比狗还要高5000赫兹至10000赫兹。

同样，人耳能够分辨的声音也是与我们的生活息息相关的重要声音。频率在500赫兹至4000赫兹之间的声音最为重要，因为人类听觉能够接受的频率就是在这个范围内的。人耳最敏感的声音频率是在这个范围的中间，即2000赫兹左右，而狗耳最敏感的频率要高得多，约为8000赫兹，在这个频率范围，人耳的听力已经减弱了。你可以自己“听”出人与狗的这一听觉差异：发“sh”音并拖长，就像示意别人保持安静时那样，“sh”音的频率比2000赫兹略高一点，正是人耳最敏感的。现在再发“s”音，就像模仿蛇发出的“咝咝”声。“s”音的频率比8000赫兹略低一点，是狗耳最敏感的频率。你可以注意到，在发音力度相同的情况下，“sh”音听起来要比“s”更响，这是由于我们的耳朵对高频率声音不够敏感的缘故。而对狗来说，“s”音听起来比“sh”音更响。

前苏联著名的生理学家伊万·P.巴甫洛夫曾成功地证实，在狗听觉最敏感的声音频率范围内，它辨别声音及其音高的能力是惊人的！巴甫洛夫在实验中训练狗对某一特定音符相应的音调做出反应，这些音符之间的差异较大。狗用听力辨别音高差异的能力极其敏锐，它们能够分辨比C音与升C之间的差别还要细微八倍的音差。

难怪我的丹瑟如此善于用耳朵辨认出琼汽车引擎的声音了。

人类已经认识到了狗对高频率声音的敏锐听力，并且通过各种有趣的方式对此加以利用。其中之一便是警察与保卫机构对警犬发指令时用的“静音哨”。警察用这种哨子命令警犬去堵截或围逼嫌犯，无须事先给出指令。口头的命令可能会被犯罪分子听见，使其有机会拿出武器或逃跑。这种哨子并非真的无声，而是发出人耳听不到的高频率声音（在25000赫兹左右）。一些猎人也使用“静音哨”，误以为被捕猎的鸟兽听不见哨音。尽管一些鸟儿确实听不见，但捕猎的大部分野生动物都能够听见哨音。举例来说，要使鹿、羚羊、浣熊都听不见而只有狗可以听见，哨音的频率要达到将近40000赫兹才行。

狗对高频率声音听觉的新近一项应用与蝙蝠有关。在美洲中部与南部一些地区常见的吸血蝠，用40000赫兹至100000赫兹的高频率声呐进行导航。因为牛听不见如此高频率的声音，吸血蝠便可安心地停在牛身上吸血。牛因为失血变得虚弱，裸露的伤口易被感染，而且还会造成疾病在病牛与健康的牛之间传播。而同样地区的狗却很少遭到吸血蝠的袭击，因为狗能够听到吸血蝠高频率声呐中的某些成分，从而躲避它们。吸血蝠不攻击活动的目标。于是狗的一项新任务就是听辨吸血蝠的声呐来保护牛群。一旦探测到吸血蝠出现，它们通过吠叫对牛发出警告，使牛群开始移动，从而保护了大量牛免遭感染或受伤。

当听力开始下降

同人类一样的是，狗的听力也随着年龄增长而下降。不过有两类听力损伤与年龄的关系不大。一类是先天性听觉损伤，是由遗传因素造成的，通常出现在狗幼年时期；另一类诱致性听觉损伤，由一些特殊的事件导致，如损伤耳朵和声音寄存器的严重耳部感染。某些化学物质也可给狗的耳朵带来伤害。狗在接触一些常见的溶剂过程中很容易损伤听力，如油漆稀释剂、塑胶黏合剂与清洁剂。这些物质进入狗的听力系统是以蒸气的形式被狗吸入或接触狗的皮毛。甚至一些治疗用的抗生素（尤其是氨基糖苷类抗生素）也对狗的听觉具有负面影响，抗生素集中在狗耳的液体内会损伤它的声音探测系统。

然而无论对于人还是狗，诱致性听力损伤的最主要来源还是高音量的环境。内耳中一个称为耳蜗的部位，含有微小的毛细胞记录声音。而过于强烈的声音会损伤这些毛细胞，甚至将它们连根拔起。一旦损伤，这些细胞就无法再恢复，导致一部分听觉能力的丧失。声音产生的破坏程度取决于它的强度大小和持续时间长短。对人而言，处于100分贝的声音环境中，例如不采取任何保护性措施，暴露在链锯、摩托车马达或风钻的声音之中，只要15分钟到半个小时便会对耳部造成损伤。音量每增加5分贝，造成伤害所需要的时间就会减半。若是在120分贝的环境里，例如身边响起雷鸣般的掌声，或在摇滚音乐会上离扬声器很近，只要一两分钟的时间便会对听觉造成伤害。而要是声音达到140分贝，会在顷刻间造成听力损伤。

在持续的大噪音中，耳朵有一套自我保护系统，称为声反射。耳膜后方有一组细小的肌肉，控制那些将声音传入内耳的骨头的活动。遇到高分贝噪音时，这组肌肉可降低骨头的作用程度，从而减弱最终到达内耳的声音强度。这一反射反应极其迅速，只需二十分之一秒的时间。它可在一定程度上降低听觉系统遭受伤害的程度。在声音强度逐渐加强的情况下，声反射的作用效果最佳。而对于在短时间内快速达到峰值的声音，声反射无法捕捉到，会产生较大的伤害。这类声音通常被称为脉冲声。

科学家经过多年观察发现，寻回犬随着年龄的增长，听力的减弱要远远快于其他种类的狗。指示猎犬和猎鹬犬也是如此，只是程度稍轻。人们首先得出的推断是：这是遗传缺陷造成的。然而，密西西比州立大学动物学院的安德鲁·麦克金与他的同事得出了另一个不同的结论。他们认为，狗听力的丧失是由生活中的某些事件导致的。枪响就是一种脉冲声，在声反射还没来得及开始作用之前就进入内耳，同时，枪声的强度也相当大。一把12口径猎枪产生的声音强度约为140分贝，小一些的22口径来福枪，产生的声音强度在125分贝到130分贝之间。因为声音持续的时间短，人耳听起来并不太响，而事实上，高于130分贝的脉冲声会在即刻之间对耳朵造成伤害，有经验的猎手狩猎时会戴上护耳，但显然狗就没有如此待遇了。寻回犬距离猎手与枪口最近，对它们来说，声音的刺激强度最大，因而它们受到枪声的损伤最大。而指示猎犬和猎鹬犬远远在猎人之前，离枪较远，遭受伤害的程度也较轻。

研究人员在实验中只使用了拉布拉多寻回犬，以使种类间的差异最小化。他们选择的狗都处于“中年”，在4到10岁之间。这个时候狗的年龄已经足够大，参加过几季的狩猎，又还未出现因年老而出现的听觉降低。狗被分为两组，一组参加过狩猎，另一组没有。结果显示没有狩猎过的那一组听力正常，而参加过狩猎的那组听力明显降低。参加过狩猎的寻回犬能听到的声音强度最低为60分贝，也就是刚好勉强能听清正常的对话，而我们若要它从对话中获得足够的信息以理解并遵循命令，还需将语音提高很多。这也能够解释何以许多猎人坚持认为狗对手势的反应要比语音灵敏——因为在接触了那些强烈的、伤害性的脉冲声之后，狗已经无法听清主人所说的话了。

在很少一些情况下，狗会对主人用大声响损害它们的听力进行“报复”。一只大狗的叫声最高可以超过100分贝，而且和枪声一样，是脉冲声。日本崎玉医学院的川端五十铃最近提到了两个案例，分别是一名56岁的女性和一名69岁的男性，在短时间内出现了对低频率声音的听觉障碍。后来发现，两位当事人都是因为大狗的吠叫而造成了永久性的听力丧失。

先天性听力丧失则多数是由遗传造成的。最近位于巴吞鲁日的路易斯安那州立大学的乔治·斯特兰经过对17000只狗的研究发现，狗的皮毛颜色与斑纹确实与先天性耳聋有关，这证实了早期的发现。导致耳聋的遗传性缺陷与造成皮毛颜色白色、杂色（深色皮毛上带有少量白色）和花斑（有斑点，尤其是黑白斑点）的基因是密切相关的。最典型的花斑狗是达尔马提亚狗。这一品种的狗有22%患有一只耳朵的耳聋，8%的患有两只耳朵耳聋，出生时就带有听觉缺陷的狗更是高达30%。所有的达尔马提亚狗都多少带有斑点，而其他品种的狗，皮毛是白色、杂色或带有斑点的只是一部分，而非全体。例如牛头梗有纯白色的，也有带其他颜色的。纯白色牛头梗患有遗传性耳聋的比例达到20%，而有颜色的牛头梗耳聋比例仅为1%。

带有造成白色皮毛基因的狗往往有一双蓝色的眼睛。由于白色皮毛基因与耳聋相关，可以估计，蓝眼睛的达尔马提亚狗听觉不好的概率十分大。实证证明，蓝眼睛的达尔马提亚狗中确实有高达51%（约二分之一）的狗患有至少一只耳朵的耳聋。

它在哪儿?

在野外，狗听觉的一个重要作用就是辨别出声音来源的方向。

狗生存于野外的祖先以猎食其他动物为生，需要辨别出猎物的位置。这是通过听觉来完成的，狗听见猎物要远远早于它看见猎物。当然，一个逐渐靠近的声音也可能预示着危险，这时确定逃跑的方向也就尤为重要。

耳朵竖起的狗，觉察、定位声音的能力更强，因为外耳可以旋转，就能更好地捕捉到声音并确定它的方向。而耳朵下垂的狗则弱些，因为它们下垂的耳朵会挡住或吸收部分外来的声音，也无法灵活旋转来判断声音的来源。

狗的大脑利用已有信息来判断声音来源的原理其实很简单：一只耳朵离声音的源头比另一只要近，从而造成两只耳朵听到的声音有细微的差异。首先，较近的那只耳朵听到的声音更响，因为它离音源更近，而且狗的头部在一定程度上阻挡了声音。其次，声音到达较近的那只耳朵的时间略微早于较远的那只，相差的时间极短。从这个角度来说，狗的脑袋越大，声音辨别能力也越强，因为两只耳朵之间的距离更大了。

总体而言，像狗这样的捕猎者定位声音的能力十分出色。我们可以想象在狗的头上画一个圆来测试它声音定位的精确度。现有两个声音来自不同的方向，我们在声音来源与圆心之间画一条直线，再测出两条直线间夹角的大小，便可确定声音来源方向的差异。实验结果表明，狗和猫能够辨别来源方向差异小到8度的声音。人类的听辨能力比狗和大多数进行实验的动物强得多，可以分辨小至1度的声音方向差异。狗的声音定位能力意味着它能够分辨到达时间仅相差55微秒的声音，即1800分之一秒！通常狗听觉损伤的首要标志就是无法精确地判断声音位置。例如你叫了你的狗，而它却无法辨别你的位置，只是茫然地环视四周，直到看见你才走过来。另一个标志是听到大声的声响时，先将头偏向错误的方向，而不是声音真正产生的方向。有时听觉定位能力的丧失只是由于狗一只耳朵听力的损伤，而它的另一只耳朵可能仍在正常工作。

你能听见吗?

要是你担心自己的狗听力是否正常，可以站到它的背后，在它视线之外，挤捏会发出叫声的玩具，吹口哨，拍手或是用金属勺子敲击罐子。狗若听力正常，会竖起耳朵，或朝着声音发出的方向转过头和身体。但注意不要站在狗的正背后，因为狗对空气流动十分敏锐，可以感觉到你的动作或是背后地板的振动。另外注意确保你发出声音的时候狗看不见你。或许你可以在狗睡觉的时候进行试验，这样可以大大降低它通过视觉做出反应的可能性。

但是，在家对一只年幼的小狗进行听力测试是不太合理的。因为狗的各种灵敏的听觉能力在刚出生时还没有发育成熟，不够完备。我们通过对11天到36天大的狗进行测试发现，它们的听力在刚出生时就已具备，但却随着年龄增长，在一到两个月大的时候才发育完善。在狗生命初期的几个星期内，提高最快的听力是它们听辨高频率声音的能力。所以，如果你想要自己测试小狗的听力，最好等到它大约五个星期大的时候。

听辨尖锐的大声响的能力是狗最后丧失的一种听觉能力。听到响亮的拍手声或猛然的哨音，狗的耳朵会微微一动，并回过头，于是你知道它听见了，而可能那个时候它已经听不出任何人说话的声音了。

尽管听力对狗十分重要，但若你的宠物听力已经受损，你仍可通过其他的感官能力来与它进行交流。记住，要是狗听不见你说话，那它也无法听见你靠近，因而很容易受到惊吓，尤其是在它打盹的时候。要把一只听觉不灵的狗从睡梦中唤醒，只需要把手凑近它的鼻子就可以了，它会嗅出你的气味而醒来。你也可以加重走路的脚步声，那么在你穿过房间到达狗的面前时，它已经通过地板的振动感知到你的出现了。离开的时候抚摩它一下，告诉它你要走了。

对你的听力受损的狗，最重要的一件事是在它脖子上套上皮带。皮带对它既是救生索，又是安全毯。听觉不灵的狗到处乱跑非常危险，因为它听不到路上汽车穿行的声音，捕食者的出现，高处坠落的物体和来来往往的人群。它们也会因感觉不到你的位置而惶恐不安。而皮带能够控制它们的活动，保护它们远离麻烦，还能让它们感觉到你的一举一动，从而感到平静安全。

科学家们正在进行研究，试图为有听力障碍的狗设计助听器，但是我们可以有更直接简便的方法来帮助它们弥补听觉缺陷。如果可能的话，只要给它找一只狗做伴就行了。狗是社会性动物，会利用一切可用的感官能力来注意与其共同生活的同类的一举一动。“奇才”是我的一只查理士王小猎犬，在它晚年的时候，与另两只狗生活在一起，普通人根本无法看出它的耳朵已经失聪。当另两只狗向门口跑去，对着窗外吠叫起来，奇才也会尾随其后，去看看究竟是怎么回事。要是有人进屋，另两只狗立起来迎接，奇才也会加入欢迎行列，就好像它也听到了有人进来。最让它高兴的是，每回我叫它们吃晚饭的时候，它可以从另两只狗的行动中知道晚餐时间到了，可以去厨房了。它的“助听器”就是和它一起生活的狗的耳朵，而这个“助听器”也十分奏效。

第四章

我嗅故我在

I Sniff, Therefore I Am

每种生物似乎都有一种偏好或起主导作用的感官系统。对最简单的生物，如单细胞动物和海绵、珊瑚等简单海洋生物来说，最重要的是味觉，能够发现它们生存的液体环境中被分解的化学物质，以获取生存必需的养料。对稍微复杂一点的如海星、水母和海葵来说，占主导地位的感官是触觉。蝙蝠、兔子、地鼠和一系列夜间活动的动物对声音的反应最为强烈。人、猿、猴子和鸟属于视觉类生物，更多地依靠视觉生活。而对包括狗在内的许多其他哺乳动物来说，嗅觉起着极大的作用。

对狗而言，鼻子不仅在脸上占据着最主要的位置，而且在大脑和它对世界的看法中也起着主导作用。人脑的形状和结构都是围绕着视觉和对与光相关的信息处理的，而狗的大脑活动却是以它通过气味获得的信息为中心。人对很多气味的反应都是无意识的，而且只有在气味十分强烈或存在着特殊重要性的情况下，我们才会有意识地注意到它们。狗感知的气味种类大大多于人类，因而它的意识常常与主人大相径庭，对我们来说像谜一样难以理解。如果我们能有片刻的时间运用狗的意识来进行思考，就会发现这个我们熟知的世界变得陌生而难以理解。你会如何看待一个充斥着各种不同类型、不同强度的气味而不是图像的世界？因而，想要理解狗的思想和行为，我们首先需要了解它的嗅觉。

气味与大脑

人脑与狗脑中进行气味处理的结构颇为不同。人和狗的大脑下方都有大片的神经组织，称为嗅球或嗅觉中心。人的嗅球就像是连接在脑干末端的小块隆凸，而狗的嗅球却非常大，以至于你都看不见连接嗅球和大脑的茎。人类嗅球的总重量约为1.5克（约半盎司），而一只普通大小的狗，嗅球就要重达6克（约2盎司），相当于人的4倍，而狗的大脑却只有人类大脑的十分之一大。这样算来，狗大脑中用来分析气味的那部分所占的比例比人类高出40倍！据估计，狗可以辨别的气味种类约为人能够辨别的一千到一万倍。

为狗而生的鼻子

除了嗅球在大脑中占有格外高的比例外，狗鼻子本身的构造也极其适合探测微弱的气味。让我们来简单地了解一下这个精妙的器官。狗鼻子末端光秃秃的无毛部分称为“皮革”。它的颜色很独特，通常是深色，因狗的品种不同而异，分为棕色、粉色或是斑点状的。通常来说，纯白色或皮毛上带有大片白色的狗，鼻子的颜色也较浅，容易患有“雪鼻”，也就是它们的鼻子颜色在冬季会变浅，在夏季来临的时候又恢复原来的正常颜色，而一些年龄较大的狗鼻子颜色则可能不再恢复。用塑料食盆或橡胶食盆进食也可能使狗的鼻子颜色变浅，或是呈现斑点状。这种情况称为“塑料盆皮炎”，是由鼻子上的色素与碗碟中某些抗氧化物质相互作用造成的。

仔细观察狗的鼻子，可以看到上面凸凹的分布图案。鼻纹就是由这个图案和鼻孔的轮廓构成的。狗的鼻纹就像人的指纹，每个个体都是独一无二的，因而世界各地许多育犬俱乐部都采用鼻纹作为狗身份的认证标志，一些公司将狗的鼻纹登记存档，以协助寻找丢失或被偷走的狗。如果你以取得狗的鼻纹为乐，或是将其当作一种艺术创作的话，操作十分简便。先把狗的鼻子弄干，在一张纸巾上倒一些食用色素后按到狗的鼻子上，在几秒钟内防止狗把色素舔掉。然后用一张便笺纸，轻轻按住狗的鼻子，让纸片的两边顺着鼻子弯卷，以取到鼻子两侧的印痕。为了使细小的鼻纹足够清晰，你可能要尝试两三次之后才能掌握适当的色素用量与按压力度。注意不要在狗的鼻子上涂抹墨水或颜料，食用色素无毒，且易于清洗，这样你就可以不必向朋友们解释为何你家的狗鼻子是蓝色或者绿色的了。

狗采集气味比人类活跃得多。狗并不是让气味自然地飘入鼻子，而是运用人类所不具备的一些特定的能力与构造，将气味从环境中采集而来。首先，狗能够自由地移动或摆动鼻孔，因而可以判断气味的来源方向。狗还有一种与正常呼吸不同的嗅闻能力。当狗把鼻子凑向气味传来的方向嗅闻时，它其实中断了正常的呼吸进程。嗅闻的时候，包含了气味的空气首先经过鼻腔内一个多骨、架状的构造，这一构造是专门用来保持包含气味的空气的，以免它随着狗的呼气而排出体外，使气味分子能够在鼻腔内停留并积累。当狗正常呼吸或喘气的时候，空气是穿过架状构造下方的鼻孔直接进入肺部的；而嗅闻可以短暂地把空气储存在鼻腔上部的空间内以解读空气中的成分。

在高温或天气炎热的情况下，嗅闻和呼吸之间的区别对于狗追踪气味的能力有着重大意义。人体有两种不同的汗腺，一种称为外分泌腺，通过汗液的形式在皮肤表面释放液体，以达到调节人体体温的目的。随着汗液蒸发，皮肤表面的温度也随之降低，以保持我们正常的体温。人体的汗腺分布在全身各处，而狗只有爪子的趾肉上有汗腺。（所以狗在紧张或感觉热的时候会留下湿湿的脚印。）狗必须通过喘气来提高降温能力，通过口腔与舌头上体液的挥发起到抵抗高温的作用。它喘气越多，体液挥发得越多，也就越感到凉爽。因而在高温天气里，利用狗来辨识气味的可靠性会有所下降，喘气不是嗅闻，狗在喘气的时候，它的气味处理能力就停止起作用了。因而你把手伸向一只正在喘气的狗，或是给它一些食物时，它会停止喘气，以便调动嗅闻能力来检测面前的气味。经过研究已经证实，当狗处于高温时，通过气味来追踪和辨认物体的能力会降低超过40%。显然，若要在炎热的天气里用狗进行搜救工作，这是个不容忽视的问题。

弥补高温下狗嗅闻能力的下降有几种办法。第一当然是让狗保持凉爽，可以用浇花用的喷壶给它喷洒水。水从它身体表面蒸发到空气中可以降低它的体温，从而减轻喘气的需要，提高它的嗅觉。第二个方法则是在短时期内，让狗在高温的条件下连续工作数天，许多狗就会开始适应高温，并自发地采用一种不同的战术。它们嗅闻一会儿，再喘息一会儿，这种交替大大提高了它们追踪气味的能力，尽管嗅闻工作的速度大为减缓。

为什么狗的鼻子是冷的？

大家都知道，狗的鼻子总是又凉又湿润的。每当我的狗想要早早地享用早餐，用它凉凉的鼻子蹭我耳朵来唤醒我的时候，总让我想起这点。“皮革”上的润湿是由狗鼻子中的许多黏膜腺分泌的，最主要的作用是有利于气味分子的采集，同时也可保持“皮革”表面的温度。狗鼻子表面和内部的黏液就像维可牢尼龙搭扣，所有的气味分子都是可溶于水的，一碰到黏液就会吸附在表面，并溶解在黏液中。若黏液分泌不足从而导致鼻子的外部无法保持足够湿润的话，狗就会用舌头舔鼻子来加强其采集气味的能力。在鼻腔内部，有小型的毛状结构帮助黏液流回鼻腔内，它们将溶解的气味分子向内推，集中到负责辨识气味的特定细胞周围。要使这一整套机制有效进行，需要大量的黏液。在某些品种的狗身上，黏液是以口水的形式出现的，口水从上嘴唇和内脸颊流下，而不是从喉咙流下。一只中等大小的狗一天要分泌约一品脱的黏液，因而狗总是需要大量饮水。

现在让我们暂且将科学理论搁置一边，来听听我小时候常听到的一则动人故事，它是关于狗鼻子又凉又湿的来由的。那是在诺亚的大洪水时代，诺亚收集了所有的动物放到方舟内，避免它们遭到水淹。方舟上有两只聪明可靠的狗，诺亚把看守方舟的任务交给了它们。有一天狗在巡视的时候发现方舟上出现了漏洞，尽管只有一个马蹄那么大，水却在不断地涌入，如果不把洞填补上，船就会沉没。一只狗飞速地跑去求援，同时另一只狗做了一个真正勇敢聪明的举动。它走到漏洞前，伸出自己的鼻子堵住漏洞，阻止涌入的水。当诺亚和他的孩子们赶到时，这只可怜的狗已经呼吸困难，陷入巨大的痛苦中了。狗的勇敢行动拯救了整条船的命运，最后，上帝给了它湿冷的鼻子作为荣誉徽章，让全世界知道它的勇敢。在我的孙儿们能够理解并对黏液溶解于水产生兴趣之前，我也曾把这个故事讲给他们听。

吸入气味精髓

狗通过嗅闻吸收的空气最终会到达一组多骨的卷轴状板，称为鼻甲骨。鼻甲骨的表面覆盖着厚厚一层海绵状的膜，膜上集中了大部分负责探测气味的细胞与将嗅觉信息传输到大脑的神经。在人体内，这一包含了气味分析器的区域大小约为1平方英寸（约7平方厘米），大概是一张小邮票的面积。而如果将狗的这一区域展开成平面，面积将达到60平方英寸（约390平方厘米），只比一张打字纸略小一点。根据鼻子的大小和长度不同，对不同的狗来说，这一平面的大小相差也很大。鼻子较长较宽的狗，这一平面也较大；而脸部较为扁平、鼻子较短的狗，如八哥和北京犬，鼻腔内这一区域的面积也较小。

这片区域的面积大小十分重要，因为鼻子较大的品种的狗，嗅觉感受器更多，嗅觉能力也更强。例如，腊肠犬嗅觉感受细胞的数量约为1.25亿，猎狐梗为1.47亿，而德国牧羊犬则有2.25亿。有些狗，尤其是所谓的“嗅闻猎犬”，鼻子生来又宽又深，即便狗本身体积并不大，也能在有限的空间内安置最大数量的气味分析细胞。对嗅觉极其依赖的猎兔犬，体重仅约30磅（约14千克），高仅13英寸（约33厘米），嗅觉感受细胞的数量同德国牧羊犬一样有2.25亿，而后者重约75磅（约35千克），高约24英寸（约60厘米），体积约是猎兔犬的两倍。而狗类中的嗅觉冠军非寻血猎犬莫属，它的鼻子内嗅觉感受器的数量达到3亿。再来看人类，我们鼻腔内嗅觉感受器只有微不足道的200万，仅仅是猎兔犬的2%。

知道了嗅觉结构在狗大脑中所占的比例，以及它们鼻腔中的其数量约为人类50倍的嗅觉感受器之后，就不难理解为何它们对气味要比我们敏锐得多。但是大多数人对于人和狗对某些特定气味的嗅觉差距还是没有概念。狗的鼻子对于有关动物的气味尤为敏感，这不足为奇，因为狗本身就以捕猎其他动物为生。汗液中有种叫丁酸的物质，人类所能够觉察到的最低的丁酸的浓度是：先不要急着对我们的嗅觉能力感到自豪，将等量的丁酸溶解于25万加仑（100万升）水中，狗也能够探测到它的气味。若将1克的丁酸气溶解并分散到一栋10层高的大楼中，你进入大楼的时候勉强能闻到它的气味。而我们要是将等量的丁酸分散到面积超过135平方英里（约350平方公里）、高度达300英尺（约92米）体积的空气中，狗也能闻出它的气味。这一面积约等于整个费城的大小，若想到这个城市的150万人都在出汗（特别是在闷热的夏季），就不难有趣地推断，这个大都市在狗闻起来会有多重的味道了！

嗅闻基因

所有的狗都有出众的嗅觉能力，但这是可以通过选择育种来提高的，而且人类也已经这样做了。猎兔犬、巴赛特猎犬和寻血猎犬就能很好地证明，狗对气味的敏感度部分来自先天，部分来自后天的培育。这些狗在培育过程中，不仅善于探测和辨识气味，而且对尾随、跟踪和发掘气味充满兴趣。

在20世纪60年代，J.保罗·斯科特同约翰·富勒在缅因州的巴港建立了狗行为实验室和野外测试站。为了了解基因在狗行为中所起的作用，他们选用一些纯种的狗进行实验。在一个实验中，他们在一块一亩大小的地四周围起篱笆，将一只老鼠放进其中。老鼠立即飞快地跑起来，在离它释放位置最远的地点躲藏起来。一小会儿之后，猎兔犬也被放进了同一区域。运用灵敏的鼻子，它们大约花了一分钟的时间跟随老鼠的踪迹找到了它。对猎狐梗进行同样的实验，它们足足花了约十五分钟的时间才随着老鼠的踪迹找到它。而这个实验在苏格兰梗身上却完全不起作用了，它们不去追踪老鼠，甚至踩到老鼠也对它视若无睹。所以你会发现，你从没见过苏格兰梗被用来进行搜救工作或是追踪逃跑的罪犯。

苏格兰梗的表现可能是由一系列因素造成的。第一，它们的鼻子要比进行实验的另外两种狗更小更短，因而它们对气味的灵敏度也更低。第二个原因则可能是行为习惯所致，它们对嗅觉的依赖程度较低，因而追随气味踪迹的意愿也就不强。

我在南卡罗来纳遇见的一位黑色和棕褐色浣熊猎犬的饲养者汤姆，对苏格兰梗的不佳表现或许会有另一番解释，但他也讲到了基因机制的问题。汤姆在喝下一杯掺了少许杜松子酒的柠檬水之后，向我解释了他的理论。

“瞧，如果你想要挑选一只善于追踪气味的狗，首先要看它们的耳朵。不管它是浣熊猎犬、寻血猎犬、猎兔犬还是巴赛特猎犬都没有关系，上帝给了它们又大又长的耳朵来工作。道理其实是这样：当它们动作的时候，耳朵会上下拍动，把空气压向地面，同时让气味向上进入鼻子，这样一来，追踪气味就要方便得多，所以在这方面耳朵竖起的狗肯定比不上耳朵可以自由翻动的狗。记住，就看它们的耳朵，耳朵越长，追踪能力也越强。”

想象一下，长耳猎狗的耳朵上下翻动，将气味直接送入鼻腔，而可怜的苏格兰梗却仍一头雾水毫无线索，因为它们竖起的耳朵给人以警觉灵敏的印象，但它们所擅长的只是听觉。任何一个和同样有着一双竖立的耳朵的德国牧羊犬一起进行过搜救工作的人，都可以为它追踪气味的能力作证，但事实上这不过是人们的一种错觉，没有任何科学依据。

基因对于造成人与狗嗅觉能力差异的作用还不止于此。狗和其他一些动物一样，鼻子里有一个特殊的器官叫作雅克布逊器官，或是犁鼻器，这是位于口腔顶部的一种饼状小袋，含有特殊的接收细胞，通过导管与口腔和鼻子相连，以吸收气味分子进入。这个器官密集着大量神经，有充足的血液供给，对狗来说十分重要。后来发现，狗大脑中的嗅球上有一个特殊区域，专门负责处理来自犁鼻器的信息，也进一步证实了它对于狗的重要性。

过去人们相信犁鼻器在人类、猿和其他一些旧大陆灵长类动物身上已经完全消失了，然而最新的研究表明，它仍然存在，只是和狗相比，人的犁鼻器已经退化，作用微乎其微。人类基因工程发现，人体内负责调动犁鼻器感觉能力的基因无法正常活动，人的犁鼻器里只有极少量嗅觉感受器，不仅如此，人体上将犁鼻器中的嗅觉信息传输给大脑的神经，连同嗅球中处理这些信息的部分也都已经缺失。

有气味的动物

有哪些气味是狗可以辨认，而我们人类所不能的？狗的鼻子对哪些对动物有着特殊生理意义的气味最敏感，尤其是信息素，这是动物分泌的一种用于传递信息（通常是同类之间）的有香气的化学物质。信息素（pheromone）这个词来源于希腊文中的pherein，意为激励。研究人员开始时认为这种气味是雌性动物用来向雄性传达它们已经准备好交配的讯息的，因而认为信息素的作用是激励雄性动物追踪雌性动物的踪迹并进行交配。然而今天我们知道，这些物质所传递的信息远远不止于性意愿。

对蚂蚁、蜜蜂和白蚁等昆虫进行研究的人们发现，这些生物产生的气味是它们进行交流的最主要的形式。信息素会在昆虫大脑内发生作用，激起各种复杂的行为，如求偶、觅食或打斗等。由于这些物质的作用效果十分显著，人们将人工合成的信息素运用在昆虫控制计划中，作为诱饵来捕捉或是使昆虫远离某些区域。

在包括人类在内的灵长类动物身上，信息素的作用不如昆虫那样强烈，而且由于信息素是在我们无意识的状态下作用的，我们通常不会察觉到，这是因为大脑中的嗅球仅仅将很小的一部分嗅觉信息传输给大脑皮层，也就是人脑中有意识地处理信息的部分。大部分的嗅觉信息则进入了边缘系统，从进化角度而言，这是大脑中较古老的一个部位，在所有脊椎动物身上都能找到。边缘系统的各个部分与行为的三个重要方面有关：感情与情绪，对事实和方位的记忆以及对动物性本能的控制，包括性欲、地域性和社会优势。用香料按摩就是利用不同精油的气味来安抚或调动人的情绪，它通过边缘系统作用起到调节情绪的作用，而不需要人进行有意识的思想，甚至不需要人有意识地察觉到气味，其工作原理与信息素对动物的作用方式很类似。

顶泌腺是一种特殊的汗腺，它的信息素中含有表明动物年龄、性别、健康状况甚至情绪状态的信息。在人身上，顶泌腺只存在于某些特定的部位，在腋窝和腹股沟区域分布最为密集；而狗和大多数哺乳动物周身都分布着顶泌腺，因而它们身上的气味比人更强烈。分泌信息素的顶泌细胞甚至在动物毛囊中也能找到，所以狗的皮毛上覆有信息素，使它易于被其他的狗认出。这些分泌物几乎一产生就开始同细菌发生作用，细菌会改变并加强它们的气味。狗的皮毛擦过其他物体时，部分信息素会转移到物体上，从而留下动物经过的持久痕迹。通过信息素的气味，不仅可以辨别动物的性别、年龄、健康状况和情绪状态，还包含有大量的关于狗的性信息，如雌性动物是否处于发情期，是否怀孕，是否假妊娠，甚至它最近是否刚生育了后代。

对于狗来说，分析信息素的气味，就等同于阅读用文字记录下来的关于另一只狗的状况和感情。再进一步比喻，尿液对于狗，就像墨水对人的用处。狗的尿液中溶有许多信息素成分（有时候粪便中也含有信息素），因此包含了大量关于它的信息。狗常常嗅闻其他狗喜欢走的路旁边的消防栓或者树，以此了解狗世界中的时事信息，而那棵树就成了它们的世界中散播最新消息的花边小报，可能没有狗的经典文学专栏，但必定有闲言碎语专栏和个人的广告板块。每当我的狗专注于嗅闻其他狗常常光顾的那条街道上的柱子或树时，我经常想象着自己听到了它们大声读出新闻的声音。也许今天早晨的版本是："一只年轻的金色雌性寻回犬咪咪刚刚来到我们社区，想要寻找伴侣——被阉割的雄狗免进"，或是："一只年轻强壮的成年罗威那犬宣告，它要向本街区的领导地位发起挑战，愿意接受任何狗的挑战。要么遵从其领导，要么就小心点！"

狗很喜欢在垂直于地面的墙面上撒尿留下印记，因为气味在高处能被风传得更远。尿液痕迹的高度往往也能表明这只狗的大小。在狗的世界里，体格大小是决定领导力的一个重要因素，因而重视领导力的雄性狗都养成了撒尿时抬起腿的习惯，这样它们可以把尿撒到更高的地方，而且尿液留得越高，就越不易被其他狗的尿盖过而模糊了留下的气味。

尿液痕迹还能传递关于狗情绪状态的信息。情绪的变化往往伴随着一组压力激素的释放，这组激素会进入大多数体液，不仅是血液，还有汗液、尿液和泪水，因而一只恼怒的狗留下的气味和一只欢快的狗是不同的。还有一些人认为动物可以“嗅出恐惧”。我曾经听警官说起，巡逻狗很容易认出罪犯，因为狗可以嗅出害怕被捕获的罪犯身上的恐惧。很显然，恐惧是一种情绪，情绪尽管没有味道，却能够在一定程度上改变汗液等体液中的化学成分，而这些化学物质是带有气味的。恐惧或许和其他情绪一样，也是同一种独特的味道相连的。

社交嗅闻

进化为何会使情绪信号进入带有气味的体液？初看之下，恐惧的气味不但不具备进化优势，甚至还可能起相反的作用。一只受到威胁的动物若释放出恐惧的气味，就是在向敌人示弱，甚至会招来一场攻击。然而对于狗这样的社会性动物，了解同伴的情绪状态可增加整个群落的存活概率。被我们称为恐惧气味的味道在同伴那里便被解读为危险气味，起着警示即将出现的危险的作用。同样，不带有恐惧气味则是向陌生者示意可以安全靠近，并建立某种社交关系。

狗鼻子中的犁鼻器带有能记录某些特定信息素的感受器，可以让一只狗在遇见另一只狗之前做好准备。互相嗅闻也是狗见面时必经的招呼礼仪。气味信息的相互交换通常是从嗅闻彼此的脸开始，然后很快转到对方身体的后部，那里有大量信息集中在顶泌腺及尿液、粪便，或许还有性活动的痕迹。一个部位集中了如此之多不同的信息素，无疑会吸引狗的注意力。狗能在短时间内迅速处理这些信息并用来引导它进一步的社交互动。

陌生的狗之间互相嗅闻的时间会较长，但处在同一屋檐下的狗也会经常互相嗅闻，以迅速了解它们同伴今天最新的感受，并对负面或是侵略性的情绪提起警觉。

有时候狗盯着人的胯部嗅闻会令人倍感尴尬。狗对人的腹股沟区域感兴趣同它对别的狗的生殖器区域感兴趣有着同样的缘由，因为那个区域富含顶泌腺分泌的汗液所包含的信息素。就像对不熟悉的狗嗅闻时间会较长，狗对陌生人也会有额外的“关注”，尤其是当人带有性气味的时候，因此刚进行过性交不久的人很容易吸引狗的注意；处于经期或是刚刚生育完孩子（尤其是还处于哺乳期，正用母乳喂养孩子）的女性，狗也经常喜欢不礼貌地嗅闻她们的阴部。

排卵也会使信息素产生变化，吸引狗的注意。一些研究者在注意到狗在排卵期前后嗅闻阴部的频率大大增加后，对这一现象进行了实际应用。他们训练澳大利亚牧羊犬从牛群中挑选出刚刚排卵的母牛，从而使农民和农场主成功地让母牛在短暂的繁殖期内进行繁殖。狗的嗅闻测试要比其他预测排卵的方法简便和可靠得多。从这点出发，也许人类又可以发掘一种新的具有特定功能的狗来帮助我们工作。数百万出于宗教或文化的原因只用安全期避孕法避孕的女性，可以利用经过特殊训练的狗在她们怀孕时给出提醒，这种做法也为许多丈夫有关其性生活已“交给了狗！”的抱怨赋予了新的含义。

许多人十分反感狗嗅闻他们的身体获取嗅觉信息。这一点最公开的例子或许就是1996年美国康涅狄格州沃特伯里的芭芭拉·摩斯基之案。芭芭拉是当地的一个政治激进主义分子，因为被狗嗅闻，以性骚扰为由，将霍华德·莫拉干法官和他的金色寻回犬科达告上了法庭。芭芭拉的理由是，莫拉干常把他的狗带到坦柏利高等法院。在法院里，科达至少三次在她裙子下“用鼻子擦碰、窥探或嗅闻”。她认为法官对狗的行为没有加以制止，因此也参与了同谋。让全世界养狗者备感庆幸的是，芭芭拉的案子最后被美国联邦地区法院法官杰勒德·戈特尔驳回，他在后来的一次访谈中解释说：“狗的无礼行为并不能构成主人性骚扰的罪名。”

观测到的气味

狗鼻子的进化最初是为了帮助它捕猎。作为猎食者，它的鼻子必须具备两种能力：它首先需要能够觉察出气味，其次还需要根据气味辨识出留下气味的是哪种动物，辨识出它所追踪的具有这种独特气味的个体。分辨出个体气味的能力尤其重要，因为野生的犬科动物捕猎时，常常追赶猎物直到猎物精疲力竭，无法再继续奔跑或是挣扎，这就意味着它们必须始终与那只动物保持较近的距离。

想象一群狼把一只北美驯鹿逼离鹿群，并开始追逐那只驯鹿。如果被追赶的动物只是在平原上被孤立而远离种群的其他成员，那么只需要追着它，直到它跑到虚弱无力时再进行攻击就行了。然而，驯鹿和其他野生犬科动物的猎物一样，是群居性动物，它们处于危险状态时会跑回兽群以寻求安全与隐蔽。因此被猎食者从兽群中单挑出来的猎物，经常试图冲回兽群，躲避追赶的猎食者。狼群或许已经奔跑了20分钟来追赶驯鹿，经过长时间奔跑的驯鹿已经开始体力不支，速度下降，然而一旦它跑回鹿群，狼群必须密切追踪这只驯鹿，否则它就能获得喘息恢复的机会，狼群此前的努力也就都白费了。由于犬科动物视力并不好，且被猎食的兽群中每个个体外表相差也不大，它们就必须借助于嗅觉来辨识并继续追赶那只已经疲累的动物。

狗经过进化，已经具备了辨别出单个动物的能力，即便在它的踪迹经过了整个兽群的反复混杂和踩踏后，也仍能找出这只动物。我们人类难以达到这种能力，当一种气味被另一种更强烈的气味盖过时，我们很容易失去辨别能力，所以我们可以嗅出一朵百合花的香味，但若有一只臭鼬发出臭味，我们的鼻子就无法辨别出百合的味道了。狗和我们嗅觉的差异不仅在于它们对气味的敏锐程度更高，还在于它们能够将混合气味中的每一种单独处理、并逐一分辨出来的能力。换言之，拿计算机做类比，狗的嗅觉计算机内存要远远大于人类，而且气味辨别的程序也更强大。狗通过嗅觉分出单个气味的能力，与人通过视觉分辨单个物体的能力很相似。

想象一条带有颜色鲜艳的花朵图案的被子，上面放了手电筒、锤子、钢笔和书。要利用视觉处理系统把这些物体找到、区分和辨认出来，对人只是不足挂齿的小任务。我们能够轻易地把被子同手电筒、锤子、钢笔和书分辨开来，而不会看到一片各种色彩混杂的大杂烩。即使是层层叠加的视觉刺激，比如把书打开放在被子上，再在书上面放一支钢笔，我们也能做到。人可以轻松地凭借视觉把物体从混合物中单个挑出并认出它们。而狗的嗅觉系统对于气味也是如此。科学研究表明，狗可以在混合的气味中分辨出各种单独的味道。它们不会把各种味道混同起来，或仅仅闻到最强的那种味道，这被称为气味层叠。举例来说，当你走进厨房，里面在煮着红辣椒。你能闻到的只是炉子上锅里的红辣椒味道；而狗就能闻出肉、蚕豆、西红柿、洋葱和其中每一种香料的味道。狗将这种嗅觉景象分成多层，就像我们通过视觉把被子和其他物件分成几层一样。

遴选气味

若是狗无法将一种气味同其他气味区别开，忽略那些无关紧要的气味而只关注最重要的气味，那么它们在许多工作中的能力将大大降低。炸药探测狗在很多场合展示了出众的辨识能力。例如走私炸药的恐怖主义集团试图用香水或香油掩盖炸药气味，有人将炸药藏在咖啡里，有人把炸药裹在发臭的脏袜子里塞进塑料包，也能被狗发觉而被捕，还有人把炸药包藏在婴儿的脏尿布里，再藏进容器。最近，一只炸药探测狗发现了一箱埋在地下两英尺深处的炸药!

毒品走私犯试图用其他强烈的气味来掩盖毒品气味的努力常常遭到失败。阿肯色州的一名警察克雷斯顿·赫顿在检查一辆汽车时，他的金色拉布拉多寻回犬梅格提醒他，车上有毒品。警官们把车上通常藏匿毒品的地方全部搜查了一遍后一无所获，而梅格却坚持车上有违禁品，并且指向车身侧面的一个位置，而这个位置上什么都没有。然而赫顿十分信任梅格的判断力，他坚持继续进行搜索。梅格指出的地方是在油箱开口处的附近，因而警察撬开了油箱查看。果然，汽油里浸着一个塑料的容器，里面藏了足足35磅（16公斤）大麻!

犯罪分子想要通过掩盖气味来藏匿毒品显然已经行不通了。有很多例子可以证明这一点。拉布拉多寻回犬斯纳格成功地发现了118例毒品藏匿，价值高达8.1亿美元；在得克萨斯与墨西哥边境（在一处被戏称为可卡因谷的地区）巡逻的洛基和巴科，不管毒品走私头目们如何费尽心机隐藏毒品的气味，仍在1988年一年之内协助警方抓获了969起毒品贩运。随着毒品的藏匿不再能奏效，毒品贩子想到了另一种防止被发现的途径——他们悬赏3万美元寻找能够杀死洛基和巴科的人。值得庆幸的是，这个计划至今没能得逞，这两只狗一直活到退役，享受着快乐的晚年生活。

但也有一些气味是狗不太喜欢的，包括柑橘味，如柠檬、酸橙和橙子的味道；辛辣味，如红胡椒的味道。它们特别讨厌香茅的味道，人们要使狗远离某一区域，通常就喷洒香茅。香茅还被用于抗狗叫项圈上。项圈其实是一种小型的麦克风，能在接收到狗的吠叫时，释放出香茅来阻止狗叫。抗狗叫项圈的作用只能持续一段时间，在狗适应了香茅的气味之后，项圈就不起作用了。因此，毒品走私犯想要把毒品藏在一卡车的酸橙中，就像把毒品浸在汽油里一样没有多大效果。

狗探测毒品的能力如此出众，以致它们有时会让自己“失业”。在英格兰威尔特郡的俄勒斯多克监狱，一只名叫瑞贝尔的边境牧羊犬几乎找出了监狱里藏匿的所有毒品。由于畏惧它惊人的工作效率，犯人们试图偷运毒品的次数越来越少，以致很多时间里瑞贝尔都无所事事，没有什么工作可干。因此，它又接受了额外的训练来探测酒精并给出信号。囚犯们想出种种巧妙的办法自己酿酒，并设法把酒藏起来。酒精在监狱中对囚犯的作用不亚于毒品，经常会导致监狱暴力事件的发生。瑞贝尔的训练人尼尔·波拉德是这样描述瑞贝尔第一次发现酒精的过程的：

“我们一直怀疑狱中有人私自酿酒；却苦于普通的搜查方法找不到证据。瑞贝尔可以闻到人的鼻子感觉不到的气味，我们让它在监狱里四处查找，走到浴室的时候，它停了下来。于是我开始在四周环视，找到了一架梯子，并在屋顶发现了一处凹洞，里面有22升私酒，令囚犯们大失所望。”

人的气味

狗十分擅长通过气味辨别不同的人。人的气味是由汗液产生的，汗液里及皮肤上的细菌会使气味发生变化。主要的细菌有五种类型，每一种在各人身上的含量各不相同；人体的汗液里含有八种主要的化学成分，根据人的生理状况和情绪不同，浓度也不相同；而皮肤的成分也有细微的差异，取决于种族、年龄、接受太阳光照的程度、特定腺体的油脂分泌和食物。这些变量结合在一起，便产生了个体气味之间的无数差异，且每种气味都是个体所独有的，至少在某一段时间内保持不变。影响人体气味的还有香水、除臭剂、香烟味和其他皮肤和衣服上残留的味道。食用某些特定的食品如大蒜或洋葱，也会改变人体气味的组成成分和他的气味信号。要是构成人个体气味的化学成分中的一部分发生了改变，比如改用新的香水或除臭剂，狗会产生迷惑并做出错误的判断，不过当它重新把注意力集中到气味中那些保持不变的成分而忽略发生改变的那些成分后，又重新能做出正确的判断了。

要了解狗通过气味辨别人的能力有多强，我们可以拿人类用自己最重要的感官能力——视觉来辨认其他人的情形进行比较。法医心理学家研究过要求人在一群人中辨认出某个特定的人的准确率，这是对我们辨别能力所做的最具系统性的研究。犯罪的目击者要回答他们是否能从一组同样种族、同样性别且身高体重相近的人中找出某一个人。人对视觉的依赖程度很高，目击者们主要通过观察人群做出判别。研究显示，人对这一类辨识并不是特别擅长。例如，心理学家拉尔夫·哈伯和林恩·哈伯统计分析了37个从人群中辨识出某一人的能力的研究结果后发现，总体而言，在最好的情况下，倘若人群中有6名嫌犯，人们的正确率只有55%，只比一半稍微高了一点。

同人类视觉层叠相对应的是狗的嗅觉层叠。先把与犯罪案相关的几件物品让狗嗅闻，接着再把一组6到12只钢筒或尿布放到它面前，就像目击者辨认时让一群人进入一个房间一样。这组钢筒或尿布中有一件是经过犯罪嫌疑人之手的，而其他的则没有。狗要做的就是嗅出其中是否有一件的气味和来自犯罪现场的气味相同，并把它挑选出来。许多国家的法律已经认可这种证据，将它等同于目击证明。多项运用不同的方法测定狗在辨认中精确度的研究表明，狗的正确率达到80%——大大高于人类目击者用视觉做出正确判断的比率。人在两次辨认中只有一次是正确的，而狗则能在五次辨认中四次做出正确的判断。

狗在气味辨识中出错，往往是因为它们对气味的差别过于敏感了。研究者已经证明，狗不仅能将气味与个人相匹配，还能判断出气味来自人体的哪一个部位。狗可以分辨出一片尿布是在被人手握过的、在肘部摩擦过的，还是在腋窝处摩擦过的。对狗的鼻子来说，同一个人也有许多种不同的气味。在一个嗅觉层叠中产生的辨认失误，常常是由于被测物的气味与犯罪现场物证的气味来自于同一罪犯身上的不同部位。狗对一个人的熟悉程度越高，或是有越多他在不同时间、身体不同部位的气味样本，它就越有可能通过人一些最基本不变的气味来辨认他。

研究了狗气味辨认失误的原因，有助于我们了解它们的注意力所在。狗很容易混淆生活在一起的家庭成员，有时也会混同双胞胎之间的气味。双胞胎若食用不同的食物，狗产生混淆的概率也会降低，但是，若狗在一开始就对双胞胎分别进行嗅闻，就更容易把两人区别开来。分别嗅闻的时候，狗精确的嗅觉系统进入高度运转状态，来搜寻两人气味之间的细微差异。在对他们进行了直接的比较之后，它就能够通过气味区别出双胞胎两人，甚至能够循着其中一人的踪迹跟踪他，即使另一人在同一条路上走过、随后为了迷惑它而突然转向也没有用。

闻出过去

图像和声音会在即刻之间消失，而气味却可以停留。从气味的踪迹可以对过去获得一个大概了解：若一只动物一段时间之前经过此地，狗可以嗅出它的特性，它前进的方向，甚至能嗅出它是在多久之前经过的。这就为狗提供了足够的资料判断，这是值得追捕的潜在猎物，还是要躲避的潜在威胁，因而人类在一些搜救工作中将狗作为追踪者来协助工作。

以前，人们认为因为细小的血液飞沫透过皮肤而为追踪狗提供了可以追踪的痕迹。寻血猎犬就是这样得名的。而现在研究者认为，气味中包含了许多细小的皮肤细胞，即皮屑或头屑，这些细胞浸在汗液中并经过细菌作用因而带上了人的气味。人体每分钟脱落大约5000万个细胞，从人体掉落的皮屑就像一阵微型的降雪。由于狗的鼻子天生对生物气味和信息素最为敏感，它们便可以轻松地探测到这些细胞，并跟踪掉落这些细胞的人。

觉察出刚刚经过的人所留下的踪迹只是追踪狗任务的第一步。接下来它还要判断出这个人往哪个方向走了。沿途的踪迹有两个方向，一个可以通向它的目标，另一个却完全相反。奥斯陆大学的研究者们对狗判断一条踪迹的方向的能力进行了测定。让一个人从田野或经过铺设的路上走过，20分钟后，他们把一只追踪狗带到路的中点。狗的表现好得惊人。它们只花了三四秒的时间，嗅闻了路上大约五步的距离，就确信无疑地指出了人前进的正确方向。可以确定的是它们是根据气味的痕迹做出判断的，而非根据脚印的形状。因为即使是人在路上倒走的情况下（这样脚印的方向就与行走方向是相反的），狗也能做出正确的判断。

脚印留下的时间早几秒钟，发出的气味强度也会略微弱一点。这就为狗找到正确方向提供了线索，只要朝着气味变强的方向即可。不过，狗要做出正确判断，需要有独立的而不是连续的气味块。当研究者把走路改为骑自行车时，狗的表现就要糟糕得多。因为在车轮留下的痕迹上，从一个部分到另一部分的变化是渐进的，差别极其细小，狗几乎无法找出自行车前进的方向。而当研究者在自行车的后轮上钉上小块皮革，使气味的印记之间就像脚印那样留有空隙，狗通过皮革块上气味的强度差异，又能够判别出正确的方向了。

我曾用我最好的追踪狗——平毛寻回犬奥丁来测定狗判别踪迹方向的方法。我设计了一个情景，如果我的推测是正确的，那么奥丁会找出错误的方向。我请了一位朋友帮忙，在他鞋底上用意大利腊肠擦一下，然后他步行了约100码（90米左右）的距离。接着我把奥丁带到他步行路径的中点，给它嗅了嗅一块擦过意大利腊肠的布示意它要追踪的气味。这个情景中的关键在于随着我的朋友行走，鞋上的意大利腊肠气味会逐渐脱落，他越往前走，气味就越微弱。如果奥丁沿着气味变强的方向走，那么它实际上就是在向起点走。事实也正是如此。每次实验，奥丁只要片刻的时间便能做出判断，自信满满地朝着路的起点走去，而不是我的朋友等候的终点。显然它是根据路径上遗留气味的强度来判断方向的。

随着时间的推移，轨迹上的气味渐渐消退，要判别它的方向就要困难得多。遇上阳光和暖的日子气味消退得更快，紫外线会破坏一部分携带气味的化学物质，除去很大一部分气味。因而我们常常发现一件被汗水浸透的T恤衫在阳光下暴晒几个小时后，看起来干净多了。但这并不表示气味微弱到无法辨认了，而是辨别气味方向的难度增大了。在这种情况下，追踪狗会观察它们的训练者以期获得一些线索。如果训练者也不知道或是做了错误的猜测，那么追踪狗可能就无法找到目标了。不过，在踪迹起点已知的情况下，狗还是可以表现出色，跟随一条旧的踪迹，即便在恶劣的条件下也能圆满完成任务。

犬警官

对执法机构而言，狗最重要的用途之一就是追踪罪犯或是越狱的囚犯。例如詹姆斯·厄尔·雷（他几年以后因行刺民权领袖马丁·路德·金而被定罪）从杰弗逊城附近戒备森严的密苏里州监狱成功地越狱逃走，他当时正在那里为另一项罪行服刑。几个小时之后，警方才发现了他的越狱，并采取寻找的措施，但是没能找到他。48小时之后，一只名叫黄油杯的寻血猎犬被带来参与搜寻工作。警方已经掌握了雷开始逃跑的方向，潮湿的地面上留有雷橡胶靴的脚印。这双靴子是他为了防止狗循着气味追踪到自己而偷的，但这种欺骗伎俩显然起不了作用，因为人体各个部位都会脱落带有气味的皮屑，足以帮助狗跟随踪迹。当时天下着毛毛细雨，地面十分潮湿，但对一条新近留下的踪迹，现有的信息对黄油杯已经足够了，它一次也没有从路径上偏离过。几小时之后，黄油杯对着离开监狱足足7英里（约11公里）之远的雷的藏身之处兴奋地叫了起来！

黄油杯的表现已经令人惊叹不已了，但还有能循着更旧的行迹追踪更远距离的狗。至今我确证的追踪距离最长的是一只名叫兰迪的搜救寻血猎犬。有人找到兰迪的训练人斯蒂芬·约翰逊，希望兰迪去寻找在野生公园里迷路的两个孩子。有人最后看到两个孩子是在一条小路附近的一处营地边玩耍，因此搜寻从那里展开。兰迪嗅了嗅孩子的衣服之后，步伐自信轻快地沿着小路开始走。将近五个小时之后，在距离营地35英里（约56公里）的地方，兰迪找到了两个又怕又饿的孩子。当棕色的大狗赶到营救的时候，他们正朝着错误的方向，拼命迈动着他们的小腿儿往“家”里赶呢。

历险与犯罪故事经常会误导人们，说罪犯跳进一条小溪可洗刷掉身上的气味，掩盖逃跑的踪迹，从而躲避寻血猎犬的追踪。如果你认为这个策略可以起作用，那么你只对了一半。如果溪流够大够深，水的流速也够快，的确可以驱散人的气味。但若溪水较浅，流速较慢，或是有微风在溪上轻轻吹拂，气味仍能传到岸边，附着在潮湿的地面上。对于一条新近留下的踪迹，这些信息对追踪犬来说已经足够充分了。不过，连续五六个小时的日光直射可能会使气味消失。强劲的风也像流水一样，可能吹散气味。因而越狱犯要躲避狗的追踪，最理想的条件是在狂风暴雨，或是阳光强烈、且风力强劲的炎热天气里，并且领先五六小时的距离。

优秀的追踪狗并不仅仅依靠目标的气味来进行跟踪。脚步扬起地上的泥土，在草地和其他植物碎片上踩踏都会产生新的气味。踪迹较为新鲜时，这些新的气味会和猎物的气味混合在一起。幸运的是，这些气味即便在阳光直射下，也大多比汗液和信息素的气味更持久，因而当追踪目标的气味已经渐渐消退时，狗仍然可以通过这些气味来追寻踪迹。不过，如果土地上被人踩踏过多之后，狗就无法有效地分辨了。

跟踪、尾随、嗅闻空气

狗用鼻子追踪一条踪迹有三种方法：跟踪、尾随和嗅闻空气中的气味。不同品种的狗喜欢使用的方法也不同，因而人可以根据不同的外界条件，把任务指派给最合适的狗。

提到跟踪和尾随，人们通常认为它们没有区别，但其实不然。跟踪是跟随某一个体最精准的方法。狗跟踪猎物时，将鼻子放低，从一个脚印走到下一个脚印。跟踪狗在踪迹较为新鲜时最能发挥作用，而且它们常常会利用被踩过的地面和植物碎渣的气味作为辅助手段。由于它们是完全沿着猎物经过的路径前进，所以也很可能找到被跟踪者丢下或藏匿的物品。

尾随是狗跟随气味最常用的方法，尾随不借助于脚印，而是身体上掉落的皮屑碎片的气味。根据不同的风力和风向，携带气味的皮屑降落的时候会随风飘散，因而狗可能正沿着被跟踪者的方向前行，但是在相隔了一定距离的平行线上。

不论跟踪还是尾随，狗都能在夜间轻松地找到要找的人，而人的视力到了夜间就起不了作用。用来尾随和跟踪目标的狗，脖子上总是系了皮带，以防它们跟随踪迹的热情过高而把主人远远地甩在身后。

追踪的另一种方法是嗅闻空气中的味道。狗一边跑一边仰着头辨别空气中人的味道，若找不到这种气味，它们就会在原地反复转悠直至找到。而一旦找到了那种气味，它就会循着气味直接找到人，逆着风直线走到目标处，而不是沿着人实际经过的路径。风和天气都会对嗅闻空气的追踪狗的表现产生影响。在一个无风、阳光强烈的热天，人的气味传不远，狗就需要在一片区域反复走动几次才能辨别出气味。黎明或黄昏时是最佳的条件；地面凉爽，空气湿度适中，风力轻微平稳。在这种条件下，人的气味可以传出很远的距离，狗可能只需经过一次就能捕捉到气味。

寻血猎犬是进行尾随的超级巨星。它们对气味的记忆十分出色，其他种类的狗每隔几小时就需要提醒一次，嗅闻带有被追踪者气味的物件，而寻血猎犬可以工作一整天也不需要提醒。不过，和大多数猎犬一样，它们对空气中气味的嗅觉不如其他品种的狗那么敏锐，因为它们习惯于放低鼻子去嗅闻上升的气味，而不是抬起鼻子去捕捉微风吹来的气味。搜救工作中人们常用德国牧羊犬和拉布拉多寻回犬进行空气嗅闻。

嗅闻空气的狗常常被用于灾难事故现场，例如在一幢倒塌的大楼里找出受难者。它们不需要沿任何路径。对这些狗进行训练时，使用的气味闻起来就像一组不同的人的气味混合体，以训练它们可以嗅出一定区域内的任何人。这样当狗有系统性地巡视灾难现场时，就能捕捉到气味，并循着气味找到等待拯救的幸存者。大多数狗在找到幸存者时会反应兴奋，找到一具尸体时则显得十分沮丧。如果要寻找的失踪者被认定已经死亡，就需要所谓的寻尸犬来工作。

寻尸犬被训练用来探测与腐烂的肉相关的气味。它们被用在犯罪调查中，当谋杀者承认罪行但却不记得把尸体抛在何处时，就需要寻尸犬来协助警方。寻尸犬能够嗅出从水中上升的气味，从而找到溺水身亡的人或是在水下的尸体。

2001年，一位名叫金伯利·舒姆斯基的36岁女性从她费城的家中失踪了三个月。警方怀疑金伯利是被她关系疏远的丈夫谋杀的，他是做建筑生意的。根据经验判断和一些零星的证据提供的线索，搜查人员把两只寻尸犬带到她丈夫工作的大楼里进行搜查。狗很快在楼里找到了一处位置，并发出信号表明这里藏匿了东西。现场的人都看不出任何疑点，但警方对狗的能力深信不疑。推倒了墙之后，他们果然发现了金伯利的尸体被塑料包裹起来，用带子封口，埋在渣煤砖块下，然后用水泥筑起墙，并用钢条加固。然而，即便再周密的包裹，狗也能探测到气味并找到它的位置。

一些寻尸犬甚至可被称为“人类遗体专家”。最经典的例子是一只名叫伊格尔的杜宾犬。1999年，伊格尔在密歇根出色地展示了它的能力。内科医生阿兹祖·伊斯拉姆和妻子特蕾西的关系一直不好，12月20日那天，阿兹祖对孩子们说，妈妈已经回英格兰和亲戚住在一起了。两天后，一家餐馆的垃圾箱里发现了一具被肢解的尸体的部分，一星期后，野外一只丢弃的垃圾袋里又发现了尸体另外的部分。警方怀疑那具尸体就是特蕾西·伊斯拉姆，于是在她家里取了她的牙刷，并从中提取了DNA样本。接着他们征询了医生的意见，能否把伊格尔带来对房子进行一次搜查，医生同意了。警方和狗到达的时候，房子里到处都是强烈的漂白粉味道，伊格尔的训练人担心它是否能够正常工作，完成任务。搜查从地下室开始，几乎是一进入，狗就对一把滚动油漆刷发出警示信号，然后又指出了地板上伊斯拉姆正在油漆的一件物体。后来警方经过分析发现，油漆里含有血液，地面上也有残留的血迹。DNA测试与特蕾西吻合，伊斯拉姆被判一级谋杀罪。

职业化的鼻子

狗嗅觉奇迹的最佳展示或许就是它们运用灵敏的鼻子为我们人类完成了各种各样的任务。在很多情况下，用电子方法探测气味无论在灵敏度还是辨别能力方面都无法与狗相媲美，因而人们选择使用狗来协助工作。有时候，虽然科学测量仪器的灵敏度足够高，但却又大又笨，只能在固定的地方使用，如实验室或试验站。

在美国，每年有75000栋房子是被人蓄意纵火烧毁的。人们纵火为了骗取保险赔偿金，伤害、杀害和恐吓他人，或是为了销毁财产或犯罪证据。每年美国死于纵火案的有大约500人。仅2000年一年，纵火导致的财产损失就高达13.4亿美元。大多数纵火犯利用可燃性的碳氢化合物，如汽油、涂料稀释剂，或溶剂实施纵火。

有些时候，燃烧的模式足以证明火灾是蓄意的，但要运用专业设备确定现场人为使用了助燃物仍然很困难，因而纵火探测狗被广泛地用于调查。这些狗受过训练，能够辨别出用来蓄意制造火灾的各种易燃液体。科学研究表明，狗最长能在大火被扑灭的18天之后仍辨认出助燃物的存在。同时，若使用电子设备，调查人员需要当即赶到火灾现场才能获取可靠的证据，而很多被烧的大楼这个时候仍在冒烟，很不安全，大火也可能再次燃烧并持续很长一段时间。有了纵火探测狗，调查人员就能等到现场足够安全之后再进入。适合作为纵火探测狗的有黑色拉布拉多寻回犬（金色拉布拉多寻回犬表现也一样好，但在黑烟里穿行嗅闻之后，它们会变成黑色，需要经常洗澡）。许多保险公司现在拥有自己的纵火探测狗，联邦酒烟机械管理署拥有大约50只纵火探测狗。

1974年有另一起狗探测出碳氢化合物的事例。当时加拿大的安大略省正准备按计划启用一条新铺设的天然气管道，然而初始测试发现，一部分天然气在传输过程中损失了，也就证明管道存在裂缝。工程师和科学家们用尽了各种可供支配的所有技术，仍没能找到裂缝的所在。这时有人想到了联系格伦·约翰逊，他专门训练狗运用嗅觉进行各类工作。时间很紧迫，约翰逊带来了三只已经经过训练用于其他种类的气味辨别工作的狗。在短短的两天半之内，他对它们又进行了培训，教会它们发现带有丁硫醇气味的物体，丁硫醇是用于给天然气添加气味的，以便人类能在天然气浓度过高时及时发现。在管道开头20英里（32公里）内，管道工人认为可能存在三处裂缝，而狗在第一天就发现了20处。工程师们坚持认为这不可能，一定是狗错了。然而，随着狗指出的地方地面被挖起，确确实实地发现了裂缝，而且每一处都是如此。这就意味着狗可以闻到地面以下40英尺（12米）深的气味。直至最后完成调查，三只狗一共发现了超过150处存在危险的裂缝。

进化的目的并不是为了让狗的鼻子来代替高科技的化学探测设备。狗嗅觉能力的主要用途是捕猎，开始时是为自己捕猎，后来是帮助人类捕猎。今天世界上完全依靠打猎为生的地区已经很少，但是仍然存在。很多生活在北部的人赖以生存的一个最主要食物来源就是捕猎海豹。海豹用冰块中的通气孔来获得空气以及浮上冰面。使用通气孔的时候，海豹的部分气味会擦过冰的外表，冰冷湿润的冰面会像磁铁一样吸附气味。对人类而言，要找到这些通气孔是十分困难的，因为它们经常会被雪和漂浮的薄冰片覆盖住而看不见，因而海豹的捕猎者便依靠狗来寻找通气孔。有种被当地人称为基米奇的爱斯基摩犬，每次捕猎前，先让它们饿着。然后把它们带到冰原上，狗会在冰块上四处检查，直到闻出海豹的气味并一直循迹找到离海豹最近的一个通气孔，然后，狗便在这个通气孔周围绕行或躺下，等待主人的到来。

捕猎海豹需要团队合作，要若干个猎人与狗一同进行。一旦狗给出了信号，猎人就将发现通知他的同伴。狗的任务是要找出这一区域内所有的通气孔，随后猎人用能够快速结冰的湿雪塞进绝大部分通气孔将其堵住，只留下一两个。接着他们便守候在没被堵住的通气孔旁，等海豹浮上来呼吸时用鱼叉将其捕获。猎人们通常会先在冰面上小小享用一顿犒劳一下自己，然后再把猎得的海豹带回家。为了激励狗以后找到更多的海豹通气孔，猎人也会让它们一起分享海豹。最后，狗拉着雪橇把肉送回营地。

尽管狗并不以昆虫为食，但却对昆虫的气味很敏感。因此，现在人们用狗来探测白蚁集聚。每年白蚁肆虐对美国家庭造成的损失高达十亿美元。然而研究显示，昆虫控制检查人员在三分之二的情况下无法发现处于早期的白蚁集聚，因为他们依赖损坏的视觉迹象来判断，而不幸的是，等到损坏到达可见的程度时，重大的结构破坏已经形成了。威廉·惠斯蒂纳在佛罗里达的家中进行了一次白蚁检测，结果显示一切正常，然而三个月后，他却在家中发现了大群集聚的白蚁，房屋也遭到很大损坏。惠斯蒂纳训练过狗探测炸药和纵火，因而他觉得狗经过训练，也可以辨识白蚁发出的气味。他的猜想已经在研究中得到证实。在加利福尼亚大学的一次研究中，研究人员特别准备了一些钻过孔的木块并放入白蚁，结果表明，狗能够在50次实验里做对49次。同化学物质探测仪器低于50%的正确率相比，狗高达95%的正确率是令人惊叹的。

还有一些昆虫探测狗被用来探察舞毒蛾产下的卵。舞毒蛾是在19世纪中期因一次偶然的机会引进北美的，但却损坏了数百种树，对森林造成了大幅度破坏。

狗同样也可以用来帮助昆虫。蜜蜂中有一种污仔病会感染整个蜂房，传播速度很快。作为传粉者，蜜蜂对农业有着极其重要的作用。养蜂人要对蜂房逐个检查是项缓慢又费力的工作，但一只训练有素的狗却可以在一天内检查两百个蜂房，而且几乎不会出错。这样，已经受到感染的蜂房就能在疾病传播前得到清洁。

狗还被训练用于寻找毒霉菌。潮湿的清水墙、木头或地毯都是毒霉菌理想的生长环境，因此大楼内遭受过洪水或漏水的区域里常常出现毒霉菌。在北美，人们有75%至90%的时间是待在室内，因而暴露在霉菌中的概率很高。许多霉菌孢子毒性很强，可导致一系列的健康问题，如哮喘、窦炎、皮疹和严重的呼吸道疾病（包括几种肺炎）。这些霉菌因为生长在地毯或家具下面、墙壁内、画框背后，或是在阁楼上的窄小空间而难以被人发现，但是经过狗的探测，就可轻松地清除掉它们。

狗医生

一些狗似乎还能嗅出人体内的癌症。这个惊人的发现首先是1989年4月由海韦尔·威廉姆斯和安德鲁·彭布罗克医生发表在著名的医学杂志《柳叶刀》上的。一位女性病人因为大腿上的一个胎记向医生求助，她的担心源于她饲养的一只边境牧羊犬与杜宾犬杂交狗。狗经常对她一块特定的胎记连续嗅闻几分钟，有时甚至透过长裤嗅闻，同时对她身上其他的胎记却毫不注意。一次她穿着短裤时，狗甚至想要咬掉那块胎记，于是她决定看医生。经过检查，那块胎记实际上是恶性黑色素瘤。威廉姆斯和彭布罗克在文章中说：“这只狗逼着主人在肿瘤的早期就看医生，或许是拯救了她的生命。”他们推测，狗的嗅觉起到了救生员的作用，恶性肿瘤中“异常的蛋白质合成会发出特殊的气味，尽管人类无法发觉，狗却可以闻到”。

如果这仅仅是一个单独的例子，那我们可以把它当作偶然事件看待，但是至今为止，已经有七份公开发表的案例报告描述狗发现并提醒了主人注意事实上是癌症的胎记或皮肤病变。阿曼德·考格涅塔是佛罗里达塔拉哈西地区记忆医疗中心的一位皮肤科医生，他看了其中的一份报告后，决定试试是否能专门训练狗来探测癌症。训练是由一名已经退休的警犬训练员杜安·皮克进行的，选择的狗是一只七岁大的名叫乔治的雪纳瑞犬，乔治已经是一只出色的炸弹探测狗了。乔治学会了嗅出并找到从病人身上切除并装入玻璃小瓶的恶性黑色素瘤样本组织。1996年，考格涅塔医生向美国国家癌症研究所报告，若把微小的癌症样本包在纱布中放入塑料试管10个孔中的一个，或是把恶性黑色素瘤样本用绷带裹在人身上，乔治找到样本的精确度高达99%。考格涅塔医生让乔治嗅闻了七个病人志愿者，经过医生诊断有些患有癌症，而另一些没有。乔治成功地找出了四位癌症患者，并且准确地找出了他们癌症的部位。但乔治也出错，将一位没有癌症的志愿者当成了癌症患者，不停地对其身上一块胎块进行嗅闻并发出警告的信号。仅仅作为预防措施，医生将这块胎块从志愿者身上切除并进行了检查。结果证明，是医生的诊断错误而乔治完全正确，这是一块恶性的胎块！

既然狗的嗅闻在医疗诊断中显示出了如此之大的潜力，科学家现在已经将其用于一系列新的医疗测试。加利福尼亚的研究者声称，他们已经成功地训练一只名叫幸凌的标准贵妇犬进行肺癌探测。他们采集了未患肺癌的人和患有肺癌的病人的呼吸样本进行实验。初步的实验报告显示，狗辨认的准确率达到85%。剑桥大学的研究人员正在进行实验，试图测出是否能训练狗进行前列腺癌的探测，因为死于前列腺癌的男性要多于其他任何一类癌症患者。研究人员让狗对患有前列腺癌和不患前列腺癌的男性的尿液分别进行嗅闻。然而很多人觉得这种探测疾病的程序太令人尴尬而不愿进行定期检查。如果狗经过训练能够仅仅根据尿液样本就探测出处于早期的前列腺癌，无疑可以挽救许多生命。一些狗甚至被用来训练通过嗅闻人的唾液样本探测肺结核。贫穷的国家和地区，以及为军事行动或自然灾害幸存者建立的难民营中常常会暴发肺结核，而这些地区往往缺乏医疗人员和精密的医疗设备，因而训练有素的狗就能通过它们的嗅觉拯救无数的生命。

狗不仅拥有精妙敏锐的嗅觉器官，而且这一器官还连接着擅长辨识各种气味、并且在需要的时候学会适应新气味的大脑。狗在医疗诊断中的用途又给我们带来了一个有趣的新问题：如果医生的黄色拉布拉多大猎犬在你的腿上发现了一处癌症，你有没有参与实验室试验的义务呢？

第五章

味觉问题

A Matter of Taste

狗粮广告上常看到“狗狗最钟爱的芝士口味”“狗狗无法抵抗的香浓牛肉风味”“狗狗愿意为之付出一切的培根味”等，看到这些，你也许会得出味觉是狗最重要的感官之一的结论。的确，狗喜爱食物，但味觉对狗的重要性却远远不如人类。

从进化的角度来说，味觉是一种十分古老的感官。早期的生物生活在海洋这碗巨大而充满了各种化学物质的海洋中，味觉最初就是由早期的生物同大海的直接互相作用演化而来的。悬浮或溶解在水中的物质对这些原始生物的生存起着极其重要的作用。有些物质是食物的来源，有些物质给出警告，有些则会造成伤害或杀戮。随着动物不断进化，味觉系统也越来越专门化、越来越复杂。味觉带来的感官愉悦或厌恶对动物的生存起着很大作用。有这样一条至少对自然物质而言起作用的经验法则：不好的味道往往表明动物遇到了妨害性的、难以消化或有毒的物质，而好的味道则是有用、易于消化的物质的信号。

由于对生存的重要性，味觉也是狗体内最早开始运转的感官功能之一。年幼的小狗出生时似乎只有味觉、触觉和嗅觉，但要味觉完全发育成熟还需要几个星期的时间。

味觉是如何作用的

和人类一样，狗的味觉也依赖于特定的味觉感受器，或者说味蕾。味蕾位于舌头上表面称为乳头的小块突起中。也有一些味蕾位于口腔顶部的柔软部位（上颚）和口腔后方喉咙开始的部位（会厌和咽喉）。

要体味食物的味道，就要将食物中的一些化学物质溶解在某种溶剂中，这种溶剂就是唾液。狗有四对唾液腺，分别位于舌头下方、口腔的后部、耳朵后面和眼睛的下面。狗对不同种类的食物还有不同种类的唾液，有些较稀薄而有些较黏稠。吃肉的时候，产生的唾液大多较黏稠；而食用蔬菜的时候，产生的唾液大多较为稀薄。

动物的味觉敏感度取决于它的味蕾数量和类型，就像它的嗅觉敏感度取决于嗅觉感受器的数量一样。人类在味觉敏锐度的竞赛中胜过狗，人有大约9000个味蕾，狗只有1700个左右。但狗的味蕾又远远多于猫，每只猫平均只有470个味蕾。

任何味蕾的生命周期只有几天的时间，和皮肤细胞一样，它们必须不断地进行新旧更替。动物的生理能力会随着年龄衰退，产生和再造新细胞的能力也会降低。狗和人类的味蕾也是一样。随着味蕾数量的减少，年龄较大的人或狗味觉的敏锐度也会降低。一些疾病，尤其是与老年相伴随的疾病，如糖尿病和甲状腺机能减退等疾病以及一部分药物，也会影响味蕾的产生，并改变味觉敏感度。

多少种味道?

特定的味蕾与特定类别的化学物质相对应。传统上说，谈到人的味觉，我们把味道分为四类：甜、咸、酸和苦。早期的研究显示，狗的味觉感受器所对应的化学物质与人类的味觉感受器一样。不过最大的差别在于，狗对咸味的敏感度较低，或者说，它们对咸味的需求比较小。人类和许多其他的哺乳动物都会对咸味产生强烈的味觉反应。我们提炼出盐，并在食物中加入盐，比如脆饼、薯条、爆米花和其他一些小吃零食。我们的饮食需要盐来平衡，而蔬菜和谷类食物中盐的含量不多。然而狗主要是食肉动物，而且在野外它们大部分的食物是肉。肉中盐的含量很高，因而狗生存在野外的祖先在食谱中已经有了足量的盐，就没有进化出对咸味高度敏感的味觉感受器，也没有像人类一样对盐有强烈的需求。

进化也塑造了狗味觉系统的其他方面和狗的味觉偏好。只要看看另一种常见的家养宠物猫，我们便可以理解这一点。人们通常认为猫对食物很挑剔，对味觉的敏感度要高于狗。这个观点是没有科学依据的，因为猫的味蕾数量仅为狗的四分之一。然而，猫是真正的食肉动物，猫的味蕾对肉也特别敏感。除了动物、鸟类和鱼肉，猫很难消化其他的食物，因而它们的味蕾经过进化，特别适应肉类食物中某些特定的化学物质（核苷），除了那些能够激活“肉类探测器”产生反应的食物，猫对其他食物几乎不闻不碰。狗不是完全的肉食动物，被归类为杂食动物，就是说它们不仅吃肉，也食用植物。然而事实上，在野外，狗的食物有超过百分之八十是肉类。因此，除了感受甜味、咸味、酸味和苦味的感受器，狗还有专用于肉类、脂肪和与肉相关的化学物质的特定味觉感受器。狗往往会找出含有肉类或带有肉类味道的食物，并且明显偏爱这一类食物。

一些能激活狗味觉感受器的化学物质都包含有谷氨酸盐，谷氨酸盐参与合成肉类中的蛋白质。最常见的谷氨酸盐是谷氨酸钠（MSG），谷氨酸钠是一种提味剂，是中国人烹调时最喜爱的一种添加剂。这些研究发现使一些科学家开始思考，同样属于杂食动物又喜欢食肉的人类，是不是也有类似的肉类味觉感受器呢？事实上，日本科学家已经在人身上找到这样一种味觉感受器，并将它命名为风味味觉感受器。它对应的味道与狗的肉类味觉感受器所对应的味道相同，据实验者报告，当这些味蕾被激活的时候，会产生一种所说的“肉味”或“可口”的味觉感受。

狗的甜味味蕾会对一种被称为呋喃酮的化学物质产生反应，呋喃酮可以在包括西红柿在内的许多水果中找到。猫对这些食物没有味觉，而狗很喜欢这种味道。狗进化出对甜味的偏好，或许是由于它们在自然环境中除了食用小动物，也经常用可得的水果补充它们的食谱。例如我的狗奥丁就很爱吃梨。每次经过我家农场里的梨树时，它都会停下来，采摘一个成熟的果子，然后兴高采烈地狼吞虎咽吃下去。不过不幸的是，如果梨太熟的话，奥丁的脸上就会沾满果肉，它必须经过冲淋或擦洗才能回到屋子里。狗喜欢呋喃酮和许多其他糖类，因而同时也喜欢包含这些物质的食品。许多狗明显地偏好甜食，而猫却对甜食毫无兴趣。

狗的甜食偏好有时可能是致命的。对狗有毒的物质最常见的来源就是含有乙二醇的汽车防冻剂，乙二醇很容易激活狗的甜味味蕾，而且只需要两盎司就足以让一只中等大小的狗丧命。在美国进行的多项研究调查显示，每年在美国有一万到三万只狗死于乙二醇。每年这类事故发生最频繁的时段有两个，秋季人们给汽车添加防冻剂的时候和春季去除防冻剂的时候。但是防冻剂整年都可能被狗接触到，它可能从汽车散热器或冷冻系统中漏出，也就是那些在车道上和马路上通常见到的绿色液体污渍。生活在车库中的狗受到这类毒害的危险特别大。很多时候，狗会被乙二醇的甜味吸引直接将防冻剂喝下，也有些情况下，狗也会因为舔舐沾有乙二醇的爪子和皮毛而受到间接毒害。

防冻剂对狗的毒害并不容易被人察觉。狗乙二醇中毒的早期症状表现通常包括站立不稳、走路摇摆和“酒醉”的种种表现，如情绪沮丧、呕吐和腹泻。乙二醇中毒的死亡率很高，如果你怀疑自己的狗有可能喝下了乙二醇就应立即采取行动。先让狗呕吐。用百分之三的过氧化氢溶液与等量的水混合，施用的剂量根据狗的体重而定：每10磅（4.5公斤）体重约使用两茶匙的溶液。用点眼药器或烹饪淋油管将溶液送入狗舌头的后部。这种方法会使狗在五分钟内呕吐，但是如果没有产生效果，可以再重复两到三次，每次之间间隔约十分钟。若是没有过氧化氢溶液，也可以将三茶匙食盐放入半杯温水让狗喝下，用量与过氧化氢溶液相同。然后立即将狗带到兽医院，在中毒后的九至十二小时内，可以有效地治疗。但一旦过了这段时间，狗的肝脏就开始代谢乙二醇，导致肾功能衰竭并最终导致死亡。

要防止乙二醇对狗造成毒害，有一个简单的预防措施：在汽车中使用伤害性较小的丙二醇防冻剂来代替乙二醇防冻剂。丙二醇也不是完全无毒，但毒性远远小于乙二醇。而且它没有甜味，也就不会吸引狗去饮用。而丙二醇和乙二醇用于防冻剂中效果没有差别，因而丙二醇可以作为安全的替代品来避免狗的甜食偏好对它造成伤害。

对应各种基本味道的味蕾并不是在舌头上均匀分布的。狗味蕾的分布与人类很相似，只有细微的差异。如果味道足够强烈，舌头上所有部位都会对它产生反应，但下列部位产生的反应会更加强烈。人的舌头前面部分对甜味最敏感，而狗的甜味味蕾则更靠近舌头的两侧。狗的酸味味蕾和咸味味蕾也在舌头两旁，但更加靠后，同时咸味的反应区域比人类的小得多。舌头的后部对苦味最敏感。对应肉类味道的味蕾在整个舌头表面都有分布，但大多位于在舌头的前面三分之二部分。

狗还有专用于水的味蕾，这和猫以及其他一些食肉动物一样，但人类没有这种味蕾。水的味蕾位于狗的舌尖部分，狗常常卷起舌尖舔水喝。舌尖任何时候都能对水产生反应，但当狗食用咸的或甜的食物时，对水会更加敏感。狗食用了会造成排尿增多或需要大量水来进行消化的食物后，需要水保持体内液体的平衡，而体味水的能力可能正是为了这个功能进化而来的。肉类的含盐量很高，也属于这样一类食物，因而对肉食动物，这一味觉尤其重要。当这种特殊的味蕾处于活跃状态的时候，狗似乎能从饮水中得到额外的乐趣而喝下大量的水。

“好极了”和“糟透了”的味道

狗和人一样，也有味觉的偏好，但狗的味觉偏好并不容易测定。对人进行测试时，只需询问他们喜欢怎样的食物，而测试狗的时候情况则要复杂得多。你可能认为，只要同时给狗两种食物，看它先吃哪样或哪样吃得较多就行了，但事实上狗很喜欢直接攫取并吃下离它们最近的食物。有的狗鼻子放在哪只碗盆里，就会一直吃碗盆里的食物，而不管那是什么食物。许多狗无论你放进多少食物，都会不停地统统吃完。而如果可能，大多数的狗会把两种食物都吞咽下去。

你可以设计一些情形来控制狗的这种偏好，让它知道两种食物中它只能吃一种，一旦做出选择，它就不能再吃另一种了。在这样的情况下，狗对食物的一些特定偏好就显露无遗了。狗对酸味的食物如柑橘类的水果略有抵触，但它们更讨厌的是苦味。狗对苦味的强烈反感甚至可以盖过它对甜食的偏爱。例如，大多数人会觉得糖精尝起来是甜的，但浓度太高的糖精会产生微苦的回味，对狗来说，这一丝苦味足以让它们远远避开所有包含了糖精的食品。

由于狗对苦味的憎恶，人类设计了各种喷雾和凝胶防止狗啃咬家具或是其他一些物件。这些喷雾和凝胶中常常含有苦味物质，如明矾或辣椒中的辣椒素。辣椒素不仅味道刺激，而且还会在口腔中产生燃烧感。在食品外涂上一层苦味物质，可以最终防止大多数狗来食用，但注意，是“最终”，因为苦味的味蕾位于舌头最靠后方的三分之一，狗若快速地舔食或吞咽就无法尝出苦味，只有长时间地咀嚼才会使苦味渗入舌头后部，经苦味味蕾被品尝出来，然后狗才会学会将苦味与特定的物体联系在一起并避开。

但试图用苦味来阻止狗出现与人的意愿相悖的行为也会产生问题。例如有一只叫布朗迪的可卡犬有攫取食物的习惯，布朗迪会厚脸皮地跳上一只椅子，夺过孩子们准备吃的吐司或是饼干，然后带着它的战利品逃跑。通常许多狗行为学家都会建议布朗迪的主人为它设计一个“陷阱”，在几片吐司外面涂上苦味的物质，然后留在桌子上，任狗来随意夺取。“陷阱”的初衷是希望布朗迪会明白桌上拿来的食物味道很苦很难吃，以后就不会再这么做了。

主人用明矾涂在孩子们吃剩留在桌上的吐司外面，然而结果却不那么令人鼓舞。孩子们离开没多久，布朗迪就跃上桌子拿走了那几片苦味的吐司，并在几秒钟内吞咽了下去。尽管有片刻短暂的惊讶，但面包的甜味却让它忽略了苦味。在重复了几次诱饵吐司的伎俩之后，布朗迪仍旧习难改，一如既往地夺取食物，有时候还成功地从桌上夺取到给孩子们准备的不带苦味的面包。它在仅仅用舌头的前部触碰食物时体会不出苦味，而且对食物的喜好足以激励它进行冒险行动。

由于明矾无法奏效，主人使用了一种更加强烈的刺激物，将狗讨厌的辣椒油与柠檬汁混合后涂在吐司上，而且用量很大，面包的表面看起来有点湿润。记住因为化学物质必须溶解在液体中才能被品尝出来，这种沙司与柠檬汁的混合汁就不可能经过狗舌头上的苦味味蕾部分而不被察觉。同时还用柠檬皮擦拭了装有酸苦味面包的盘子。布朗迪再次夺过新的诱饵吐司，这回它尝到了苦味，而且闻出了柠檬的酸味。主人用柠檬皮擦拭过的盘子装上苦味的诱饵，将这个把戏重复了多次。几天之后，布朗迪开始明白要避开带有柠檬味的盘子，因为它总是伴随着苦味的食物。接着，为了永久性地改变布朗迪攫取食物的习惯，主人又在桌子四周喷洒了略带柠檬味的清洁剂。即在用喷雾剂清洁桌子的同时，给布朗迪发出了一个明确的信号——“这种气味周围的食物都是苦的”。同时布朗迪在地面上的时候，可以得到不带柠檬味的、安全美味的食物。尽管狗讨厌苦味，并且会停止食用苦味的食品，但它们经常需要获得来自其他感官（如嗅觉或视觉）的提示才能完全远离那种食品。

说到味觉偏好，狗更爱吃肉而不是蔬菜。而在肉类食物中，相比羊羔肉、鸡肉和马肉，狗又对牛肉和猪肉更加偏爱。不过如果闻不出食物的气味，它们的偏好就要减弱很多。狗喜爱湿的食品而不是干的，或许是因为湿的食品里，产生味道的化学物质溶解在液体中，更容易尝出食物味道。

狗喜欢温热的食物而不是冷的，原因之一是当食品的温度与体温相近或略高一点的时候，味道更加浓郁；另一个原因是温热的食品气味比冷的食品要强烈。狗和人一样，嗅觉和味觉是相互作用的。你不妨做做这个小实验：切下几片同样大小的脆苹果、较硬的梨和生土豆。闭上眼睛并按住鼻孔。现在让人把三种食品递给你吃，你会发现几乎很难把它们区分开来。这是因为你是用嗅觉而非味觉来辨别食物的。所以，同样地，当你感冒鼻塞的时候，大多数食物味道似乎都变淡了，即便是最好的酒其味道也像是廉价的葡萄酒。

从以上这些信息出发，我们可以用一个简单的方法使批量生产的干狗粮更加美味可口。你只需在给狗喂食之前，用少量温水拌入狗粮即可，温度和湿度同时提升了食物的味道和气味。在年纪较大的狗身上，这种方法同样能起到作用，它们由于味蕾的数量退化，常常觉得食物味道不那么好了。

我们还有一些能使食物对狗来说更加美味的办法。添加脂肪可以使食物味道更可口，不过酸败脂肪（会产生酸味）会使狗远远避开食物。事实上，改变食物种类并非决定狗对食物偏好的唯一关键因素。英格兰利兹的沃尔达宠物营养研究中心发现，如果由主人亲自喂食，狗会觉得所有的食物都更加美味。和人类一样，爱和微笑能使食物更加可口。

安慰食物

狗的某些食物偏好似乎是经过习得的，而且习得的过程可能发生在狗生命最初的时期。狗在出生前就开始熟悉食物的味道。母体的食谱会对子宫内羊水的成分产生影响，而浸泡在羊水中生长的小狗胚胎的味蕾发展（连同它鼻子上的味觉感受器）又受羊水中化学物质的刺激。这是味觉偏好最初的发展阶段。有些相关味道的化学物质还会进入母体的乳汁给小狗吮吸，从而形成与安全感相伴随的特定味觉感受，也就是狗的“安慰食物”。

通常来讲，相比熟悉的味道，狗更喜欢新的味道，这种现象被称为喜爱新鲜事物（neophilia）。这个词源自希腊语中的两个单词，neo是新的意思，而philos是喜好的意思。从进化的角度而言，这种现象不无道理，它可以鼓励动物去尝试新的可能富有营养的食物，从而扩大食物来源、增大生存的概率。但是“喜爱新鲜事物”也有限制，那就是新的食物必须在某些方面和熟悉的食物存在相似之处，这样它的味道、质地和气味才能使狗想起它吃过的食物，从而尝试新的食物。

与喜爱新鲜事物相对的是害怕新鲜事物（neophobia），源于希腊语中的phobos，意为恐惧。就食物而言，这种现象在狗身上比“喜爱新鲜事物”少见得多，多见于压力状况下。环境的突然改变伴随饮食的变化，往往是导致狗害怕新鲜事物的最常见的诱因。疾病或生理上的伤害伴随饮食结构的变动，也是一种可能。在这种情况下，狗会专注于它所熟悉的食物而对其他的食物概不接受。

当一只狗在心理上感觉受到威胁时，就会强烈地渴求与早期的安全感相伴的食物，就像人若处于压力之中时往往喜欢通心粉、芝士或是冰淇淋，这些与快乐、安全的童年联系在一起的食物能使他们感到安慰。从进化的观点来说，这是一种适应性行为，能够帮助狗在一个陌生的环境中，避免可能有毒的食品。

一只名叫考迪（考迪亚克的昵称）的爱斯基摩小狗展现了强烈的食物偏好。它是主人从阿拉斯加朱诺郊外的一名饲养者那里买来的。在它还只有七个星期大的时候，就被人从窝里带走，装上货运飞机送到了西雅图。它的新主人艾德发现，考迪离开它的狗窝时显然还太小。嘈杂的飞机旅程（而且是在冬季艰苦的飞行条件下），没有了熟悉的狗窝同伴，再加上全新的环境，使这只小狗的心理受到了很大伤害，变得恐惧而缺乏安全感。艾德试图给它吃小狗专用的狗粮，考迪却不吃，也不肯吃罐装狗食或是牛肉，只会毫无热情地舔食少量的牛奶。艾德忧心不已，第二天就把考迪带到了兽医那里。兽医认为，小狗的生理一切正常，并告诉艾德："等它饿了自然就会吃东西。"

艾德仍然放心不下，他同考迪的饲养者取得联系，并向他询问了考迪的母亲常吃的食物。他了解到它的大部分食物以鱼（经常是冰冻的鱼）为主，是喂养它的女人的丈夫捕来的。根据她的建议，艾德准备了一些新鲜的大马哈鱼肉并切成小块给考迪吃，小狗贪婪地吞咽着熟悉的食物，似乎放松了很多。随着艾德慢慢地将鱼肉和狗粮混合在一起，考迪也渐渐地放弃了它的全鱼食谱。现在的考迪就和其他同种的狗一样，可以高兴地吃下各种食物，甚至是类似食物的东西。

熟悉效应也可以解释生活在不同地区的狗有不同的食物偏好。狗的食物常常是由主人的食物偏好以及我们对狗食物偏好的主观理解决定的。在北美和英国，人们都相信狗爱吃肉，猫爱吃鱼，因而艾德在寻找考迪愿意吃的食物时，从未想到鱼。生活在北美的狗通常不喜欢辣的食物，但是在人类口味辛辣的墨西哥和中美洲地区，狗对刺激性的食物也更能接受。我曾经见过一只墨西哥狗高兴地吃下辣椒。相反，我的一位素食主义的朋友，总是给狗喂食米饭、大豆、蔬菜等素食，再加上牛奶、芝士和鸡蛋补充蛋白质。有一次主人生病，另一位照料狗的家庭成员惊奇地发现它不吃牛肉和鸡肉，既不吃生肉也不吃熟肉。

在一个熟悉的环境中，狗常常忽略食物的味道，尤其是在周围有其他可能争抢食物的狗的情况下。大多数狗也不会细嚼慢咽，仔细地品尝每一口食物的味道，而是会直接将食物吞下，不去体味甚至也不去评价食物。这就是狗生存在野外的祖先进食的方法——快速地吞咽，这样就可以把食物安全地吞进肚里，而不会被其他更大的动物或狗群中其他的狗偷走。然而这种进食方法有时可能给狗带来麻烦。

芝加哥的米勒家族有一只拳师犬。他们给它取名叫肖普（意为使劲咀嚼者）时，并没有意识到这个名字有多贴切。大部分时候，肖普把食物狼吞虎咽地吃下，仅仅略微咀嚼几下。一天肖普得了病，看起来像是患了胃痛。兽医进行手术时，在它的胃里发现了一只男人的袜子，一只女人的手镯，和一把八英寸（20厘米）长的黄油刀。显然，肖普完全没有根据味道选择美味可口的狗粮来吃。

第六章

触摸世界

人类和狗有一个共同点，那就是我们赖以区分“我”和“周围世界”的感官主要是触觉。粗粗一想，触觉似乎十分简单，但事实上它包含了四种形式的感觉：身体的接触或压力，冷热感受，对痛苦的感知和本体感受，也就是监控四肢所处的位置或身体部位动作的快慢的感觉。狗已经演化出了运用触觉与其他狗和人类进行高度交流的能力。触觉除了像其他感官能力一样给予狗外部世界的各种信息外，还与情绪的唤起和情感关系的形成有着紧密的关联。

发现世界

狗的情感与触觉关系紧密，或许是因为触觉是小狗用来了解外部世界信息的最初的感官能力之一。刚出生不久的小狗几乎什么也看不见，耳朵也是半聋的，尽管嗅觉已经开始作用，但却远未成熟，因而小狗主要依赖于触觉。当一只两天大的小狗被与它的妈妈隔离开来时，它会呜咽着，像钟摆一样不停摇晃着脑袋以寻求妈妈的触摸。为了帮助小狗度过这段关键的时期，进化为它们提供了一种额外的感官信息来源，那就是鼻子里特殊的热感受器。瑞典研究院的伊夫·左特曼首先发现了这些不同寻常的感受器，并发现它们对热的物体以红外线形式辐射的热能很敏感，这些感受器位于小狗鼻孔的附近。小狗摇晃脑袋时，就是在试图寻找妈妈发出的热能。一旦发现，它就会循着这条热的"轨迹"回到她身边。触摸到妈妈的身体之后，小狗就会停止呜咽，倚着妈妈蜷缩起来，在放松的状态下轻轻睡去。成熟长大的狗似乎没有这些特殊的热感应器，因而我们的结论是它们随着狗其他感官的发育成熟而消失或停止作用了。

小狗也用触觉作为它们表达需求的首要手段，它们开始时用鼻子轻推妈妈的乳头，接下来用爪子轻推。轻推可以促进乳汁的产生，喂饱小狗并给予它们精神上的安慰。这一过程还能够促进小狗智力的发展，从触觉传递到大脑的反馈表明外部世界的存在。因为小狗的行动导致了事件的发生，它便知道，它可以同这个外部世界进行互动，甚至通过自己的行为在一定程度上改变或控制这个世界。

触觉的四种形式的每一种都与各自特定的感觉器官相联系。例如，与压力感觉相关的有两组感受器。表面接触感受器位于皮肤表面附近，通常接近于表面有毛发的皮肤的毛囊周围。轻微的触碰或是对皮肤的扭曲、伸展都会引起感受器的反应，从而将信息传递到大脑。早在阿基米德发现作为机械运动的一种定律——杠杆原理之前，进化就已经运用这一定律来提升我们的触觉灵敏度了。每一根毛发充当杠杆较长的一端，尖端容易移动，动作的作用力在毛发的底部就会得到放大。

另一组触觉感受器位于皮肤的更深处，能对挤压产生反应。人类既能感受皮肤表面的触碰，又能感受皮肤上的挤压，两种感觉对应的感受器也与狗体内的感受器基本相同。当你坐在椅子上阅读时，稍加注意便可感觉到体重都落在臀部，这种感受就是通过位于皮肤更深处的压力感受器产生的。这种感受不同于你触摸本书时感觉到纸页质地的感受，后者是由皮肤表面的触觉感受器引起的。

狗身体的不同部位有不同的触觉敏锐度。例如，在鼻子和嘴巴周围，感受神经特别丰富，因而鼻子和嘴唇对触碰也尤为敏感。狗的脚部也能够传递大量的触觉信息。脚上的肉垫有特殊的神经，能对振动产生反应，并帮助狗奔跑时感知地面的平整度。一些研究者相信，这也是本体感觉的一种形式，可监测狗的奔跑速度。一些非常敏感的神经末梢也位于皮肤表层的附近，在爪子肉垫中间最深的部位。有了这些额外的神经末梢，我们就能解释为何大多数狗不喜欢别人触碰它们的脚掌。显然狗与狗之间互相理解这一点，因为尽管狗把互相触碰作为它们彼此交流的很大部分，它们不会舔舐或是嗅闻对方的脚爪。

胡须的世界

狗有一组与人类不同的触觉感受器，是它们面部一组特殊的、称为触须的毛发。通常触须被称为胡须，但触须和男人们脸上有时蓄的胡须完全不一样。我们把猫的胡须称为感受器，这个名字比较好，因为触须其实是十分精密复杂的器官，能够帮助狗通过触觉感知世界。它们和狗身体上其他部位的毛发完全不同，它们更硬，也更深地植根于狗的皮肤内。每根触须的根部都集中了大量的触觉感受细胞，数量远远多于其他毛发根部的触觉感受细胞。由于触须比正常的毛发更长，灵活性也更差，因此可以更好地充当杠杆，更大程度地放大微小的触碰。

肉食性动物普遍长有触须，其他很多动物，如猫、鼠、熊和海豹也是如此，这就表明触须的作用不容小觑。神经心理学家倾向于认为，大脑感受皮层中用于处理来自身体特定区域的信息的部分有多大，那个身体区域在动物的感知中就有多重要。狗大脑中用于处理触觉信息的区域，有将近百分之四十是来自脸部的，而其中又有很大一部分来自于下颚上方包含触须的那部分，这要远远高于这个部分在脸上所占的比例。每一根触须都能在大脑中找出对应的部分，你可以看出来自这些触须的触觉信息对大脑有多重要。

许多狗的爱好者并没有意识到触须对于狗的重要性。许多饲养者也把触须当作纯粹装饰性的特征，就像人类脸部的胡须一样。为了为比赛作准备，许多狗的触须都因为美观的考虑而习惯性地被剪除了。有人认为，这样可以使狗的脸部看起来更“清爽”；而对狗来说，切除触须既不舒适，又会给它们造成压力，还降低了它们完全观察周围世界的能力。

在科学家对触须功能进行的大部分研究中都使用了猫和老鼠，只有少数对狗的触须进行了研究。但通过这些研究我们已经能够确定，在所有拥有触须的动物中，触须的构造与功能都十分相似。触须可以在物体接近脸部的早期就发出警告，保护狗免于撞到墙壁或外物，免于被靠近的物体伤到脸部和眼睛。轻轻地触摸狗的触须你便可以证明这一点。每触摸一次，和触须同一边脸的眼睛就会保护性地眨眨，同时狗也会把头转向另一边。

不仅如此，触须似乎还有助于狗确定物体的位置，甚至辨认物体本身。大多数动物使用触须的方式就像盲人使用拐杖。首先，狗接近物体时，控制触须的小肌肉能够引导它们向前；其次，狗摇晃头部把触须扫过物体表面时，触须会主动“拂扫”，或微微抖动，获取表面形状和光滑程度的信息。实验室研究表明，老鼠甚至可以仅仅通过触须就分辨出表面是粗糙还是光滑的。由于狗的眼睛不能很好地聚焦近处的物体，它们很难看清嘴巴附近的物体，这时向前和向下的触须就能帮助它们找到、辨认并用嘴叼起近处的小物体。

触须被剪除的狗在微光下表现得较为没有把握。因为得不到足够信息告诉它们哪里可能撞上物体，它们会以更慢的速度移动。而若触须完好无缺，狗就无需通过与物体进行接触就能知道它的存在。这些特殊的毛发极其敏感，还能发现空气气流的细微变化。当狗接近一件物体，如墙壁，它搅动的气流会从墙上反射回来，轻微地弯动触须，在它接触到墙之前就告诉它附近有物体存在。

威利给了我一个显示触须对狗重要性的很好例子。威利是威廉明娜的昵称，它是一只大理石色的谢德兰牧羊犬，主人名叫布鲁斯，是一名计算机程序员。威利大约四岁的时候得了一种病，眼睛蒙上了一层阴霾。尽管它仍能辨别明暗，视力却大大下降，就相当于仅仅通过视觉来认路，而且还隔了多层描图纸。布鲁斯和我取得联系，向我征询意见如何来帮助威利，我为他列了一张清单，上面是可以帮助视力严重受损的威利在家安全舒适生活的建议。我的建议包括：保持家具的位置固定不变，帮助它借助气味和物体材质（如毯子）来标记不同区域，从而在头脑中形成一张周围环境的连贯“地图”。威利适应得很好，大多数的时候可以像正常视力的狗那样在房子里四处跑动。只会在偶尔磕绊一下或撞到物体时，才让人想起它已经盲了。

威利的病确诊时，布鲁斯的女儿苏珊刚刚读完大学二年级。她很爱威利，为它的失明悲伤不已，苏珊甚至考虑去读医学院，但当时还没有完全决定。而现在，她已经向全家宣布，她不仅要拿到医学学位，还要成为一名眼科医生来帮助那些患了和威利一样视觉障碍的人们。

苏珊大学毕业的日子渐渐临近，她坚持认为，由于威利是她选择医学作为毕生事业的关键原因，她想要在学士服和学士帽上印一张和威利一起的照片。布鲁斯觉得这个想法特别而温馨，在拍照的前一天把威利带到专业机构进行了沐浴和修剪毛发，以使它看起来更精神。

或许你也可以猜到接下来发生的事。修剪师按照时尚为威利进行了洗刷和修饰，包括剪掉了它的触须。威利看起来确实非常漂亮，但那晚布鲁斯把它带回家后忽然开始担心，似乎这只狗出了什么问题。走上台阶进屋时，它会撞上门柱；在房子里走动时，它会撞上椅子或桌脚。现在威利看起来有点沮丧和疑惑，它开始放慢脚步，小心翼翼、试探性地移动步子。一小会儿之后，它想喝水时，完全没有对着碗盆，而是把鼻子撞到了地面上。

布鲁斯快疯了，他打电话问我狗会不会出现突然的智力下降而无法辨别方向。我了解了情况之后，确定地向他保证，威利没有任何精神智力问题，它仍旧能够处理信息，但因为修剪师把它的触须剪掉了，它现在少了一个重要的信息来源。幸运的是，修剪师没有将触须连根除去，而是留下了根部的小段。这些小段生长得极快，因为在平时与物体摩擦和碰撞中触须也很容易折断，因而生长速度很快。大约一个月过后，威利的触须便恢复了足够的长度，它又可以充满信心地在它熟悉的世界里到处走动了。

基于这些现有的证明狗触须重要性的事实，显然举行宠物秀的狗爱好者俱乐部可以考虑取消对触须完好的参赛狗的惩罚。不幸的是，这些机构组织中的办事人员对于狗外表的重视程度往往超过了对狗本身的舒适安全程度的考虑，我也不敢指望这条建议会起到作用。不过，如果你对于竞赛结果不是非常看重，我还是强烈建议你完整地保留狗的触须。

冷和热

狗和人类表面接触与深层压力接触的机理是相同的，但在感知温度方面，狗和我们人类却大相径庭。人类的皮肤有两种温度感觉细胞，一种用于感觉热的温度，一种用于感觉冷的温度。除了年幼的小狗在鼻孔周围有特殊的热感受器外，狗一般只有一种感觉冷温的温度感受器。这并不是说狗无法感觉温热，只是它们感觉温热的机理与人类大不相同。研究者认为，狗会寻找温暖的地方躺下，以减少或完全去除冷使它产生的不适感。研究人员注意到，将温暖或是微热的物体接触狗的皮肤，产生的反应很微小。而若物体的热度达到一定程度，会对皮肤造成损伤，狗会通过皮肤上的痛觉感受器的信号做出反应。

对热的处理似乎是狗在进化过程中没有完成的一个缺陷。显然，狗无法在热的物体烫伤自己之前将其辨认出来对它是不利的，它们也经常由于无法有效适应高温的环境条件而使自己处于危险之中。你或许猜测，狗无法很好地处理高温是因为它们浑身长着皮毛，在夏季，它们的身体本身就足够热了。这种解释很片面，因为皮毛是一种绝热体，将狗的内部与外界环境隔绝开来，因而可以在冬季抵御寒冷，保持狗的体温。在夏季，皮毛又阻挡了来自外界的热量。但是在一个炎热的环境中，狗的体内会积聚起热量，这时多余的热量无法透过皮毛散发出去，皮毛便又成了降温的阻碍。由于狗只能通过喘气和脚掌上的肉垫出汗给自己降温，高温便可能造成中暑，威胁到它们的生命。每年都有数百只狗因为夏季被留在小汽车里中暑而死，在一部高温的小汽车里，短短20分钟的时间就可以导致一只狗的死亡。

关于痛觉的疑问

奥丁死去的时候，我的手轻轻爱抚着它的头部，眼里充满了悲伤的泪水。在它患病的过程中，它从来没有呜咽过，也没有哭泣过。这只漂亮的黑狗得了一种会让人类快速、痛苦地死亡的癌症，但它却既不哭也不呻吟。是不是因为它感觉不到痛苦呢？有人或许会认为，这种情形恰恰证明了狗和人类不一样，它们完全没有或是很少会意识到痛苦的感觉，他们甚至还能搬出长长的一段哲学史来证明他们的论断，但他们错了。

痛觉是动物对身体伤害几乎都会产生的一种反应。作为长期进化的一种重要成果，痛觉在多个方面利于动物的生存。生物的生存有一项很重要的能力，那就是在伤害性的环境造成伤害之前远离它或是终止它。痛觉可以预示危险的存在，并促使生物采取行动来终止危险。另外，因为痛苦是有害并且令人不快的，动物常常会学会保护自己在未来避免同样痛苦（和身体伤害）的行为方式。

痛觉对生存的另一个重要作用在于它在动物受伤时发出信号，帮助动物适当地处理伤害。通常来说，痛觉会让个体保持不动，有助于伤口的愈合。这是“刹车”的自然方式，以获得伤口恢复需要的休息。不管是人类还是狗，感到痛楚时都会躺下或坐着不动。

也有很多这样的案例报告：人们在遭受了剧烈的伤害之后往往感觉不到痛苦，要过一段时间之后才能感受到。这个现象和痛觉的基本功能并不矛盾。有时候，伤害刚出现的时候，往往需要逃跑或争斗这样的行动来挽救生命，这时候产生痛觉只能妨碍这些行动。野生的犬科动物如狼，在猎食大型动物，保卫自己的幼兽，争夺土地或是试图维护它们的社会统治地位时经常会受伤，这时，痛苦感觉的滞后就可能挽救它们的生命，直到它们足够安全了之后再感觉到痛楚并采取帮助愈合的行为。

如果没有痛觉，我们甚至不能活到繁殖下一代的时候。先天缺乏痛苦感知能力的人往往就有这样不幸的命运。例如，加拿大蒙特利尔的麦克吉尔大学心理学家罗纳德·梅尔扎克和帕特里克·沃尔曾报道过一名妇女的例子。这名妇女仅仅29岁的时候就死于大规模的感染。大规模感染的直接原因是她身上大量的伤口，包括皮肤上的刀伤、擦伤，没有愈合的骨头和关节受伤，还有许多碰撞或摔倒造成的内伤。对正常人来说，这些伤口中的一个就足以发出痛觉信号促使我们寻求治疗，并进行休养恢复，但是那名女子缺乏必要的痛觉，她对大多数的伤口无法觉察，也没有注意到感染的发生。尽管痛觉并不令人愉悦，却可以挽救我们的生命。毫无疑问，像狗这样以捕猎为生的动物，时常处于受伤的危险之中，从痛觉的机制中可以大大获益。

狗会觉得痛吗？

从神经学角度而言，狗和人类的痛觉反应系统十分相似。两者对于痛感的第一信号来自于皮肤上的自由神经末梢，两者体内将痛觉信号传到大脑的通路也基本相同，因而狗拥有感觉痛楚的完整神经器官。此外，控制狗的许多痛苦症状的药物也和人类的止痛药相同。

如果狗拥有感觉痛楚的完备生理器官，行为上也和人类一样从痛苦发出的信号中获益，那么为何我们对它们能否感知痛苦还存有那么多的疑问呢？这个问题的答案和狗受伤时是否真正感觉到伤害的关系其实很小，关键在于人类的推断，即对于狗是否拥有和我们相似的意识、是否拥有知觉和自我知觉的推断。

我们有两种方式来将自己与狗和其他动物进行比较。第一种认为，狗和人类有大体相同的精神及感官结构，唯一的差别仅仅在于程度问题，我们有更好的视觉能力、推理能力和记忆能力，而狗有更好的嗅觉能力和听觉能力。人的推理能力较强并不等同于狗完全没有推理能力，就像狗的嗅觉能力较强并不是说人就完全没有嗅觉能力一样。

另一种方法是由法国哲学家笛卡尔提出的，他认为人类与狗的差别在于两者拥有的能力种类不同，而非程度不同。根据他的观点，我们的推理能力比狗强，是因为我们有狗所不具备的多种不同的推理能力，并且，人还有狗和其他动物所不具备的意识和自我感知能力。因此笛卡尔会把你的狗描述成一台由齿轮和滑轮组成的机器般的生物体。机器不会思考，但可以通过编程使它完成特定的任务。笛卡尔也否认动物具有感觉或是情绪，包括痛觉。按照他的看法，当你击打一只动物时，它所发出的叫声并不是出于痛感，而不过是机械的声音，就像你掉了一只时钟或上发条的玩具时所听到的发条声或钟声。另一位法国哲学家尼古拉斯·马勒伯朗士继承并发扬了笛卡尔的观点，他认为动物“进食的时候感觉不到快乐，哭泣的时候感觉不到痛苦，行动的时候并不知道自己在行动；它们无所渴求，无所畏惧，也一无所知”。有次马勒伯朗士使劲用脚踢一只怀孕的狗让它发出痛苦的尖叫而遭到客人的反对时，他就是用这种理论来回应的：“你难道不知道，它并不能感觉到痛楚吗？”

令人难过的是，这种论断的后果常常用来辩解人类对动物的种种残酷行径。在过去的几个世纪里，人们把狗的四肢钉在木板上来研究活着的生物体内的循环系统是如何作用的。对狗的痛苦心怀同情的人却被嘲笑为傻瓜，其他人会告诉他们，狗只不过是活动的机器罢了，它们不会感觉到痛苦，就像你把一只钟拆开研究它的内部构造一样。根据这个观点，对动物施加痛苦就没有道德问题的争论了，因为它们根本感觉不到什么是痛苦。

我想说，这种论调只不过反映了一个未开化的、应当被遗忘的过去的态度，但是笛卡尔的动物感觉不到痛苦、没有意识的理论在今天的21世纪仍然有着一批知名的支持者。例如，马里兰州立大学哲学教授及哲学系主任彼得·卡拉瑟斯，仍然否认动物可以有意识地感知痛苦，因而认为我们无需对那些把能够在人类身上造成痛苦的伤害施加在动物身上的行为采取伦理上的限制。他在《哲学杂志》上发表的一篇论文中总结了自己的观点："由于它们对包括痛苦在内的体验都是无意识的，它们的痛苦也就无所谓直接的道德问题了。实际上，所有牲畜的精神状态都是无意识的，它们受到的伤害连间接的道德问题都谈不上。"

即便是兽医学家对狗痛苦的体验和对策也莫衷一是。然而研究文献中的记载却明确表明，在手术后接受充分止痛处理的动物，身体复原会更快。手术后的止痛处理似乎尤为重要，尤其是在手术刚刚结束的阶段，例如当麻醉剂的效果刚刚过去时。接受药物止痛的狗能够更早地开始进食和饮水，站起身来放松身体，也可以更早地恢复被送回家。

慢性的痛苦持续时间更长，可能对狗的生理和心理健康都带来威胁。因为痛苦也是一种压力，身体对压力的反应就是释放一组抗压力的激素。这组激素会影响到全身各个系统，改变新陈代谢的速度，造成神经系统反应，并使心脏、胸腺、肾上腺和免疫系统进入更活跃的高度运转状态。这种状况若持续时间过长，就会造成这些器官的功能紊乱。此外，痛苦带来的压力还会引发紧张，从而增加动物的胃口，造成肌肉疲劳、组织衰弱，减少狗必要的、帮助身体恢复所需的睡眠。

但是许多兽医似乎并没有在意这些研究发现的成果。新近的一份调查报告表明，接受调查的兽医中只有一半会在手术后施用止痛药。有些兽医还坚持认为，除了一些胆小品种的狗，狗对痛苦非常不敏感。不过兽医们的态度也正在发生转变。年轻一代的兽医往往会施用止痛剂，尤其是那些刚刚从兽医学校毕业的学生。从心理学角度来说，还有一个值得注意的有趣现象，那就是如果医生本人曾经受过伤害或疾病带来的剧痛，往往也更可能对动物使用止痛药。显然，有了相同的体验，兽医就会增加对狗所受痛苦的同情。

但是止痛也是一把双刃剑。在手术后对狗施用止痛药时，主人应当保持一定的谨慎。一旦止痛剂使用过量，将会使狗认为自己又可以立即恢复正常活动，从而造成伤口开裂，影响它长期的健康。

坚忍的狗

狗并不会像人那样明显地展示出痛苦的症状，这一点有助于解开许多人关于狗是否能够感觉到痛苦的疑问。但我们从狗的进化历程来看，还能找出很多的原因来解释为何狗完全可以感知到痛苦，但却在行为上将痛苦隐藏起来。将痛苦表达出来是人类适应性的一种表现，表达可以获得社会的关注和医疗上的支持。然而狗是捕猎者，它们的策略是要将注意力集中在兽群中最脆弱的个体身上，一只狗若是表现出痛苦和受伤，就会自动地引发其他狗的捕猎本能。这是捕猎者的一种适应性反应，这样它在攻击一只已经受伤的动物时，自己就不容易遭到伤害，而被捕的动物逃跑的可能性也会更小。

如果说狗把痛苦和受伤的行为理解为引发攻击的表现，那么我们就有理由认为在一定程度上，狗群中的其他成员也会用同样的方式解读同伴的痛苦。所以如果一只狗受了伤，公然表现出它的痛苦可能会引发同伴的捕猎本能，从而招来一场袭击。攻击受伤的狗也有一些社会性的原因，若一只狗在兽群中的社会地位低于受伤的那只狗，前者就可能认为这是一个挑战对方、提升自己地位的绝佳时机。

总而言之，狗在漫长的进化过程中不断适应，已经发展出了一种坚忍的表现态度。它们会通过压抑痛苦和伤害的表现来保护自己，并捍卫自己在群组中的地位。它们掩藏起痛苦以表现出对局势的控制力，而人类就很难在狗受伤的时候发现它遭受的伤害。不过，你还是可以发觉它们身上的某些痛苦的迹象——你对自己的狗越是了解，就越能在它感到痛苦的时候体察到它的感受。

显然，如果你的狗在呜咽、哭泣或是喊叫，那就是痛苦已经达到了相当剧烈的程度，超过了它的保护极限和正常的保留范围。这时的狗受伤太过严重，已经不在乎周围的看法了。但是通常情况下，狗痛苦的表现没有那么明显，它们会过度地喘息，即便在不太炎热的环境下休息时也呼吸急促。有时候狗会显得特别好动不安，躺卧或坐下时频繁地变换姿势。在另一种极端情况下，它们又会特别不愿意改变身体的姿势。狗受伤时可能会一碰就逃走，或特别注意保护身体的某个部位，甚至表现出不寻常的侵略性，在有人触碰或是靠近时吠叫或做出威胁。它们也常常舔舐受伤的部位。受伤的狗会胃口大减。狗痛苦的其他生理表征还包括心跳加速，瞳孔放大和体温的升高。

你为什么伤害我的尾巴？

如果你有兴趣同一群狗爱好者或兽医展开一场激烈的争论，那么你可以提起剪断狗尾巴的话头。对于剪断狗尾巴的争论，常常是离不开残酷、痛苦和损毁这些词。已经剪断了自家狗尾巴的饲养者认为，这给狗带来的痛苦根本不足以引发伦理上的问题。在澳大利亚有人对一百名狗的饲养者进行了调查，87%的被调查者认为，剪断尾巴对小狗造成的痛苦被媒体和公众放大了。实际上，有25%的人认为，小狗在尾巴被剪断的时候还太年幼，以致根本感受不到痛苦。而另外57%的人则相信，剪断尾巴带来的痛苦是轻微而且极为短暂的。然而，这个问题还是被反映到了政治领域，公众的压力迫使一些国家完全禁止了剪断狗尾巴的做法。

反对者认为，这种做法仅仅为了外表的好看，并没有办法证明狗遭受的痛苦程度。从历史角度而言，剪短尾巴在一开始并不是仅仅作为饲养者在赛场上展示狗相貌独特的一种时尚。很多西班牙猎犬的尾巴优雅整齐，显得很漂亮，但很多西班牙猎犬的饲养者还是会定期地剪短狗的尾巴。这种做法的缘由和狗的工作任务相关，是出于很现实的理由。

让我们拿单独的看门狗作为例子。假设我是一名罪犯，企图从一只杜宾犬的眼皮底下通过。若这只杜宾犬留着长长的尾巴，就会妨碍它的守卫能力，因为我可以轻松地抓住狗的尾巴，控制它的行动并避免它用牙齿来咬我。如果我可以用这种方法足够长时间地固定住狗，我的同谋便能重重地伤害狗，而完全不用担心我们自己受伤。正因为如此，许多看门狗的尾巴都被剪得很短。没有了尾巴，坏人也就没有办法抓住狗并控制它了。

人们对超过50个品种的狗进行尾巴的修剪，有的剪去部分的尾巴，有的则把尾巴全部剪掉。对于许多狗，这种做法最初是为了防止它们的尾巴受到伤害，尤其是猎狗。因为猎狗需要穿越茂密的植物和荆棘丛，或是翻过岩石密布的地带去追逐猎物，狗的尾巴会自然地前后甩动，因而也就很容易碰破、折断或是流血。尾巴受伤很痛苦，又难以治疗，只能切断，但对于一只成年的狗，这种手术的风险十分大。显然，在狗年幼时剪短尾巴就能消除尾巴受伤的危险。尾巴较粗、尾部肌肉较多的狗，如拉布拉多寻回犬的尾巴通常不会被剪断，而它们尾巴受伤的概率也更低。而另一些品种，如维兹拉犬，尾巴的根部比较粗壮，靠近尖端处常常向上翘起（使它更容易遇到障碍），上面脂肪和肌肉较少，无法保护它避免摩擦，因而这种狗通常只需剪短上部的三分之一尾巴。

新近的研究显示，尾巴受伤对宠物狗来说并不是问题，至少对生活在城市里的狗是这样。例如，有一所大学附属医院在典型的城市环境中进行了研究，对超过一万两千只剪过或是没剪过尾巴的狗进行了调查。这些宠物狗尾巴受伤的很少，只有47例，占全部被调查狗的不到0.4%。因而研究者得出结论：剪断尾巴对狗的保护作用很小。

不管剪断狗的尾巴是出于何种理由，我们关心的问题是这种做法会不会对狗造成痛苦。澳大利亚昆士兰大学的一份研究在调查了50只狗之后发现，每一只小狗在尾巴被剪断的那一刻都发出了大声的尖叫。接下来的时间里，多数的小狗又重新安静下来，不再那么痛苦。正是由于这种快速的复原，饲养者们认为小狗并没有感到太大的痛苦。他们指出，在回到妈妈怀抱约十五分钟之后，大部分小狗就开始吮吸乳汁或轻推妈妈的乳头然后睡去。但是我们也可以看到，在痛苦的经历过后立即进食，或许也是狗通过进化获得的一种求生机制。进食可以提供食物和能量储备，以帮助动物应对未来的下一个伤害事件。此外，也有证据证明，吮吸有助于生物体释放内啡肽。内啡肽是一种天然的止痛激素，工作机理就像吗啡止痛，阻断传输到大脑的痛觉信号。因而尾巴被剪断的小狗的吮吸动作刚好证明了它们仍处于痛苦之中，并且试图采取行动消除伤害。

不过要记住的是，因为狗同其他可能利用它们弱点的捕猎者生活在一起，它们表达的痛苦常常要低于它们实际遭受的痛苦。小狗也可能同样有这种特性，甚至程度更深，因为它们小而柔弱，更容易遭受攻击，叫喊和呜咽只会为它们招来不必要的注意。在这种年龄，小狗已经养成了坚忍的习惯，不管经受了多大的痛苦，也学会掩藏起来。

爱与触摸

触觉最有趣的一个方面在于它在狗的心理健康上所起到的作用。触摸对于狗与狗之间、甚至人与狗之间建立情感和社会性的关系有着极为关键的作用。触摸也是狗之间交流的一个重要方面。

触摸对狗心理的重要性首先在威斯康星大学的实验室里得到证实。哈里·哈洛研究了一组失去母亲抚摸的小短尾猿。开始时，这些短尾猿的表现就像情绪受挫的人，它们会连着几个小时蹲伏着，有时候就抱着自己，有时候单调、重复地摇动自己的身体，有时候用脑袋去撞墙，或是撕咬、抓挠身体的部分直到出现伤口。这些短尾猿长大之后，也在行为和情绪上存在严重障碍，而且无法与其他猿进行交往。

为了证明温柔的抚摸在这个实验中所具有的重要性，哈洛为这些短尾猿找来了“代理妈妈”，也就是只头部像猿猴、带有小猿所需食物的瓶子的模型。有一个“代理妈妈”是绕着线圈的模型，触摸起来很不舒服，有一个则加上了衬垫，用布料包裹起来，使触感较为柔和。尽管绕着线圈的“妈妈”带有食物瓶子而被布包裹的“妈妈”没有，小猿却还是喜欢被布包裹的“妈妈”。依偎着她，享受温柔的触摸，可以给小短尾猿们带来安全感；它们甚至会在遭受到陌生的袭击时跑向布包的“妈妈”寻求安全感。

在这些对猿猴所做的经典研究之后，科学家又在狗身上进行了相似的实验，结果几乎一样。被和妈妈分隔开来的小狗往往显得相当悲伤，给它们喂食或是外壳坚硬的玩具都无法让它们感到安慰，但柔软的物体，如包有布料和衬垫的“代理妈妈”或仅仅几片布头也能减轻它们的焦虑。

触摸带来的镇静作用狗可以给予，人也可以。如果狗因为处于陌生的环境、被群组孤立，或是遇到了不愉快的事情而感到情绪受挫，人温柔地抚摸可以对它产生抚慰的效果，这可以从生理指标上看出：狗的心跳放慢，呼吸更趋正常。

触摸的效果甚至可以教会狗应对那些焦虑的情形。如果在令它不快的事件之前和之后都能够得到温柔的抚摸，并且重复多次，狗的生理指标显示它的焦虑感降低了，恢复也更快，就好像抚摸会对狗说“这些只会给你带来片刻短暂的不适，一切会很快好起来的”。但是并不是所有的抚摸对狗都能产生同样的镇静效果。以迈克尔·亨尼西为首的一群来自莱特州立大学和俄亥俄州立大学的心理学专家们，在纽瓦克就抚摸对防卫狗产生的效应进行了研究。从采集的血液样本可以看出，受到爱抚的狗比不受爱抚的狗状态更放松，产生的压力激素也更少。爱抚的最佳形式是鼓励狗与爱抚者保持身体接触，最好可以让狗靠在爱抚者的身上，或坐或躺都可以。这种技巧更像是按摩而不是爱抚，注意狗的肩膀、背部和颈部的肌肉。另一种爱抚的有效方法是，用手从狗的头部开始，一直用力地抚摸到它的身体的后部，这样不仅仅是在抚摸皮肤，也同时在按摩皮下的肌肉，力度应在中到强之间变化。除了对狗进行抚摸，抚摸者还应在整个过程中用温柔、安抚的语气对狗说话。

对狗运用特定的抚摸技巧，最著名的主张者或许要数琳达·特林顿-琼斯了。她发明了一套按摩程序帮助狗减轻紧张，改善行为，称为特林顿抚摸（或T抚摸）。她首先将这套程序用于马身上，之后又发现对狗、猫和其他动物也适用。她的按摩方法是从莫歇·菲登奎斯用于人体治疗的身体意识联系发展而来的。总体而言，T抚摸使用双手和手指的循环运动按压并移动肌肉，从而起到镇静的效果。特林顿-琼斯还发现，若从头部开始向后向下按摩，效果最为显著。

拥抱是人类喜欢的一种接触形式，但大多数狗不喜欢拥抱。对狗来说，拥抱会约束限制它们的动作，而行动的自由对它们的生存起着重要的作用，它们需要从危险状态逃离的自由和自主保卫自己的能力。抱住一只狗的同时你也把它固定住了，这会造成狗的焦虑。大多数的狗会挣扎着想要逃脱你双臂的限制，有些为了挣脱甚至会猛咬或威胁你。

在小狗的幼年时期，尤其是在断奶之前给予大量抚摸，会产生持久积极的作用。小狗的生命力得到了提高，更有活力，对疾病的抵抗力也更强。从心理学角度而言，这些狗信心更强，反应更迅速，负面的情绪反应也较少。甚至还有证据显示，早年受到较多人类抚摸的小狗解决问题的能力更强，在训练中的学习能力也更好。

我们在后面的章节中讲到如何通过早年经历将小狗培养成“完美小狗”时，还会运用到这些关于狗幼年时期抚摸的内容。

通过这些事实，我们清楚地看到触觉对狗的作用远远不止于告诉它们外界物体的存在、物体的冷热、尖利程度、是好的还是伤害性的。触觉信息对狗意识的形成、对狗当前和未来的行为模式的塑造也同样起着作用。

第七章

狗的第六感？

我在多伦多的一次演讲结束之后，一位名叫威廉·贝克尔的男子走上前来对我说：

“你讲了那么多狗的能力和感官知觉，但你却遗漏了狗最重要的一种能力。”

“哦？是什么？”我问道。

“是超感官知觉。”他回答道。

在这之前，我也听到过这种观点的各种不同说法。许多著名的作者写书，向公众宣传狗能够获得五种感官能力之外的信息。持有这种观点的人有知名的驯狗师、兽医和犬行为顾问，都与狗有着深入的接触。

关于狗的超感官知觉（ESP）的说法自然会引来大多数科学家的怀疑。对狗拥有预知能力（在事情发生之前感知它的出现）、千里眼（看到视野范围之外的事物，以及在远距离看到正在发生和已经发生的事），或是心灵感应能力（即远距离感知，看透他人心理的能力），我抱有强烈的怀疑。

然而，要是我们把超感官知觉理解为用人类尚未能理解、感官尚未能达到的方式去感知事物的能力的话，我就比较容易接受了。毕竟，科学界在20世纪50年代后期才接受了蝙蝠通过回声定位法（一种生物声呐）探测和辨认昆虫的事实。同时，科学家也发现，电感鱼能够察觉到自己周围电场的变化，其中一些还能够产生自己的电场并感知其变化，而另一些鱼如鲶鱼和鳗鱼，只能感知到周围其他生物产生的电场变化。和蝙蝠一样，这种能力可帮助鱼探测到它们捕猎为食的动物。而在这种能力得到科学研究的证实之前，也被人类认为是超感官知觉。

人们常常通过家庭里发生的一些特定事件来证明狗的超感官知觉。威廉·贝克尔的故事和许多人的一样，是一只狗在灾难临近的时候就预知了它的到来，并采取种种疯狂的行为来试图保护它的主人。威廉的父亲约瑟夫·贝克尔生活在一个德国小镇萨尔路易。一天他带着他的德国牧羊犬斯特鲁利散步时，在当地一家小客栈停下喝酒。但平时向来乖巧安静的斯特鲁利这次却一反常态地不安，在主人坐下的时候用尽一切努力吸引他的注意。它在约瑟夫的椅子和客栈门口之间来回跑动，绕着主人转圈，拉着他的衣服试图把他拖离座位。看到这招没能奏效，斯特鲁利又向后一靠，发出大声的号叫。约瑟夫想要安静地喝完酒，便把它带到客栈外面关上门，然后回到座位上。但斯特鲁利却还不放弃，它又找到另一条路跑进客栈，继续对主人又推又叫。约瑟夫只能无奈“认输”，为了不打扰其他的顾客，他匆匆将啤酒一饮而尽，开了个玩笑说大概狗是听了他妻子的话，不让他在酒馆里浪费时间，然后和狗一起走出了客栈大门。

他们走到外面，穿过马路。没走多远，就听到一阵隆隆的爆裂声。约瑟夫转头去看时，发现客栈已经化为一堆木石砖块。房子的倒塌只用了短短大约一分钟的时间，只有少数几个顾客得以幸运地逃脱。有的当场死亡，更多的则受了伤。房子倒塌的原因是旁边新造的建筑物在挖地基，不小心损坏了客栈的地基。而除了斯特鲁利，没有任何人感觉到了危险的存在。

“是斯特鲁利的预知能力救了约瑟夫的命。”威廉这么对我说。他把这件事作为证明狗具有预知能力的例子。但这样的现象要从科学的角度获得解释十分困难，因为科学的严谨要求我们只有在排除了所有看似真实合理的答案之后，才能用不可知的力量与通灵能力来进行解释。

听见未来

我们都知道，狗敏锐的听觉能力可以用来解释一些看起来像是预知能力的事件。有个故事和约瑟夫与斯特鲁利的事例十分相似，故事的主人公叫瓦勒瑞·史密斯，来自普利茅斯，瓦勒瑞养了一只名叫汤米的牧羊犬。瓦勒瑞是个部分耳聋患者，有天她带着汤米在路上散步。她回忆道：“它突然停下来，盯着树看。我往前走时，它会转回来对着我吠叫，跟它平时的行为完全不像。我又试着要继续走时，它转过身，甚至对我龇起了牙齿。它一动不动地站在原地，好像对我说‘站着别动！’。”仅仅几秒钟之后，一棵大树在离瓦勒瑞很近的路旁倒下，还擦伤了她的右臂。“我震惊地看着那棵足有五米长的树，上面长满了常春藤，可以看出它的下半部分已经腐烂了，而汤米却发现了它会倒下。”尽管有人会把汤米的行为理解为某种形式的预知能力，但更可能的情况是，树即将要倒下时发出的爆裂声让狗“听”出了危险的存在。

同样的解释是否可以运用到斯特鲁利的例子中呢？我们已经知道狗的听力很敏锐，至少对某些频率的声音特别敏感。狗对某些频率声音的敏感度很大程度上取决于它的大小，更确切地说，取决于它脑袋的大小。若狗的体型较大，脑袋也较大，那么它的耳朵也相应会更大，这也就意味着耳朵内声音进入的通道更宽，耳朵里的各个结构部位也更大。小的耳朵对高频率声音较敏感，而大的耳朵则更适合于低频率的声音，就像小而窄的管风琴发出的声音频率较高，而较大较宽的管风琴发出的声音频率也较低。另一方面，有些研究人员相信，长着较大较方像獒那样脑袋的，如圣伯纳犬、纽芬兰犬和大白熊犬，还能听见频率远远低于人类听觉范围的亚音速声音。这样我们就能理解为何圣伯纳犬能够听见被雪崩埋进雪堆里的人发出的微弱声音，对这样低频率的声音，脑袋较小的狗是无法分辨的。圣伯纳犬探测到这些雪崩的遇难者并非出于某种心灵定位能力，而仅仅是因为它们听到了穿过积雪传来的低频率声音。

感知地震

科学家们对于狗的另一种可能来自于听力的能力各持己见，争论不休。有些狗似乎能够在地震、雪崩发生之前预测到它们的发生。已经有许多报道关于阿尔卑斯山上的圣伯纳犬对旅行者和搜救队工作人员及时地发出雪崩警告，从而让他们得以逃生或是选择更安全的道路。研究人员证实，在一场大地震发生前的几个小时（有时是几天），狗的步伐和行为会变得烦躁不安，它们表现焦虑，似乎能够感知到人类无法感知的灾难。有时候，它们会毫无目标地吠叫一通，有时候又会从家里逃走。

我自己也亲身遇到过这样的情况，尽管我当时并没有理解狗的前兆表现。那是在2001年2月27日。温哥华狗服从训练俱乐部的高级教练芭芭拉·贝克尔那时正在训练一个高级班的狗，那天晚上的训练特别不顺利。

“到底怎么了？”芭芭拉终于怒气冲冲地问道。班上的八只狗都是经过高度训练的，但那天晚上它们的表现却让她烦恼不已。每只狗都拥有至少一个加拿大犬俱乐部颁发的驯顺等级证明，在比赛中的表现顺从可靠，但它们那时却连一个最简单的“保持原位”的命令都做不到。它们呜咽着，四处走动，或是穿过房间去寻找各自的主人，所有的狗似乎都毫无理由地感到担忧和沮丧。

13个小时后，一场席卷太平洋西北部的6.8级大地震回答了芭芭拉的问题。震源离西雅图很近，位于训练教室的南部，相距只有约150英里，美国华盛顿州和加拿大不列颠哥伦比亚省的大部分地区也能感觉到地震。再回头看那些狗的行为，似乎是在提醒它们的人类同伴将有地震发生。

早在公元前373年，古希腊人就发现了动物能够在地震发生之前就预知它的到来。据记载，在一场毁灭性大地震发生的几天前，狗会发出号叫，而许多老鼠、黄鼠狼、蛇和蜈蚣都会逃到安全的地方。最近，加利福尼亚的圣克拉拉的地质学家詹姆斯·柏克兰曾对当地报纸的失物招领栏进行过研究，统计出圣何塞市区和周边人们丢失的狗和猫的数目。詹姆斯的研究表明，从宠物失踪数目的增加可以预测，几天内以圣何塞市区为中心70英里的范围内，就会发生一场大于里氏3.5级的地震。他声称，在12年内，这些预测的准确率高达80%。

人们已经完全认可了狗（和其他一些动物）的预知能力。在中国和日本，人们把动物和高科技的科学仪器结合起来，作为国家地震预警系统的一部分。这些动物预言地震的效果已经得到了证实。1975年，中国海城的官员发现了狗和其他一些家禽突兀奇怪的焦虑表现，负责地震观测的人员注意到，这正是以前狗通常在大地震即将发生之前出现的反常表现。基于这些观察结果，全城九万居民进行了撤离。仅仅几小时后，一场里氏7.3级的地震发生，强度甚至超过1989年那场摧毁了旧金山海湾大桥一部分、带来高达30亿美元损失、并使旧金山市部分地区连续三天陷入黑暗的地震。海城大地震之后，城市里近90%的建筑被摧毁，据估计，如果没有狗事先给出的警报，这场灾难还会剥夺数以千计的生命。

因为这些事件的发生，很多人推断狗拥有一种特殊的感官能力，能够探测出人类无法察觉的大气阴极射线或是地球的微小振动。而另一些较为保守的推断则认为，狗能够感觉到地表下方大面积土地波动时发出的低频率亚音速声音。

我曾利用温哥华地震的机会进行了一些研究。地震后的几小时，我通过电子邮件向当地的养狗者、驯狗俱乐部和动物庇护所发出了一份调查问卷，请他们回忆一下地震前24小时内狗的行为表现是否有明显的变化。一星期内我一共收回193份问卷。有41%的狗显示了沮丧情绪——这个比例是相当高的。大多数人注意到狗在地震发生的平均三小时前会出现异常行为，也有一些反映在地震前的一整天，狗都表现得和平时很不一样。

有人认为狗震前的压力行为和听力有关，我们可以通过实验来测定这种看法的正确性。在一组17只被确诊或怀疑患有听觉障碍的狗中，只有一只在地震前表现奇怪，而且这只狗是与另一只听力正常、在震前表现焦虑的狗生活在一起，很有可能它只是模仿了同伴的焦虑。

如果说地震的信号是来自于低频率或亚音速的声音，那么体型大的狗能够探测到声音的比例也应当更高。我将狗大致分为三组：大型的（肩宽超过22英寸的）、中型的（肩宽在14英寸到22英寸之间的）和小型的（肩宽小于14英寸的）。但是统计结果和上面的结论并不吻合，只有20%的大狗出现了焦虑行为，而在中型狗和小型狗中，比例分别达到了51%和64%。也就是说，高频率的声音才比较重要。狗和其他一些最能预示地震的小型啮齿动物和蛇一样，对高频率声音的敏感度最高。

预言厄运的狗

相信通灵的人或许能够接受用狗听觉的敏锐来解释上述的事例，但他们还会列举出其他的故事来证明预知、千里眼和心灵感应的存在，反驳你的观点。关于狗的预知能力，最常见的说法就是它们似乎能够感知到家里有人将要死去。通常，狗的表现是焦虑不安，并常常会发出悲伤的号叫。由于家养的狗不常号叫，这些表现就很令人注意。

维娜·西蒙斯曾对我讲述过她祖母的一只狗的故事，那是一只名叫埃迪的拉布拉多寻回犬。维娜坐飞机赶到加利福尼亚照顾她病重的祖母，因为祖母不愿住在医院，宁愿回到洛杉矶郊区的家中。老人的丈夫死后，埃迪就始终陪伴她左右，她走到哪里都带着狗，而这只安静乖巧、表现很好的狗也深得她家人和朋友的喜爱。在老人病重之前，埃迪在她脚边度过了无数时间，陪伴她做针线活、看书和看电视，老人有时还会像跟人交谈那样跟埃迪说话。维娜到达祖母家时，埃迪看起来非常焦虑而沮丧，不断在老人的床边徘徊。维娜和姨妈为了照顾祖母而不得不把狗赶走，甚至锁到外面，因为它在旁边很碍事。维娜到达洛杉矶只有短短几天，就发生了一件让她印象极为深刻的事。

“祖母那天的状况糟糕极了，身体很不舒服。我们叫来了照看她的护士，给她注射了一些吗啡。护士嘱咐我们要注意观察祖母的状况，甚至还建议我们准备一个供氧的设备，因为祖母的呼吸有点减弱了。为了预防万一，康尼姨妈去药房买来了一只紧急氧气罐。我把埃迪锁在院子里，决定由我晚上看护祖母，早上再由康尼姨妈接替。我想我一定打着盹睡着了，大约凌晨两点的时候我被一阵哀号叫醒，那是我从来没有听见过的悲哀叫声。声音很响，一开始我还以为是附近有狼或山狗在叫，但每一声号叫前都有低沉的狗吠，于是我明白是埃迪在叫。叫声里满含着焦虑，我跳起来看看祖母有没有被惊醒，但她似乎已经停止了呼吸。我叫醒了康尼姨妈，拨通了911，几分钟后救护车赶到时，祖母已经过世了。祖母过世的那一刻埃迪一定知道，当时它正在屋后的院子里，而祖母的卧室在前面，它绝对不可能听见任何祖母喘息或是类似的声音。我不知道它是怎么知道的，但我曾经听说过狗对这种事情有一种特殊的感知能力，我想它的号叫一定是因为它感知到自己最好的朋友和心灵的伴侣去世了。”

埃迪的故事是令人心酸的，但我们可以不用千里眼或是预知能力来解释这个现象。狗在被孤立、隔离时，比如一整天被锁在院子里接触不到任何人，没有任何同伴时，通常都会发出号叫。号叫和之前的狗吠结合起来，可以传达两种信息。狗吠是想要唤来族群中的其他成员或是家人，以防有意外情况的出现；号叫则是因为恐惧没有人回应它。这种声音的含义是：“我又忧虑又孤单。为什么没有人来帮我呢？”

由于埃迪被关到屋外，同它日常相伴的人隔离开来了，它的号叫很可能是出于孤独。在家里有人病重的时候把狗赶到屋外是很正常的，而病重的人很可能死去，一只孤单的狗又很可能号叫——把这些因素结合在一起看，就很容易看出狗的号叫和家里有人死亡之间的关联了。维娜注意过，狗在之前从来没有号叫过，但是它也从来没有被锁在门外同主人隔离开来。这些偶然的联系很容易让人联想并相信种种关于通灵的传说。

狗似乎还可以感知到远距离外的感官根本无法直接感知到的事情，这样的故事不胜枚举。一名我熟悉的女子曾对我讲过一件发生在朝鲜战争期间的事情。

“上班时我接到了妈妈的一个电话，说她的关节那天不太好，问我能不能会超市买些东西，回家时顺便给她送去。我知道妈妈是担心正在朝鲜前线参战的哥哥，我告诉她我会帮她买好她需要的那些东西，还会来给她做晚饭。

“到妈妈家的时候，我想在门口准能撞见哥哥的拳师犬马克斯。但是妈妈说，那天马克斯情绪很不振作，如果第二天早上还这样，她就准备带它去兽医院做检查了。哥哥在马克斯还是只小狗的时候就领来了它，哥哥在家的时候和狗几乎形影不离。我为妈妈做完了晚饭，然后一起坐下来看电视。妈妈平时一直看的是约翰·卡梅伦·斯韦兹主持的新闻节目，每晚7:30开始。就在节目开始的时候，马克斯一跃而起，开始拼命地踱步、呜咽、摇头和哭泣，表现十分疯狂，我甚至怀疑它是不是得了痉挛。我努力想让它镇静下来，它却逃到一张茶几下面藏了起来。马克斯平时一直平静不易激动，那天的表现就显得十分古怪。第二天我打电话给妈妈询问马克斯的情况，她告诉我它好多了，但还是很沮丧。

“第二天下午，妈妈就接到哥哥在炮弹袭击中阵亡的消息。他去世的时间是朝鲜时间的上午9:30，也就是新闻节目播出的时候，那正是马克斯表现异常的时间。妈妈和我都相信，它一定感知到了哥哥的死亡，我们找不到更合理的解释了。”

预知到来

狗能够感知远距离外的事情的最常见的证明或许就是，我们通过观察可以发现，狗往往能够精确地知道它们的主人何时会回家。我在前面讲到过我家的丹瑟会在我妻子快要到家时发出特别的叫声，尽管我没有计算或是系统地记录过她回家的时间，但丹瑟总是在她到家之前的几分钟就预见到她的出现。我一直把丹瑟的行为归因于它的听力，能够听见她的汽车在几个街区之外发出的声音。但剑桥大学的生物化学博士鲁珀特·谢尔德拉克却并不同意我的看法。鲁珀特收集了许多狗能够在任何车辆的声音出现之前就预知主人到来的案例报告，他也排除了这是由于狗具有计时能力的可能性，因为即便主人回来的时间和平时不同，或是没有自己开车而是乘坐公共汽车、火车和飞机回家时，狗也同样能够预知主人的到来。

谢尔德拉克讲述了一个令人震惊的例子。卡萝尔·巴特利特生活在英国肯特郡的切斯利赫斯特，每次她去伦敦的剧院看戏或探访朋友，总是把萨姆（一只拉布拉多寻回犬与灵缇的杂交狗）留在家里交给丈夫照管。从伦敦回家要坐25分钟的火车，再加5分钟的步行。卡萝尔可能在晚上6点到11点之间的任何时候到家，她的丈夫并不知道她会坐哪一班火车。谢尔德拉克引用卡萝尔的话说："我丈夫说，在我外出的一整天萨姆都会待在我的床上，每次我回家前的半个小时，它就会从床上跑下楼，在前门口等着我。"这个例子引人注目的地方在于，狗开始守候卡萝尔的时候，正是她刚踏上回家的路之时，而那时她离家还很遥远，还需要30分钟才能到家。火车是按固定的时刻表运行的，因而狗也不可能从声音或气味辨别出主人乘坐的是哪一班。谢尔德拉克认为："狗能够预知主人到家时间的例子十分具有说服力，最能证明人和动物之间的心灵感应。这样的预知行为十分常见，许多养狗人已经把它作为一种理所当然的现象而不会去加以思索。”谢尔德拉克在他的著作《知道主人何时回家的狗》中，收集了五百多份狗预知主人到来的案例报告，并鼓励人们对自己的宠物也进行测试观察，来确定宠物和主人之间确实存在着心灵感应，能够隔着遥远的距离进行交流。

对超感觉知觉最仔细的研究是在一只名为詹迪的杂交梗身上进行的。詹迪同它的主人帕梅拉·斯马特生活在英格兰的拉姆斯博顿。詹迪似乎总能在帕梅拉正好开始回家的时候，跑到窗口或是屋外，蹲坐在门廊里等待主人的到来。即便帕梅拉的行程与平时不同或是家人完全不知道她的时间安排，詹迪也有同样表现。为了验证詹迪的感应能力，奥地利国家电视网派出了两组摄制人员，一组跟随正在市区的帕梅拉，另一组则留在家中拍摄詹迪的表现。几小时后，市区的那组准备跟随帕梅拉回家，就在同一时间，詹迪跑到门廊上，一直等到主人回家。这个实验引起了媒体的广泛关注，电视评论人把詹迪喻为通灵，能够作出准确的预见。

谢尔德拉克请了一组研究人员，由赫特福德郡大学的心理学家理查德·怀斯曼领头，对詹迪的感应能力进行了测试，研究成果被发表在《英国心理学杂志》上。怀斯曼的第一个步骤是排除任何可能导致狗这样表现的非感应因素，比如，帕梅拉不能按平时的时间离家和回家，不能使用詹迪熟悉并能够在一定距离以外辨别出声音的小汽车。研究人员还排除了狗从知道帕梅拉回家时间的家人身上发现线索的可能性。在他们设计的实验中，没有人事先知道帕梅拉何时会回家，包括她本人也不知道。他们把帕梅拉带到一个很远的地点，让她在一台特制的计算器随机指定的时间回家，只有在出发的前几秒，她才知道自己返回的时间。同时，研究组的另一名成员留在帕梅拉家里，完整地摄下了詹迪的表现。这个实验在不同的时间和地点共进行了四次。

怀斯曼的第二个步骤是请来了一位毫不相关的独立研究者对录像内容进行评判。这位研究者并不知道帕梅拉回家的时间，他只是记录下詹迪表现出预知到主人开始回家的次数。通过研究发现，詹迪是一只极为警觉的狗，每次帕梅拉离家期间它跑到窗口或是门廊的次数不会少于十几次。有时候，有人或者汽车经过走道，詹迪就会跑去看个究竟，有时候它跑到窗口又似乎没有明显的理由。当然，这些“难以解释”的跑动并没有完全和帕梅拉回家的时间吻合。在后来的一次访谈中，怀斯曼对研究的结果总结道：“它的主人在我们随机选定的时间回家时，狗确实是守候在窗口的，但如果我们把录像回放就可以发现，它在一直不断地跑到窗口查看。实际上它在窗口的时间太多了，要是主人回家时它不在窗口，那才会让人吃惊。”

那么为何帕梅拉和她的家人都对詹迪能够精确预知她回家的能力深信不疑呢？很可能是由于人类抱有的思维误区在起作用，即被心理学家称为“肯证偏误”的选择性记忆模式。由于选择性的思维方式，人们往往倾向于注意并寻求那些支持他们观点的事实，而忽略、低估那些与他们观点相悖的事实。最典型的例子就是，相信满月时犯罪、事故和争吵的发生率会上升的人，就会在满月时特别关注这类事件的发生，而不注意其他时候发生的同样事件。显然，长此以往，他们就会对犯罪、事故和争吵发生率与满月之间的关联更加深信不疑。

肯证偏误和其他一些选择性记忆也可以用来解释詹迪的“通灵能力”。它在窗口的次数很多，但帕梅拉的家人却只记住了帕梅拉刚好回家时的那一次。詹迪在窗口的其他时间，他们仅仅将其解释为外界的吵闹引起的而丝毫不在意，或是根本没有发现！

透过远处那双眼睛

我们很爱自己的狗，因而我们会寻找各种证据来证明它们的特异功能或是和自己有特别的联系。几乎每个养狗人都能讲出几个自己的狗的奇异故事，或是对未来事件的预知能力。但我们很容易忘记，它们也会在很平常的情况下作出奇怪的表现，或是在我们自己和家人发生重大事件的时候，表现却一如往常。

狗的一些感官能力在我们看来很不同寻常，但其实对它们自己却很平常，我在前面的章节中已经提到过，以后也会讲到一些。它们甚至还能够解读我们的情绪和意图。将这些能力归因为更高级别的通灵现象，用心灵感应来解释当然对我们很有诱惑力，但却还有待科学证明。

例如，理查德·怀斯曼（即对詹迪进行实验的那位心理学家）还曾试图研究一位“狗的传信者”劳拉，来确认人和狗之间存在着心灵感应。劳拉在因特网上发布广告，声称如果你遗失了自己的宠物，可以打电话给她，她能够进入动物的大脑并告诉你它看到的东西，从而帮助你确定宠物所在的位置并找回它。在第一个实验中，怀斯曼把狗带到英国国内的某一处然后放开它。他询问劳拉是否能够感知到狗的位置，是否能够感知到狗看到的东西时，她似乎确实能够感觉，但她的描述却很模糊。怀斯曼没有放弃，他又试图用一种更简便、更客观的方式来证实劳拉的通灵能力。在这组实验中，他释放了狗之后，用相机拍下了狗周围的景物，然后把这张照片同另外九张一起给劳拉看，让她挑选出其中一张正确的。劳拉连续两次都挑出了错的照片。

这些实际研究成果让怀斯曼对狗的超感知能力和人狗之间的心

灵感应充满怀疑。在一次接受美国广播公司的安妮·沃伯顿关于劳拉的访谈时，怀斯曼明显地表达了他的怀疑。他对安妮解释："劳拉的网站是我最爱去的一个网站，因为有时候，她不能直接说出动物究竟看到了什么，而是给出一些常人都知道的建议，比如在街区里丢失狗的地方大声呼唤狗的名字。你不得不怀疑那些网站访问者的智力水平，他们真的连这个都不知道？另外，整个网站的内容都是关于和宠物之间形成神秘的心灵联系，但结果却是建议你去喊宠物的名字来寻找它！"

第八章

先天预设的狗

The Preprogrammed Dog

我站在一间满是三至五个月大的狗仔的屋子里，目睹了几个发生在它们之间的片断。一只名叫胡戈的德国牧羊犬正在慢慢接近一只黄色的叫作安贝尔的可卡猎鹬犬狗仔。胡戈步伐蹒跚，脑袋耷拉，耳朵竖起，双眼直直地望着安贝尔。而安贝尔则立即低下身子在地上打滚作为回应。在屋子的另一端，一只名叫提斯卡的西伯利亚雪橇朝爱尔兰软毛梗爱克走去，忽然前身趴下，肘关节以下全部着地，同时身体的后端及尾巴高高翘起，而爱克也回应以相同的姿势，随后两只小狗便开始相互追逐嬉闹。

任何一个对狗略有所知的人都会轻易明白这两幕的内容。胡戈和安贝尔之间的主题是主宰与屈服，它们各自的行为表明了各自的追求和状况，而提斯卡和爱克则是仅仅在邀请对方参加游戏。这些行为是在基因之中与生俱来的，所以对于所有的狗来说都是一样，无论它们出生或成长在纳什维尔、北京、罗马、莫斯科还是约翰内斯堡。这类表现不依赖于后天任何一种形式的学习，而更多的只是在某种条件下，或者当某些事件在生活中发生，它们就自然而然地被激发而表现出来。

思维中与生俱来的东西

狗通过感官系统接收信息，但其思维并非生来时只有一片空白。并不是所有的行为表现都是受环境影响或由后天习得。婴儿出生时就像一本空白的书，一举一动皆要从这个新鲜的世界习得。相较之下，狗宝宝来到这个世上的时候，它们的“书”里早就写有许多与生俱来且行之有效的行为表现。在很多方面，我们正是依靠它们这些由基因遗传下来的天赋将它们培养成我们的伙伴和帮手。我们当然希望牧羊犬天生就有驱牧的倾向，看守犬有天生的保护欲，而猎犬则能追踪、标示、叼回猎物……一只狗并非生来便具有与其将来的用途完全成形、吻合的表现的，但已经有很多显著的成熟行为。例如牧羊犬就需要对其天生的僵硬步伐和追逐天性进行修饰改善，这样它们才能从某种程度上受到人类的控制，同样，守卫犬就得学会将自己的侵略天性隐藏起来。

这些由基因上先决的行为表现通常被称为直觉，有关这些行为，科学上最大的争议是直觉在成形思维中占据多大的比重，这通常被称为“天生或培养问题”：天生指的是基因和直觉，而培养指的是学习和经验。生物学家和动物学家往往倾向于认为，相当大的一部分行为意识是由基因决定的，而心理学家则更倾向于认为，在行为意识最终成形的过程中有很大的灵活性，而各人的历史背景及其与环境间的相互作用起着更大的作用。任何试图确定基因与环境孰轻孰重的尝试都是没有结果的，就像诸如“长和宽哪个对长方形的面积贡献更大一样”之类的问题。这样的问题毫无意义，因为对于长方形而言，长宽两者缺一便不可称为长方形，所以根本无从分辨轻重。

从生物学的角度来说，基因中先决的行为表现和能力是动物赖以生存的根本，但同时也限制了它们的后天发展与学习。经验和学习会决定一些特定的后天习得的技能，并最终对行为成形产生影响。通过选择性育种，生物和基因工程使得我们更容易创造一只具有特定用途的狗，而如果要哺育一只没有某些特定行为的狗则要难得多。例如，梗是一种以吠叫为特性的犬种。一只梗经常做的工作是钻入地下的地穴去消灭一只狐狸或者一只獾。一只工作梗必须在受到微小的刺激和惊觉的时候就发出吠叫以提醒猎人地洞的位置：当它们在地下吠叫时，就是在告诉猎人在它们吠叫处挖掘便可发现猎物。有时候它们也会因为地下的陷阱而被困在地下，此时它们也会通过吠叫来向猎人求救。相反，因为这种强烈的吠叫的倾向，要训练一只在特定情况下不叫的梗就要困难得多。相较之下，训练一只叼食猎犬就要简单些，因为这种犬天生就是被训练来保持安静，以不惊吓到猎人们要射击的鸟儿。

从捕猎到放牧

一些与生存有关的行为表现更多的是先天的，比如哺育幼犬、性行为、一些捕食技巧以及部分社交行为。当人类特意改变一些犬种的先天习性时，更多挑选那些可以为人类服务的方面。也许这方面最成功的例子要属牧羊犬。若没有牧羊犬，我们就没有组织有序的活动来为我们提供肉、羊毛、皮革和一些其他的必需品，人类文明的发展进程恐怕会被放慢许多。对于管理一群羊来说，一个牧羊人加一只牧羊犬的组合效果要远远好过没有一只牧羊犬的协助的十个牧羊人。

狗的放牧能力与狼群或其他犬科动物的集体捕猎行为源于同一种基因。捕猎大体型动物需要彼此间的协作，以控制每个个体的移动与位置，只有这样才能最终把单个猎物从群体中孤立开来进行捕杀。这与牧羊犬的驱牧行为在基因上属于同一个原理。狼群中的每只狼会试图与其左右同伴保持一定的距离，这样它们就能将猎物驱赶到一起，并在猎物周围形成一个结构复杂精致的包围圈，随着包围圈的稳步收缩，它们就可以达到目的。而牧羊犬也是本着这种将对象驱赶在一起的天性进行着它的工作，只是一只牧羊犬同时承担了许多只狼的工作。事实上，牧羊犬通过自己的跑位，凭一己之力形成了那个复杂的包围圈图样。首先，它先确定应与羊群保持的合适距离，然后不断地依照顺序冲到下一个同伴应该站到的位置。当它从一个位置移动到下一个位置的时候，无形中便形成了一个由捕猎时同伴所处位置相互连接而成的包围圈。一旦有羊离开了这个圈子，牧羊犬就会出现并将其赶回圈中，使其回到羊群之中。

另一个与此相关的表现行为便是埋伏。狼群捕猎时，通常有一只狼脱离狼群，游离到某个位置蹲下藏身以准备伏击猎物，而它的伙伴们就会把猎物向着它埋伏的方位驱赶。这就可以解释牧羊犬为何有时跑着跑着忽然停下脚步，蹲下身子并狠瞪着羊群。此时游离于羊群之外的羊就会意识到牧羊犬的存在，并因此退回到羊群之中。牧羊犬就是这样依靠眼神来使羊群待在它所希望的位置上。而当整个羊群在牧羊人的驱使下开始移动时，牧羊犬便又恢复到之前跑圈的状态了。

朝着指定的方向驱牧猎物也是先天的基因所造成的。狼群将成群的目标猎物驱赶向那些能够对它们的行动产生限制的区域，这样猎物就容易分散，最终被狼群轻松猎杀。而狼群的这种驱赶行为，就是靠着许多次朝向猎物的短距离冲刺来完成的。当某一点上占有猎物，它们就径直向着下一个位置飞扑而去。为了达到驱赶的目的，狼群有时会采用撕咬猎物的跟腱和腰，甚至用肩冲撞的手段来迫使它们改变原先的前进路线。当里根还是美国总统的时候，他曾有一只名叫幸运的法兰德斯牧羊犬（一种源于比利时的牧牛犬）。由于它的驱牧天性，它会不时地咬总统及其客人的脚跟和肩部，试图以这种方式驱赶他们，甚至有一次为此咬破了里根的裤子直至出血。很不幸的是，在场的摄影师拍下了这一片断，并将其公开了。里根为了避免如此的尴尬重演，将幸运送回了他在圣巴巴拉（加利福尼亚）的牧场，取而代之的是一只叫雷克斯的查理士王小猎犬。自然，雷克斯并没有驱牧天性；就算有，它也小得不足以够着里根及他的客人。

狼群是一个非常有组织的群体，它们通常受到一个领袖的指挥，科学家们称之为头狼。在捕猎时，由头狼掌控指挥狼群的跑动，而狼群所要做的就是听命于它的指挥。这样，狼群就成为了一个高效的捕猎组织。而牧羊犬恰恰便是将牧羊人当作头狼，所以牧羊犬会常常抬头注视牧羊人，而牧羊人只需几个简单的指令，便可告诉它接下来该做什么。

基因和行为操控

一个有些令人意外的事实是，虽然人可以通过选择性的育种行为，对狗的相对复杂的多极化的行为进行操控，但是由基因决定的大部分狗的行为和反应都是固定且不可变更的。例如，狗所表现出的攻击性就是一种先天的行为，且在千万种不同犬种身上的表现各异。尽管我们可以通过控制育种来提高或降低狗的这种攻击倾向，但始终改变不了所有的狗都是用同样的方式争斗的事实。它们进攻的模式、撕咬的样子和防守时移动的步伐，都是它们基因密码中最基本的、无法改变的一部分。这些常规的、可预见的而又不依赖后天学习而掌握的特定行为，被称为固定行为模式。当我们试图从基因上操控一个犬种的攻击性时，我们只是对此作出一个量上的改变，而非质的。我们并没有改变它们的基本行为模式，只是改变了攻击性在一只狗的体内被挑起的程度而已。

再来看一下母狗的呵护行为，尽管这一复杂的行为本身并非固定行为模式，但其一些主要方面可计入此类。母狗在生育第一个宝宝之前就预先知道该做些什么。它的母性行为在临产前24至48小时就会开始：搭造一个窝以待临盆。每只狗宝宝降生之后，母亲都会清理它身上的液体并切断脐带，这一行为是如此地固定，以致我们可以轻易地预见到狗妈妈会用裂齿（臼齿前的上齿）咬断脐带，接下来狗宝宝会被舔干，如有需要脐带还会被修短。在这一过程中，舔干身体是一个至关重要的固定行为模式，因为这会令狗宝宝全身肌肉放松，特别是那些与呼吸系统相关的肌肉。母性行为还包括帮助排泄：狗宝宝在新生的一至两周内是不会自己排泄的，所以狗妈妈们会舔舐和清洁它们的肛门和生殖器，以刺激它们排尿和排便，之后它们还会吃掉那些排泄物以保持窝的清洁。显然，如果我们让狗后天学习这些行为而非先天掌握，它们能否生存都会被打上一个大大的问号。

对于固定行为模式的稳定性，一个有力的证据是，尽管狗被驯化已超过14000年，并且人们还在不断努力试图从基因上改变它们，它们那些古老的行为模式似乎没有发生任何改变。我们的基因操控工程对于一只狗的特定行为的有无帮助甚少，而更多的是影响了这种行为被激发的频率。所以虽然我们不能通过选择性育种培育出一只可以像人一样演讲的狗，但却肯定可以培育出一种会更加频繁吠叫的狗，比如梗。我们真正操控的是动物展现出特定行为的预期。如果我们将这种预期提升到一个足够高的程度，那么固定行为模式就可以被外界刺激所激发，梗对着所有足以让它们兴奋的东西吠叫就是一个很好的例子。

在适当的刺激下，先天行为的自然表露会非常明显。例如对一只正常的成年公狗来说，用尿来标注区域的行为就简单地依靠适当的刺激。一个被同类用尿标注过的街角就足以激发一只公狗抬腿撒尿的表现，甚至有时候狗看上去更像这种行为的奴隶。当我的猎兔犬达比还很年轻，才刚开始抬腿撒尿的时候，它自己都似乎对自己的这一举动感到惊讶。当我第一次观察它抬腿撒尿的时候，它自己也转过脑袋惊讶地看着自己抬着腿的身子，而这个动作对它来说显然属于高难度，直接的后果就是它的另外三条腿并没有让它站稳，尿水四溅。它自己对此也很好奇，甚至有些疑惑，对自己的所作所为无法理解。抬腿的行为并非狗自己可以加以选择和控制的，而更像是一旦条件符合就会被强加于身的举动。从这方面来说，抬腿的行为表现出了固定行为模式所共有的一个特征，那就是很难为自己所控制。尽管一只公狗一天抬腿很多次，看似应该有很多机会对此加以了解和控制，而事实却是很难训练一只狗通过一个简单的指令来做这个动作，虽然确实有动物训练师做到了这一点，并在电影电视的拍摄中通过一个简单的信号来让狗做出抬腿撒尿的动作。一些行为模式是在一种原始、直觉的控制下的，很难被后天习得。

行为表现上的种别差异

狗与狗之间因为种别不同而表现各异，这是人类在基因操控方面最显著的例子。比方说，在运动犬方面，指示犬和谍犬都有很经典的指示行为，而寻回犬身上的取回欲望则很难被加以抑制。在“秀在今晚”节目中有一次采访约翰尼·卡森（《冷血》的作者）和杜鲁门·卡波特（《蒂法尼家的早餐》的作者），他们讲了这样一个故事。卡波特的一个朋友一次约会了一个盲眼姑娘，当他的朋友到达女方的公寓时，她还没有准备好离开，所以让他在客厅稍等片刻。他坐下后，女子家中养的一只友好的拉布拉多寻回犬就叼着一个球走向他，并把它扔在他的膝盖上。于是卡波特的朋友拿起了球逗狗玩乐：他把球抛出去让狗捡回来。那只狗玩得很开心，也很兴奋，似乎把全部的注意力都集中在球上了，于是那个朋友开始尝试把球抛得难度更高一些以让狗更尽兴。就在此时，不幸的事情发生了，他不小心把球抛出了一扇打开的窗子，而狗的注意力全在球上，故而跟着球扑窗而出，从18层楼消失于他的视线之中。当他的约会对象回到客厅时，卡波特的朋友只能对刚才发生的事情只字不提，并告诉卡波特他再也不会和那个女子有第二次约会。

当卡波特讲完他的故事后，在场的喜剧女演员伊莱恩·梅打趣说，也许他的朋友可以对那女子说：“你知道吗，你的狗让我很郁闷。”

尽管这个故事的真实性有待考证，但我确实有过一次类似的经历。有一次我带着我的平毛寻回犬奥丁沿着涨潮的维德运河（离不列颠哥伦比亚省不远）的堤坝散步，忽然奥丁看到一根大棍子漂浮在水上，因为我经常把一些东西扔在水上让它拾回，所以它凭直觉认定那又是我对它的一次训练。正当我害怕得喘着粗气的时候，它毫不犹豫地一跃，从12米高的堤坝跳入潮水中。湍急的水流将它冲出将近五百米后，我才在一个比较靠近岸边的地方费了九牛二虎之力将它拖上岸。救了它之后我气喘吁吁，心跳飞快，它却仍然沉浸在没有取回那一根已经消失在激流一个转角处的木棍的失望之中，冲着远方沮丧地吠叫几声。

由种群而决定的特性常常是非常特定且容易识别的，纯种狗因此成为学者们研究先天基因表现行为的最佳对象。加利福尼亚大学伯克利分校分子细胞生物学院的贾斯珀·莱尼就注意到边境牧羊犬和纽芬兰犬在一些行为上截然不同。比如说，纽芬兰犬喜水而边境牧羊犬厌水。纽芬兰犬频繁吠叫而且高翘尾巴，而边境牧羊犬相对安静且低拖尾巴。最后，当然，边境牧羊犬身上有很多驱牧的特质，比如蜷伏、凝视和严厉的目光交流，而这些在纽芬兰犬身上是完全找不到的。

为了进一步研究特定种群行为的基因控制，莱尼采用了让边境牧羊犬和纽芬兰犬杂交的办法。在第一代的幼犬中，几乎所有的幼犬都表现出了边境牧羊犬的蜷伏、凝视的特性和纽芬兰犬的喜水性。而倾向于吠叫的频率则在原先的二者之间：即比边境牧羊犬吵闹又比纽芬兰犬安静。当再用这些杂交犬相互杂交产生下一代的时候，一些奇怪的行为表现的组合开始显现，在不同的个体上出现不同的行为组合。例如，可能有一只狗蜷伏并低垂尾巴（边境牧羊犬的特性），却又喜水且经常吠叫（纽芬兰犬的特性），而它同胎生的兄弟姐妹则可能完全相反，从不蜷伏，高翘尾巴，厌水，少吠。基因导致的行为特性把各种狗通过一种随机的排列组合进行了分类。显然，如果你想要一只狗拥有一些混合的行为特征，那你无疑就创造了一只新的狗，如果这些特征能在繁衍过程中被稳定地保持下来，那么，你所创造的就是一个新的犬种了。

基因决定的语言

狗之间的交流可以说是它们先天行为表现中最复杂最有趣的一部分。和其他较为复杂的行为表现一样，交流包含了一系列较为固定的动作。例如，对于幼犬来说，所有需要关怀的表现都是与生俱来、无师自通的，比如通过哀叫来吸引注意，摆动尾巴，耷拉脑袋，舔母亲（或者其他长辈）的脸、鼻和唇，跳起身子正对母亲的脸，跟随、用爪子抚摸长辈等。

不久之后，一些其他的社会行为也会自动显现，哪怕在此之前狗宝宝们从未见到它们的长辈们使用这些动作。其中包括天生的统治行为，比如监督同伴时就会抬高头、翘高尾巴、弯着脖子，把脑袋放在对方的颈部或者上背之上以形成一个T字，用前爪站在对方的背上，或者肩膀和臀部抖动（如果对方的骨盆并不足够支撑站上去的话）。

统治行为和威胁行为的区别在于后者会“亮出武器”：吠叫着亮出门牙和犬牙。一种更轻度的威胁是仅仅摇动尾巴的末端，随着威胁的增加，它会渐渐竖起颈背上的毛，尾巴上的软毛也会变硬。竖着尾巴坚硬地摇动，同时用硬邦邦的步伐绕着同伴走圈则是另一种威胁。

投降行为则更加本能一些，比如将尾巴夹在两腿之间，耳朵耷拉着，脑袋低垂，眼睛避免与统治者的目光接触。舔空气或者嘴唇，嘴角往两边拉，做出一个投降的笑容，也是投降行为的另一种表现。当一只占统治地位的狗绕着一只不占统治地位的狗转圈，并做出“这是我的地盘”的暗示时，那只“平民”狗会用静止不动来表示顺从。最为极端的投降行为诸如躺在地上打滚，抬腿向对方展示私处，甚至小便失禁，也是完全出自本能的。

一些特定的玩耍行为，包括作揖（肘关节趴在地上，屁股和尾巴高翘），模仿其他幼犬做出耷拉脑袋的动作，而屁股却高抬、耳朵竖起，也是本能的，通常被同样出自本能的追逐或打闹的玩耍行为所激发。如果在玩闹中动作过大，动作过于有侵犯性的那只狗立即就会做出另外一种作揖的动作，好像在说："对不起，那只是游戏。"

所有的这些肢体语言信号似乎完全没有后天学习的因素，也与经验的丰富与否没有关联。学习的作用在于会让这些信号变得更轻微，且使这些信号行为的使用场合与应激行为更加确定，于是一些比较复杂和成熟的"对话"就发生了。然而，最重要的还是那些"基础语言"都是本能的，一只狗无论生长在北美、中国还是法国，都能很自然地理解它。

狗的声音

狗对特定声音的反应也是先天的。在人类的语言中，声音的意义多样化，并没有一种对全世界的人意义全都一样的语言。尽管caballo、chevel、Pferd和horse（马）表达的都是同一个意思，但是并没有一个公共的声音把这些联系起来。有些人曾经尝试创造一种世界语（世界语也许是这些尝试里面最好的），但没有一种被广泛接受的语言。与人类不同的是，狗之间交流的语言是先天决定的，因而在不同的狗种之间绝大部分都是一样的。和肢体语言一样，破译和理解这些声音语言的能力是狗与生俱来的。这种动物之间的"世界语"被称为进化世界语，这种语言不仅让各犬种的狗相互理解彼此的声音信号，也给了其他物种（包括人类）从这些声音中了解其含意的机会。例如，低音频的声音（诸如狗的低吼）通常表示威胁、愤怒和侵犯的可能。所以，低音频的声音就可以被大致理解为“离我远一点”。而高音频的声音则恰好相反，它们表示“我没有恶意的”“靠近我很安全”，或是问“我能过来吗？”

狗的世界中通用语言主要集中在三个侧面：音频的高低、声音的长度和重复的频率。工作于国家动物园的自然学家尤金·莫顿在研究了56种鸟类和哺乳动物的发音规律之后，找到了通用的“音频定律”。就像狗会发出低沉的吼声，大象、老鼠、负鼠、鹈鹕甚至山雀都会有同样的举动。这些低吼声都表示同一个意思：“离我远点”“你惹到我了”“给我停下”。我们从狗那儿听到的抽泣声和哀鸣声，一样可以从犀牛、豚鼠、野鸭和袋熊等动物那里听到。这些高音频的声音也有共同的意思：“我没有恶意的”“我受伤了”“我想要那个”。心理学家已经证明，其实人在无意识之中也运用到了这些通用语言中的一些。当一个人出离愤怒或者试图威胁他人时，他的音频往往会被压低。相反，当一个人试图表现出他的善意或者邀请某人靠近时，他的声音的音频就会上扬。

在音频定律的背后隐藏着一个物理规律，那就是大的物体往往发出比较低的声音。这个很容易理解，你只需想象一下用一个调羹轻拍两个大小不同的空玻璃杯，较大的那个一定会发出相对较低沉的声音。同样，竖琴较长的弦、较长的风琴管、较大体型的动物（因为它们有较长的气管和口腔）都会发出低音频的声音。在进化过程中，那些经常躲着、发出低沉吼声的动物（这些动物往往是大体型且十分危险）就更容易躲避致命的冲突。于是这些动物存活下来，并将这一基因特性传给后代。相反，那些在进化过程中经常发出高音频的哀叫以及抽泣声的体型小、无威胁的动物，将这一特点也传给了它们的后代，于是这就成为一种需要关怀和保护的标志。

进化中的神奇之处在于，经过时间的洗礼，物理上由动物体型大小决定的发声规律成了先天基因所决定的特性，并成为狗的交流行为中的一部分。为了让另外的动物离开或屈服，狗会自动地发出低音频声音，比如咆哮，来暗示相较对方来说自己更为强健而富有攻击性。另一方面，高音频的声音则暗示它们是安全和易于接近的。甚至有些大体型的动物也会通过发出哀叫或抽泣声来告诉对方自己并没有伤害他人的企图。很显然，我们可以知道，发出声音音频的高低和动物的体型大小已经没有很直接的关联，但对进化过程中其他动物对声音本身的反应却至关重要。发出低音频吼声的动物无论体型大小，自然是应该被回避的。出于愤怒的小体型动物一样会让大体型动物感到不寒而栗，退避三舍。正是通过这些对于声音的自然反应，狗群才能回避对抗而保持和谐。

长度规律则是世界进化语言的第二个特征。声音的长度再结合音频高低，就能比较完整地诠释出声音的意义。一般来说，短促的声音通常与强烈的恐惧、痛苦和需求联系在一起。如果一只狗发出短促的高频哀叫声，这对它来说就意味着受伤或受到惊吓。同样的声音如果时间变长，就可能意味着愉悦、乐趣和邀请。一条潜在的规则就是，声音越长，则狗便更加可能正在做出一个清楚的关于信号的含意，以及它随后即将表现出的行为的决定。一只占据统治地位的狗所发出的长时间的低音频吼叫，意味着它要维持自己的地位而不被击垮。急促的低吼则表示狗十分恐惧或者担心无法在攻击下幸存。

第三个进化语言的描述侧面就是对声音的重复频率。重复规则告诉我们高重复率、重复间隔短的声音表明一种深度的兴奋和焦急。若声音被拖长发出且没有重复，则意味着发出声音的狗并没有那样兴奋或兴奋状态已经过去。一只目睹眼前所发生的事情而发出一两声吠叫的幼犬，仅是以此种方式表达自己对事件的兴趣而已。如果幼犬的吠叫变得急促且反复出现，则意味着它情绪亢奋而且身处的状况非常严峻，可能有潜在的危险将要发生。

加利福尼亚州立大学戴维斯分校的索菲娅·威妥玛通过实验表明，可以通过狗的吠叫声来预测它们所处的环境和状况。当狗受到骚扰和威胁时，它们就会发出刺耳的低音频吠叫，而且声音的持续时间很长；高音频而短促的吠叫则意味着嬉闹的邀请。索菲娅·威妥玛同时表示，有些时候当狗非常兴奋时，它们吠叫的重复频率会不断提升，以至最后三四只狗吠叫的声音合在一起，出现一种她称为超级吠叫的场景。

人狗对话

因为狗生来便会发出某些特定的声音，并对其有特定的反应，所以人类通过这些声音来与狗交流并控制狗的行为就成为可能。注意，这并不是指那些后天学得的声音，诸如常用的指令“坐下”，而是狗生来便听得懂的那种。例如，驯狗师常常强调说当你和一只狗交流互动的时候，你说什么并不重要，重要的是你以何种方式说。一些狗训练手册建议使用“坚定，但不具有威胁的语气”，或者是“令人兴奋的，有吸引力的方式”。我曾经在1970年左右与著名的驯狗师及作家芭芭拉·伍德豪斯一起做过一些训练。在训练的过程中，她特地将我叫到一边向我解释如何发音，特别是对于“过来”这样的指令，因为她觉得如果我在语气中有任何一些需求、命令的暗示，都会让狗对指令产生抵触情绪。她接着说：“我经常有一些客户因为不知道如何与狗交流而带着他们的狗到我这儿来求助。对于这样的问题，我始终坚持那些客户应该在没有狗在场的情况下跟着我接受发音的训练，直到我允许他们才可以和狗一起训练。”

威斯康星州立大学麦迪逊分校动物学院的帕特里夏·麦康奈尔，曾致力于研究一些普通的人类所发出的声音是否会引起狗长时间的反应。她发现狗的训练者们通过日常的实践来归纳出哪些声音对狗有用而哪些没有。于是，他们在不知不觉中就接触到了狗的语言的基本构成。如果动物训练者使用比较特定的声音信号，这就会对他们领悟如何最好地与狗沟通产生帮助。为了消除偏见和其他人为因素，麦康奈尔博士对大量的动物拥有者做了专访和记录（总计104人），这些人的母语各异，其中包括英语、西班牙语、瑞典语、德语、波兰语、巴斯克语、秘鲁盖丘亚语、芬兰语、汉语、韩语、阿拉伯语、波斯语、巴基斯坦语和北美印第安部落（纳瓦霍人、肖松尼人、阿拉帕霍人）方言。

麦康奈尔最感兴趣的部分在于用来改变狗的兴奋程度的信号种类，无论是使狗兴奋从而变得更活跃的，还是让狗变得低沉和缓慢的。经过研究，她发现无论驯狗者的语言和文化背景如何，他们用来刺激狗的反应的信号组合在长度和重复的频率上是相当固定的：短促而多次被重复的声音为提高狗的兴奋程度，长而不重复的则恰好相反。不用语言来传达的声音信号（包括重复地拍手、用手拍大腿、响指、舌头发出的“咔嗒”声、接吻的声音、亲吻的声音）都会让狗向着声音的发出者移动。语言的信号则包括“把那个东西取回来”“快一点”等有多个短小音节的词组。在麦康奈尔所研究的2010种此类信号中，没有一种是用来让狗降低兴奋程度和减低移动的。要减缓或停止狗的行动，长时间且不重复的声音信号更为有用，例如英语中的“坐下”“待着”“遏”等。在向狗发出这些指令时，在元音位置的声音和音调要比平日对话时拖得更长。牧羊人用口哨声来控制牧羊犬，两声短哨就是让狗朝着羊群奔去，一声长哨就是让狗停下或躺倒。当牧羊犬朝着羊群奔去时，一声短哨还能起到让它加速的作用。

那么音频规律呢？它对于人类训练员来说就没有用了吗？不，麦康奈尔的研究报告告诉我们其实音频规律也是有用的，只是所起的作用相较其他两条少一些。麦康奈尔发现人类对狗使用的声音信号的音频范围很广（专业上指我们所说的声音的频宽）。拍掌声、舌头的“咔嗒”声、亲吻声都有很宽的频宽，既有高音频的，也有低音频的。如果使用的言语中有较尖锐的声音，诸如k或者t，或者嘶嘶声，诸如ts、sh或者ch，特别是当这些音出现在词尾的时候，这些语言就会让狗进入兴奋状态。诸如Take it（过去拿那个），Let's go（让我们走），Go back（回来）的指令就符合上面的描述。相较于此，Down（放慢或者坐下、蹲下、躺下）就只有较窄的频宽。所以不难发现，驯狗者们其实都是用高频且复杂的词汇让狗开始运动，而用低频的词汇让狗停止和放慢运动。

如果你接受过芭芭拉·伍德豪斯的声音训练课程，她一定会教你如何通过音调音高上的变化来向狗传达指令。当要狗过来时，她会发出指令Come（过来），并特意用升调将声音缩得很短以听上去像两个很短促的词。当要狗起身行走的时候，她会用她自己改编过的词walkies（走），并用同样的方法在第二个音节处升调。“停下”和“坐下”的指令则要用她自己所称的她祖父的声音，当然这些指令是低频的，且拖得很长。同时她也告诉我说，在让狗兴奋、行动起来的时候加上狗的名字会有所帮助，但要狗停下时就不需要加上名字了。显然，加上名字会让指令多出几个音节，比如“过来，莱西”，而要狗停下时不用名字就会让指令保持音节的数量而易于拖长，比如“待——在那儿”。

方言和习语

既然狗的交流沟通方式是基因先天确定的，那么自然在不同的种群间也会有所差异。英国南安普敦大学人类学院的德博拉·古德温、约翰·布拉德肖和斯蒂芬·威肯斯，在研究了10种不同的犬种之后发现确实有所谓的方言存在。每种狗都有一部分与众不同的交流模式。在我们理解这些差异之前，必须了解家畜化的狗与狼之间有何不同。

狗与狼之间最显著的不同可能要归结于动物学上的“幼态持续”，也就是青少年期的特征和行为表现被保留到了成年。简单的理解就是，成年的家畜化的狗其实更像幼年的狼而不是成年的狼。在生理上，一些特定的狼崽的特征诸如鼻口较短、脑袋较宽较圆、耳朵较为松软（成年狼的耳朵是坚挺的）都可以在狗的身上找到。在行为表现上，狗也表现得更像幼狼。它们对玩闹充满兴趣，更为友好、更喜欢受到占据主导地位的同伴的指导和命令。

幼态持续是家畜化的一个自然结果。在遥远的过去，当人类和狗刚开始接触，人类尚未积极寻求将狗家畜化为伙伴和工作帮手之前，狗自身就开始了家畜化的过程。这似乎也是适者生存的进化原则的作用。当狗决定靠近人类居住以期获得食物、而不用冒着生命危险去捕食那些极富攻击性的野生动物的时候，人类与狗的联系便彻底建立起来了。对这些机会主义寄生者来说，最适合生存下来的，当然就是那些让人觉得最友善、最没有威胁的狗，只有这样它们才能接近人类的住处从而获得食物以维持生命。

而当人类开始积极地着力于通过育种来驯化狗这种动物的时

候，进化的压力更是迫使狗变得对人类更为友善。任何新生的、凶狠或是对人类心存畏惧而不敢靠近的狗都不可能在人类的世界里生存下去。不适合当时社会状况的狗当然也不会被保留和姑息，它们会被赶出村庄，甚至直接被杀死。而对人类态度友好的狗则会被发现可以调教，从而更能对人类起到帮助，这些狗就被保存下来代代繁衍。

从基因的角度说，某些特定的事物都是相关联的，只是那些把它们联系起来的线索有时会让人比较惊讶。社会化和对人类友好是狗的幼态持续的两个特征，但它们却和一些生理特征联系到了一起。在选择性育种的过程中，人们除了挑选较有乐趣和容易相处的狗种之外，那些成熟得较慢的狗种也在考虑之列，这样的狗有些甚至在生理上永远不能到达完全成年的阶段而一直保持着幼态持续的状态。此外，在早期的宫廷贵族，养狗仅仅是为了娱乐，那些长得比较可爱的小体型犬（体型比一般小，所以显得眼睛更大更圆，脸也很好玩）就更能得到贵妇人的喜爱，从而被选择性育种保留下来。

南安普敦大学的研究队伍最早是从各家畜化犬种的幼态持续的程度各异这一现象开始研究的。衡量幼态持续程度一个最好的指标，当然就是看各犬种和成年狼在各方面的相似程度。所以，那些看上去更像狼的狗，比如德国牧羊犬、西伯利亚雪橇犬，不仅在生理特征上与狼更为相似，也很少表现出青少年期的行为。另一方面，那些看上去就更像狗宝宝的小犬，比如骑士查理士王小猎犬、法国斗牛犬等，不仅生理上维持着很多青少年期的特征，行为表现上也更像狗宝宝。

第一步，研究者们将被研究的10种狗从成熟程度上进行排序（依幼态持续程度递减）：查理士王小猎犬、诺福克梗、法国斗牛犬、谢德兰牧羊犬、可卡猎鹬犬、明斯特兰德犬、拉布拉多寻回犬、德国牧羊犬、金毛寻回犬、西伯利亚雪橇犬。他们总共考察了15个方面的交流信号，以处在主导地位和被主导地位的行为表现为重。他们的研究结果无论在体型体态还是行为语言上，都与幼态维持的观点相吻合。10种犬种最不成熟的查理士王小猎犬在交流信号的使用上也最为贫乏，在所有考察的15个信号中只会两种。它们所会的两种都是表明需要被呵护的行为，同样的举动可以在三至四周大的狼崽身上看到。查理士王小猎犬所会的社交语言限制了它的成熟程度。相反，10种犬中最为成熟的是西伯利亚雪橇犬，能够完全掌握15种交流信号，在研究过程中也表现得与狼最为接近。在查理士王小猎犬和西伯利亚雪橇犬两者之间的各类犬，成熟度越高，掌握的交流信号种类也越多。此外，在研究中，一种狗在听到别的种类的狗的信号时也会做出反应，这说明它们解读这种先天表现的能力还在，但是由于基因的缘故却基本不会主动去发出其他犬种的信号。

尽管我们了解了基因决定了狗行为表现中的很大一部分，但是并非全部。每只狗若要用于服务人类，都还有很多东西要学。更为重要的是，很多时候它的后天学习可能和它的本性有所冲突，这就演化为一种更为复杂的行为表现。一旦一只狗离开了母亲的子宫，它就要开始伴随其一生的学习和对外界世界的适应过程，这就是我们要在下一章里提到的。

第九章

早期学习

Early Learning

信不信由你，一条对于研究狗十分重要的线索是从对鹅与鸭的研究中得来的。在探讨这点前，我们必须明白，尽管许多行为是由先天基因决定的，但也有不少关键行为是超基因的（顾名思义，超基因就是凌驾于基因之上的）。狗幼年时对环境的经历和互动会对成年之后的行为产生很大的影响，这些影响中的一部分包括对特定行为所伴随的奖励和惩罚的经历。另一些影响则包括人类所没有的学习模式。还有一些我们甚至不能称之为学习，但它们确实在生理构造上对狗脑产生了质的影响。

如果你有幸看到刚出生一天的狗宝宝的大脑，你会发现它非常小，大约只有10立方厘米，大概就是一个成年人从中指指尖到第一节关节这么大。在今后的日子里它会长大很多，狗脑最终会长到大约6千克左右。当狗宝宝8周大的时候，它的脑袋就已经是原来尺寸的5倍大了，大约60立方厘米。再经过8周的成长之后，狗脑会接近80立方厘米。9个月到1岁左右长成最终的大小，约100立方厘米。这也就是说，一天大的狗宝宝的脑袋只有最终大小的10%！

新生的狗宝宝除了脑子非常小之外，其结构也非常不成熟。它看上去像果冻一样，因为将神经联络起来的纤维还没有长成含有脂肪的白色的外壳（称为髓磷脂），而髓磷脂在加速大脑中各个部位的联络，以及隔离各个神经细胞以防受到左近的神经细胞运动的干扰这两个方面起了至关重要的作用。

尽管如此，狗脑在狗宝宝从母亲子宫里降生之前，就可能已经受到周遭环境的作用。有研究表明，如果母亲在怀孕期间受到过多的压力，它的宝宝将来就可能成为比较具有恐惧感的动物。如果母亲在怀孕的最后阶段受到压力，宝宝的学习能力就会低于一般水平，甚至会表现出比较极端和夸张的行为，并且在感情上比较容易激动和反应过度，这是因为压力会使母亲体内分泌出与压力相关的荷尔蒙——皮质类固醇。

另一种对胎儿大脑的影响源自母亲子宫里的兄弟姐妹。数据表明，如果一胎中有太多公狗，过多的雄性荷尔蒙就会外泄到胎浆水中，从而影响到其他胎儿。一只伴随着许多兄弟降生的雌性狗宝宝就会表现出很雄性的一面，这就是它的兄弟们过多外泄的雄性荷尔蒙对她大脑发育的影响。

一旦狗宝宝出世，它的经历就会对它思维的发展产生重要的改变，就像其他的动物一样，比如鹅和鸭。1935年，奥地利的动物行为学家康拉德·洛伦茨观察到，小鹅一从蛋中孵化出来，就跟着父母跑。更奇怪的是，如果鹅是人工孵化的、且周围没有成年的鹅，小鹅就会跟着孵化它们的人跑。而且，当它们长大之后，这些鹅会像对待同伴一样地对待孵化它们的人。更有甚者，公鹅会对着人跳起请求交配的舞蹈，完全不管周围有没有母鹅的存在。洛伦茨将这种过程称为“印刻”（在心理学上，印刻表示动物从生命早期即起作用的一种学习机能）。印刻取决于第一个刺激起小动物学习机能的移动的物体。（在自然中，一般都是它的父母扮演了这个角色。）而这一经验会影响到它一生的行为意识。洛伦茨认为印刻过程的独特之处在于，它是小动物对整个种群特征的全面模仿。就拿鹅来举例子，印刻决定了它对其他鹅的认识。这一早期的学习经验会由它模仿的对象来决定它将来的社会行为表现。

洛伦茨最重要的观察结果在于，在某一个限制的时间段内，动物非常容易进行印刻，他称这段时间为临界期。临界期的确切时间因物种的不同而异。例如，野鸭的临界期是出生后的第14个小时。在这段时间内，它和其他鸭子接触哪怕只有10分钟，也会完成印刻过程。而如果在这段时间内它遇到的是鸡、一个蓝气球或者洛伦茨博士，那么它就会印刻鸡、气球或者动物行为学家。于是在它的脑海里就会形成这样的潜意识，诸如“我就是那个样子的”“我可以和长成这个样子的家伙恋爱甚至交配”，等等。很多物种都只与印刻的对象物种进行社会活动。

临界期的另外一个重要特征是它在特定的年龄之后结束。对野鸭来说，临界期在出生后的两天时结束。在此之后它就不可能再印刻。错过临界期的野鸭，可能就永远不知道自己究竟是什么，也永远不会与其他鸭子交流交配了。

洛伦茨和其他研究临界期的动物行为学家以及心理学家们还发现，不同动物在临界期中的表现是不一样的。例如鸣禽就会通过一个类似印刻的过程来学习自己唱的歌。如果它们在介于出生后几天和一岁之内的时间内听到一首歌，它们就会模仿这首歌，尽管那个时候它们可能还不会唱歌。如果一只12天大的夜莺和一只黑冠鸣鸟被一起关一个星期，下一个春天，当夜莺开始唱歌的时候，它唱的就会是“黑冠鸣鸟之歌”而不是自己的“夜莺之歌”。

早期的印刻有着非常严格的时间划分，并对动物一生的行为表现有长远的影响。这种印刻似乎更容易发生在早熟的动物身上，诸如鹅、鸭、羊和牛。它们都是在发育生长到一个相对成熟的阶段才出生，所以有足够的生理上的保障使它们能尽快学会周围同伴和长辈的行为。这些动物需要尽快地完成印刻过程，这样新生儿才能不离群而被捕食者捕获。而晚熟的动物，新生儿相对缺乏自我帮助的能力，需要长辈进一步的关怀和养育（比如狗和人）。对于它们来说，就不需要这种快速的学习过程。这类动物的新生儿在出生时甚至没有完善成熟的视觉和听觉，在出生几周内也没有走离群体的能力。

在20世纪50年代，在缅因州的巴港，犬类研究设施总监J.保罗·斯科特将临界期这一概念延伸到了狗身上。他将临界期定义为一段特殊时期，在这时所得到的生活经验会对其后的行为产生重大影响。为了相同的行为表现的效果而在不同年龄段中需付出的努力（生活经验），成为衡量这段时期是否处于临界期的重要标准。举个例子，如果一种动物在三个星期大的时候能掌握一种行为，而之后再也无法学得，那么这就是一个严格定义的临界期，正如洛伦茨所观察到的那样。然而，如果在之后的时间里投入相当的努力（比如几小时、几星期甚至几个月），我们最终可以让它学会那种应当在临界期中学会的行为，之后的这段时间虽然不再被称为临界期，但对于这个动物来说同样很重要，因为这段时间内，尽管有些困难，但我们仍然可以让动物发生改变。例如对狗来说，一岁的时候学东西就很简单，之后就会比较困难，但其中仍然有一定的灵活性。科学家们将这段有灵活性的时间称为敏感期。斯科特在巴港的研究就清楚地找到了狗在成长过程中的几个敏感期。

新生期（0—12天）

第一个敏感期是幼犬出生之后的两周。这个时候新生狗宝宝的视觉和听觉系统仍然不成熟，甚至完全没有作用，但它们的其他感官系统已经开始工作（例如味觉和嗅觉），这段时间内幼犬对接触、压力、移动、温度甚至疼痛的变化都十分敏感。事实上，可以说嗅觉是幼犬的第一个铭记过程。

在上一章里我提到过，母狗在生下幼犬后会舔舐幼犬。它用舌头传递这种较为柔和的信息以刺激幼犬的排尿和排便，同时，它的唾液也是它在幼犬降生后给幼犬的第一个信号，就好像在对狗宝宝说："宝宝记住，我是你妈妈，这就是我口水的味道呦。"记住母亲唾液的气味在幼犬刚出生的这段时间里所起作用之关键，比之鹅鸭印刻过程的重要性来有过之而无不及。由于母狗在给幼犬哺乳的时候也会舔舐自己的乳头，这就给了狗宝宝一个气味的记号。相关研究表明，如果母狗的乳头被用肥皂和清水洗过，幼犬就无法找到它们了，这也就解释了为什么要让狗宝宝吮吸人工制造的乳头是如此地困难。即使有的时候你将人工乳头塞进狗宝宝的嘴里，它们也拒不从命，因为人工乳头上并没有其母亲唾液的气味。然而，只要在人工乳头上涂抹上一些其母亲的唾液，幼犬的反应就会截然不同。

在出生一周左右的时间内，幼犬的行为是完全为外界刺激所驱使的。只要它接触到柔软而温暖的物体（通常来说是它的母亲或同胞），它就会安静地躺上几个小时。狗宝宝不仅在排泄的时候需要外界刺激的帮忙，在给它们喂食的时候同样如此。新生的狗崽只有在受到母亲的刺激后才会开始吃东西。从这个角度说，初生幼犬的大脑依然是发育不成熟的，它无法通过大脑中的电波活动来辨别自己是在睡觉还是清醒着。在狗脑有能力对外界事物进行学习之前，它在这段不成熟的日子里的经验会在意识里产生较为长远的影响。

狗在出生的第一天里的行为主要表现为寻求关爱。如果将一只刚出生的小狗从它母亲身边拿走，转而放到一个距它母亲不远的地方，它就会慢慢爬行找妈妈，将脑袋转来转去，一边试图寻找到妈妈唾液的气味，一边用鼻子寻找周围的热量。同时还会发出略带悲伤的吠叫，试着让妈妈发现自己并寻求关爱。

当我们看着这些柔弱无助的小动物的时候，保护它们远离压力和干扰的想法就会油然而生，但从科学上说，这恰恰是错误的。研究清楚地表明，一些柔和的压力，比如触摸、触碰、抚摸，还有诸如温度的变化，都对幼犬早期的成长非常有益。那些在这段敏感时期内受到触摸等柔和压力的狗在长大后更加自信、更少恐惧，面对问题更有解决的方法。因为它们对于自己世界的感性认识更多，所以也不容易被将来会遇到的响声、强光、突发事件所吓倒。其实这并不需要花很多工夫，在一开始的三个星期内，只要每天触摸幼犬三分钟便已足够。这样做的效果是非常有保证的，许多犬类的养育机构及个人（包括美国军犬部队）都在狗的这个年龄段施加持续的触摸等刺激。经过这个程序后，狗在情绪的稳定性、抗压能力、学习能力等方面均有显著提高。

有些关于狗的养育书籍建议在狗的新生期中让其独处，有的则简单地假设母犬能够在这段时间内给予幼犬以足够的刺激，其实这些都是不正确的。在狗的新生期中，人为的触摸是非常有益的。在新生期中最简单的日常做法就是在一窝小狗中逐个用双手抱起，先头高于尾10秒钟，再尾高于头10秒钟，如此往复数次。接着，在自己的手掌上放入一块冰块握成拳，约10秒钟后等冰块融化，再用手去触摸小狗。小狗可能起先会哆嗦一会儿，但由于你的手掌的体温很快会回复，所以实质上你在短时间内为小狗提供了较为温和的温度变化。关于此的另外一种做法是每天把小狗放在较冷的物体表面上一会儿，然后再把它放回摇篮，用手摸它的腹部、脑袋和耳朵。最后再用棉花签轻轻地拨开小狗的掌，在它的脚趾之间用棉花签轻挠。每天进行三至五分钟即可，当然花更多的时间触摸小狗也是无害的。

在狗的新生期中，这一系列的举动是非常有益的，同时也能刺激小狗生理机能的进步。被柔和刺激的小狗大脑的脑电波活动成熟更快，通常也成长得更快，更早能做出协调的动作。

转变期（13—20天）

正如其名称所表示的那样，这段时期内有一个快速的转换和转变。在转变期内幼犬开始到处活动，靠自己进食，接触到来自这个世界的更多讯息。新生期中典型的无助的行为模式也将进而转变成此后的童年、成年中一些典型的行为模式。而这样一个转变过程，仅仅需要一周左右的时间便可完成。处于新生期的狗很难手工喂养，纵然将奶瓶塞给它，它也多少喝得不太情愿。而当一只狗两个星期大的时候，它已经完全可以主动地从奶瓶里喝奶，甚至还会从碟子里取食物吃。当然，它们这个时候的动作尚不熟练，还会经常将食物泼洒出来。但当到了三个星期大的时候，它们已经可以站立着，以一种相当有效率的方式从碗里吃喝。在这一个星期中，幼犬也不再靠腹部的挪动来爬行，而是晃晃悠悠地尝试着站立和行走。

更为重要的是，这个时候幼犬的其他感官系统开始工作。转变期开始的标志便是在13天左右大的时候，小狗睁开双眼。此时当强光射入它的瞳孔的时候，它的瞳孔会收缩，这表明它接收到了光且有所反应，这便是它的眼睛开始工作的有力证明和标志。当然，要再过一段时间它才能对形状和距离有较为精准和可靠的认知。转变期结束的标志则是约20天大的时候耳蜗的张开。耳朵开始工作的最好证据是狗宝宝开始对响声有所反应，诸如金属调羹敲击金属壶的声音。此外，小狗的大脑也开始对脑电波有所反应，可以开始判断和区分睡着、清醒、清醒的程度等几种特定的模式。

也正是在这段时间内，幼犬第一次表现出其对外界的反应。它开始用摇尾巴、吠叫、低吼等方式参与到玩耍嬉闹中来。它也开始有社会意识，同胞的兄弟姐妹在它看来已经不是柔软的热能来源，而是有意义的伙伴。当它被放在一个不熟悉的环境中时，即使它被喂养和照顾得很好，它也会沮丧地哀叫。

转变期是两个敏感期之间的间歇。如果想要小狗将来有更好的发展，在这段时间内就不能停止对其触碰的练习，除此之外还要加上声音的刺激。与狗对话且抚摸它，会让它对人的声音更为熟悉。在小狗的旁边放广播和电视，也是一种对狗宝宝的稳步成长很有益的手段。在这段时间内还要让狗渐渐对一些新的刺激源有所了解。可以在狗窝里放置一些它可以掌控和了解的小玩具。可以把狗带到屋子里的各个角落，最好地板的质地各异、光线各异、背景布置各异。这类刺激会使狗将来在情绪上更为稳定，面对问题也更能沉着、有效地应对。也可以带狗外出，以让它们在这早期的旅行中，以它们自己的方式去看、去嗅周围的世界。

社会化期（4—12周）

再接下来的九个星期就是社会化期，这可能是对狗的一生影响最为关键的时期。这段时间是最为接近临界期定义的时期，一些发生的事情和一些没有出现的刺激，都将会终生塑造狗的行为。但是如果想要在这个过程中不对狗的行为产生任何负面影响是非常困难的，有时甚至是不可能的。

社会化是一个个体认识周遭社会的过程。在这个过程中，它会认识到社会对自己的期待，也大体知道了成为特定社会中有用一员的规则和行为。对一只幼狼来说，它只要知道自己是一只狼，以及在狼的社会如何与其他狼共处就可以了。然而对狗来说就不是如此了，因为狗是被家畜化的动物，它的世界里人也扮演了相当重要的角色，因此狗的社会化过程会复杂得多。一只狗不但要融入狗的社会，还要融入人的社会。这之间就需要一个微妙的平衡，它们既要与人亲近，却又不能因为与人过分亲近而改变自己的本性，或者因为自己的行为而被同类所排斥。它们必须同时接纳狗与人成为其生活的一部分。

实质上，狗可以融入任何一个其他种群的社会之中。例如我就曾经收到过一封电子邮件，里面叙述了在费城的一只幼年杂交梗的奇特遭遇。这只小狗名叫弗拉什，它出生后不到四星期就离开父母被人抱回了费城。因为当时弗拉什还非常小，那户人家就把它和家里刚生了一窝小猫的母猫米尔德丽德放在了一起，希望这些小猫和它做伴。弗拉什的个头和小猫差不多，米尔德丽德也将其视若己出，甚至也像对待其他小猫一样用舌头为它舔舐身体。当弗拉什16个星期大的时候，它的行为表现已经更像一只猫。它最喜欢的玩具都是诸如玩具老鼠、带有铃铛的小球之类的小猫爱玩的玩具。甚至它的一举一动也很像猫，包括走路的姿势和与玩伴嬉闹的动作。其中最令人惊讶的莫过于它学会了最典型的猫的动作：用舌头舔手掌，然后用手掌去清洁自己的身体和耳朵。当同时遇到狗和猫的时候，弗拉什会毫不犹豫地选择与后者待在一起。其实弗拉什的例子本身并没有很多非同寻常的地方，因为在实验室的研究里，幼犬都曾成功地融入兔子、老鼠、猫和猴子的社会。

要使幼犬成功地融入狗的社会，至关重要的一点是必须保证它在社会化期内和自己的同类有足够的接触和联系。为了证明这一观点，J.保罗·斯科特在巴港实验室做了一个很极端但又非常有用的试验。在试验中，一只幼犬在20天大的时候被与同类完全隔离开来。不仅如此，它与人类的联系也很有限，除了有人定时为它提供丰盛充足的食物和水之外，任何人都不准与之玩耍和对话。这意味着，它在出生20天之后和其他狗再也没有任何联系，而和人的联系也被尽可能降至最低。当这只狗四个月大的时候，它又被放回到了同伴之中。此时的它根本不认识自己的同伴，无论是它们的同伴，还是仅仅作为它们的同类。它在关键的社会化期受到隔离，从而完全扭曲了它的个性，以至它再也无法融入到狗和人的社会。这只可怜的小狗错过了融入社会的时机，一旦这些模式在它的脑海中定型，它就再也没有任何机会；在它的余生中，它无论在社交还是性的方面都将试图躲避着自己的同类。

狗融入各种社会的能力与我们将来需要它们为我们所做的事情密切相关。关于社会化的重要性，牧羊犬为我们提供了一个很好的例子。两种牧羊犬成长于同样的环境中，并从小被要求对于同一种刺激物（羊群）做出反应。其中一种为高地牧羊犬，另一种为马雷马牧羊犬、大白熊犬或匈牙利库维斯犬等。两者的区别在于前者牧羊而后者护羊。行为学家曾经认为护牧行为都是先天的。但汉普希尔大学的生物学教授雷蒙德·科平杰则通过研究表明，事实并非如此。

许多拥有纯正的、优良血统的护牧犬，长大后对自己的“本行”力有不逮：它们不是和羊群走散，就是攻击羊群。和狗的早期背景及社会化过程相比，基因的差别对一只护牧犬长大之后是否会成功起的作用非常有限。

一种比较传统的培养训练护牧犬的方式是，让它从小和其将来要护牧的羊群待在一起。从四五周大的时候一直到16周大，除了牧羊人定时喂食，其他的时候则和羊群形影不离，从而它和羊群接触的机会和时间大大增加。一只这样的牧羊犬，和羊群一起长大，也将伴着羊群终老。当捕猎者（比如狼或者山狗）接近羊群时，护牧犬就会不顾一切地向着敌人扑去。它这么做的动机，究竟是为了保护自己的群落，还只是为了确定眼前出现的外来者的身份，尚且不得而知。但无论如何，捕猎者的计划都会因为护牧犬的出现而打乱，并且可能被犬凶狠地咬住（如果下次同一种类的捕猎者再次出现，护牧犬会根据以往的经验而变得更有敌意），或者干脆逃之夭夭。无论哪种结果，都很好地避免了羊群的损失。

有些人推测牧羊犬之所以会保护羊群，是因为它与羊群一起长大就以为自己也是羊，所以保护同类。事实并非如此，牧羊犬清醒地意识到自己是狗。尽管它们融入羊的群体，但是一举一动之间仍然是狗，和羊是有本质不同的。举个例子，当牧羊犬威吓羊时，会露出牙齿低声吼叫，而这是狗的社会交流方式。狗通常会在想要与对方沟通的时候低吼，在得到回应后停止。狗从来不对着猎物吼叫，因为那样只会让猎物有心理准备或伺机逃跑。所以当我们看到一只护牧犬对着羊吼叫的时候，我们就知道它与羊有着成熟的社会联系，就像你和你的狗交流的时候也会说人话、做人的动作一样。尽管你与狗有社会联系，它也能理解你表达的内容，你并不会因此认为你自己就是狗。

通常来说，护牧犬需要融入的群体有三种不同的种别：人、狗、羊。一般情况下，这些看护牲畜的狗最初的6周不仅与羊群一起度过，还有它的同胞兄弟（姐妹）以及一些成年的狗（其中包括它的母亲和真正在羊群中担任护牧作用的成年狗），当然还有牧羊人。这样做给了小狗机会，同时将人、狗、羊当作自己将来社会联系活动的一部分。这样做的诀窍在于，一定要在狗的临界期（3周至12周）内这样做，不然狗的社会化就会失败。

科学研究证明，对狗而言，确实存在着社会化的敏感期。支持这个结果的是巴港犬类实验室的著名试验：野狗试验。在这个试验里，许多幼犬被和它们的母亲一起放在一个空旷的地方，但它们和人的接触被严格限制。这些小狗被分成若干组，每组和人的接触只有一周的时间。在这一周里的每一天，这一组的每只狗都会被带到实验室，然后接受触摸刺激、玩耍，还有人和它们说话。每一组之间的区别在于它们与人接触时它们的年龄各异，有的两周大就开始接触人，然后3周、5周、7周、9周，依次类推。最后一组则是直到14周大的时候才开始与人接触。

研究中，科学家们注意到，当小狗最初与人交流时，每组的表现是各异的。两三周大的小狗只能稍微被静静地坐在它们身边的人所吸引，而5周、7周大的小狗则已经会开心地主动接近人类。而从9周大的那组开始，它们接近人类的意愿又开始下降。同时，它们对陌生人所产生的恐惧也会随组别递增，在9周的那一组达到最高。

在这个试验中最最重要的一组测试，是第14周时狗被从旷野带回到实验室、放在项圈之下的时候。当小狗在项圈的牵制下走过那些为了试验而搭建起来的建筑、并跨上一些台阶（这个时候通常是许多小狗最害怕的部分）的时候，一只从来没有类似经历的小狗会显得很警觉、恐慌，一方面是由于周围的环境对它来说是全然陌生的，另一方面是因为它的移动在项圈的控制下受到约束。如果一只小狗戴着项圈也走得很自在，对站在身边的人也不紧张，那么说明它感到很舒服，有人的情况下也不觉得不安全。这种好的表现也说明它愿意接受人的指挥。通常在通过门廊及进入大片开阔地时的反抗是最强烈的。小狗反抗时会努力挣脱项圈，跑到项圈所允许的离人最远的距离，同时伴以各种吠叫。

在这个实验中，从第5至第9周开始与人接触的狗的表现是最好的。它们基本上都很顺从，需要一点点安抚就好，只是偶尔抗拒，即使反抗也很容易平静。而在临界期之前就开始与人接触的小狗就很难被控制，相比之下，在临界期之后才开始与人接触的则更加糟糕。无论前后，都会显示出极大的恐惧和焦虑。它们会害怕地哀号吠叫，当测试结束之后给它们东西吃以资奖励的时候，它们也往往因为情绪失控而难以下咽。更进一步的研究表明，只有在3至12周这段时间内全方面地与人接触，才能达到最好的社会化效果。

如果在这个社会化期始终都没有与人的接触会怎样？巴港的研究者们用一只小狗做了这样的试验。这只小狗在出生后的14周之内从来没有接触过人类，之后人们尝试着让它成为一只宠物，与人熟识。一位研究员将这只小狗带回家，却发现它极度恐慌。于是，研究员采用了一般用来驯化野生动物的常规手段。首先它的活动会受到禁锢，这样它在与人接触的时候就不会逃跑。其次，他尝试用手喂它吃东西。这样，为了吃到东西，狗就必须与人增加接触。最终这位研究员和他的家庭得以让狗安静下来，并与人有了一些亲密的接触。然而，纵然有这些关怀照顾及社会联系，它也终究无法成为一只与人类社会融合得很好的狗。事实是，这只狗在接下来的一生中依然有时很难控制，一旦有陌生人就会胆怯恐惧。此外，当它的面前有人与狗供它选择的时候，它会毫不犹豫地选择和自己的同类待在一起。

当然，狗与人的接触并非像试验中所需要的那么多。事实上，研究数据告诉我们，只要在小狗4至12周大的时候每周与人接触20分钟，便足以让它非常好地融入社会之中。一些社会互动在这段时间内非常重要，越密集、强度越高，效果自然也越好。将这些互动分散到一个星期中的几天也相当重要。增加与人相处的时间会让狗变得更加自信，对陌生人更少害怕，和它的主人及其家庭之间的感情也会更加紧密牢固。

学习沟通

社会化当然也包括学习将要融入的这个社会中的一些规则规律。作为狗来说，它必须学会理解一些社交符号，以及应当对此做出的适当反应。不可否认，一些社交技巧是从与成年狗的接触交流中习得的，但更多的部分是从和自己的同胞骨肉在一起的时候学到的。一窝生的兄弟姐妹其实是整个群落的缩写，在这里小伙伴们也有自己玩闹、侵犯、性的表现。它们会用一些先天习得的行为模式来证明自己的主导地位，比如凝视对方，用后腿站起直立或者张开嘴咬对方。它们通过其他伙伴对自己做出的行为的反馈，来辨别哪些做法是行之有效的而哪些不是。比如张嘴撕咬就是一个很好的例子。狗在很小的时候就学会如何把握咬的力度，既咬到对方，又不致使对方感到痛或是弄破对方的皮肤。当它们还在喝母奶的时候，如果一只小狗咬妈妈的乳头过重，就会受到惩戒而没有奶吃。然后在和它的同胞成长的过程中，当它咬痛了它们，就会收到非常负面的反馈。对此有一个很好的证据，即那些过早断奶，或者很早就离开同胞的小狗，往往比那些能和同胞一起成长到八周大左右的小狗在咬人时更用力、更狠，却缺乏威慑力。

幼犬们在这段时期内还要学习一些基本的交流技巧。例如，小狗在非常小的时候是不会摇尾巴的。通常第一次摇尾巴出现在出生三周之后。总体来说，当出生30天之后，大约只有一半的小狗将摇尾巴当作一种社交信号。差不多要到49天大的时候，摇尾巴才能为所有小狗所掌握。

为什么小狗们这么晚才会摇尾巴呢？答案是只有当小狗们觉得这对沟通交流有用时才会摇尾巴。当它们只有三周大的时候，它们通常只是吃吃睡睡，彼此之间并没有显著的交流，它们所要做的就是挨在一块儿，一起喝奶，一起取暖，一起睡觉。这时从生理机能上它们已然可以摇尾巴，但是它们并没有那样做。而当它们之间出现交流，特别是玩的时候，摇尾巴的需求就出现了。因为这个时候幼犬仍在学习如何把握咬的力度，所以还是会时常用力过度而弄痛伙伴。当这种情况出现的时候，它可能意识到自己也存在被别人咬的可能，而被它咬痛的同伴也很有可能不再和它继续玩。这个时候，它新掌握（生理机能上）的摇尾巴这项技能就变得有用起来。于是，一旦一方在玩闹中没有控制好咬的力度而弄痛了另一方，此时它就会摇动尾巴俯下前身作示弱状，显然这样的姿态非常有助于事态的和解。

进食的时候是另外一个容易产生冲突从而有必要使用社交信号的时期。当一只小狗崽要吃奶的时候，它不得不和它的小伙伴们挨得非常近，因为母狗身上的乳头分布本来就相对密集。而当它要靠近那些几分钟前还在和它推推搡搡、打打闹闹、互相追逐的伙伴的时候，自然大家都希望在挨着乳头吃奶的时候有一个较为平和、没有敌意的环境和氛围，于是它们都开始摇动尾巴。这时候摇尾巴相当于一份停战协定。再长大一点的时候，当它们要从长辈那里获得食物的时候，它们又会走近长辈，舔它们脸的同时摇动尾巴示好。这可能也就是为什么过于年幼的狗从不摇尾巴，因为它们无须通过传递和平的讯息来获得食物。而一旦当它们需要与其他狗交流，它们就会迅速地掌握摇尾巴这项技能。

那些从一出生就由人手工喂养的狗，从小就没有接触同类的机会，就很少会摇尾巴了。不仅如此，狗摇尾巴的精妙之处它们也就很难把握。例如，它们就无法明白狗高高地竖起尾巴作小幅快速摆动意味着自己占统治地位，对外来者发出威胁，而低摇尾巴则意味着表示自己毫无威胁。这些人工喂养的狗有时会不合时宜地冲向一只狗，而那只狗正在做出表示自己统治地位的尾巴信号，让别人离自己远一点，有时它们也会对那些大幅度慢慢摇动着尾巴做出友好姿态的狗大声咆哮和嘶吼。因为对这种尾巴信号的理解和表达，只有在临界期内才能够学会，一旦时机错过，它们就再也无法从此后遇到的狗身上学会这些了。这样它们就会在接下来的一生中不断犯错，总是与一些毫无敌意的狗争吵争斗。在绝大多数情况下这只是它们自己的问题，因为它们无法理解同伴的尾巴信号，自己也不能做出积极的回应。

一个对小狗的社会性和个性的发展起到关键影响的因素，是当它四周或是五周大的时候，这时它的母亲在某些它需要呵护、关照的时候开始逐渐离开它。这个阶段标志着它寻求关怀、依靠母亲生活的时期结束，也是充满自力更生、统治与被统治的社会生活的开始。母亲逐渐拒绝对小狗抚养的行为，不仅会对幼犬产生即刻的冲击，而且从长期的社会交流、感情等各方面均有深远影响。

斯德哥尔摩大学动物学院的埃里克·威尔森研究了600只德国牧羊犬的幼犬，以及它们在母亲断奶时的表现，具体包括：乳养的时间长度，舐咬的次数，母亲在拒绝再喂养幼犬时所发出的低吼声和表现出的龇牙咧嘴的威胁姿态，母亲细咬和舔舐幼犬的动作等。一些母亲用非常具有威胁性的行为来惩罚那些继续向它索取乳汁的幼犬。而那些受到惩罚的幼犬就会做出被动的姿态，例如靠在母亲的背上想要寻求舔舐安慰；相比之下，那些在更晚的时候才体会到母亲的威胁的小狗，则要晚一些才会有这样的表现。有些母亲具有极端的攻击性，在孩子被赶走之后依然不停止吠叫和威胁。其他的母狗则要温柔许多，不时会伸出爪子安慰自己的孩子。当幼犬最终做出放弃的姿态时，它们就会很用力地舔舐自己的狗宝宝。

母亲在断奶时所表现出的严厉程度会直接影响到它的孩子将来与人类相处的好坏。那些受到严厉惩罚和威胁的幼犬，长大后往往与人的社交沟通比较少，也较为不易接近陌生人。而较为温柔的母亲的孩子长大后也更为友好，更少恐惧。有一种“寻回测试”，其内容是把一个网球扔出去让狗去叼回来。这个测试是反映一只狗最终可不可以被驯化的重要指标。那些不寻回网球，或者只是开了个头，追着球跑出几步，捡到球带了几步又放弃的，都最终很难在长成之后被驯化。而那些较为温柔的母亲的孩子参加这个测试的成绩表现往往会比较好。事实上，当初克拉伦斯·普法芬伯格在发明研究出一系列以导盲犬选材为目的的测试时，他就发现这个寻回测试是用以检测一只狗将来能否完成一系列训练，从而最终成为合格的导盲犬的最好的单个测试。

母亲通过使狗宝宝的行为方式从对自己的单纯的依靠，变成单向的主导与被主导，这无疑将对成长过程中的狗的思想产生影响。学会主导与被主导的社会生活方式，对于幼犬将来的成长发展是必需的。当它依然尝试着要吮吸乳汁、而母亲却还以咆哮低吼的时候，它所感到的与其说是一个比它更大、更强壮的个体（它的母亲）的威胁，倒不如说是一种妥协。从中它意识到了自己的社会地位，也知道了要在社会中扮演一个与自己的能力排名相匹配的角色。研究表明，如果幼犬在完全没有压力和处罚的状况下长到10周大，它们就完全无法被训练了。所以，这里就有一个平衡需要把握。既要让幼犬学会尊重他人，明白威胁的真正意义，又不能让它被过度威胁、惩治，否则，它的情绪反应将影响到日后其行为及其与人和狗的交往。

青春期

较早的研究告诉我们，社会化期大约在狗12周大的时候结束，之后便是青春期，青春期要一直维持到狗约六个月大。这段时间内狗的社会行为表现会逐渐向成年的狗靠拢。然而我们需要明白的是，社会化期的结束并不如我们所认为的那样被明确定义。不同的犬种之间的差异是存在的，有的犬种的社会化期会比一般状况延长一些。幼态持续的程度从某个角度上决定了狗社会化的程度。那些更接近于狼的犬种（有更窄长的脸和更耸长的耳朵），它们社会化期的定义往往更为明确；而那些更接近幼犬的犬种（短脸、大圆眼睛、圆脑袋、耳朵松软），它们的社会化期就会相对较长，而且没有非常明显的结束标志。对于所有的犬种来说，社会化期的结束一般是与对新地方、新个体、新事件日益增加的恐惧感有关。这种对于不熟悉事物的恐慌在约12周到14周的时候达到高潮，这会让它们不愿意再去熟悉周围的陌生事物，社会化期由此结束。

尽管幼犬已经在4至12周大（社会化期）的时候差不多已融入到狗和人的社会之中，但这并没有完全定型，因此还是会有变数。12周大时非常好地社会化了的狗，如果突然在整个青春期中都没有和人与同类的交流接触，也会失去社会化期中的成果，又会表现得像最初完全没有社会化过一样。（当然，如果再对它进行社会化的话，它的状况就会比没有经过社会化过的狗好一些。）社会化过程必须在临界期之内开始，但是在结束的时候却是可以延长、重复几个周期，直至六至八个月大时才结束。

在这段后社会化期里，狗需要接触到它将来生活中将会遇到的各类形形色色的新鲜事物。作为一个人，你当然可以轻松地分辨出无论小孩、留着胡子的男人、戴着帽子的男人女人、披着邋遢雨衣的人、戴着墨镜的人、老年人、拿着藤条、拄着拐杖、坐着轮椅的人，这些都是人。而对狗来说却不是如此，它们会从以下角度来判断，比如在移动方式上的不同、体型大些或者小些、有的外观奇怪一些、有的带着它所不理解的表情。在狗的意识里，这每一种它所不知道的新鲜事物的出现，都可能伴随着潜在的危险，所以对它来说，最好的方法就是逃跑，或者对其有所防范。所以，要训练一只狗，就必须让狗清楚地了解所有这些都是它们的朋友——人类，而不是潜在的威胁。它将来会遇到的牧场里的动物，其他的宠物，另外一些会动、但没有生命的东西（比如电扇、草坪洒水装置、摩托车辆等），都应该让它在这段时间内接触和认识。此外，还需要做的是把它放在一些需要不同社会反应的新的环境和情形之中。举个例子来说，一只狗会在它所熟识的环境当中跳起身子问候一个它认识的人，而同样这个人，如果走在大街上，它就不会做出同样的举动来。

经过了那么多对于社会化的探讨，我们会发现社会化这个过程本身可以分为两个阶段。最初阶段它要明白的是自己是怎样的一个物种，以后又将和谁产生社会关系。这个阶段要产生效果，就必须在一段相对较短的时间内开始。第二个阶段包括狗将知道自己将来所处的社会、世界是怎样的，在这个世界里应该做什么，它的社会又希望它做什么，以及那些将接纳它为成员之一的社会的规则及允许的行为是什么。这个阶段就较为复杂，如果狗能获得很适当的接触机会和经验、经历的话，这个阶段会终其一生——这点和人类的成长其实是颇为相似的。

The Personality of Dogs

第十章

狗的个性

狗具有个性吗？不同种类的狗的个性会有所不同吗？现在，每当谈论狗的时候提到个性这个词，我都可以明显感觉到一些科学界同行会表现得很谨慎，甚至有些畏缩。他们可能会说某些狗容易或不容易激动、好斗、有控制欲、善于交际、情绪化等，但是他们会将这些特点归结为性情上的差异，而不会使用那个专门用于形容人的词——个性。但依旧是这些科学家，在讨论人的个性时，他们还是会用这些一模一样的词来归纳人的特点——因此，他们会说弗雷德有控制欲、好斗，并且易于情绪化，而用善于交际、不冲动、性情温顺来形容苏珊。在使用性情或个性这些词时，我们只是在总结不同情况下被形容的对象所表现出来的行为趋势。因此，按照上面的例子而言，我们是说相对于苏珊来说，弗雷德更有进取心，更愿意尝试着去控制形势。个性是狗的思维过程中一个很有意思的方面，因为这种个性是遗传的基因影响、个体所受的教育和生活经历两方面共同作用的结果。

个性的剖析

寻找一个可以形容狗或人个性的有效方法的难度比想象的要大得多。心理学将人划分为不同的人格类型已有很悠久的历史。希波克拉底是一位生活在公元前400年左右的古希腊的著名医生，他将人格类型划分为以下四种：多血质个性，即兴高采烈、逍遥自在；抑郁质个性，即意志消沉、喜怒无常；胆汁质个性，即好斗、易于激动；粘液质个性，即沉着、反应冷漠。这四种个性类型看起来有一定意义，直到今天，我们的语言中还有按照这种划分产生的词语。如果你形容一个人在面对某件事时表现出了多血质的特征，意思就是说他很好相处、为人乐观；抑郁质就是用来形容人悲伤、意志消沉；粘液质用于形容那种沉默寡言的性格；而俚语“衣领之下热起来”来源于短语“胆汁里面热起来”，被用于形容一个人非常容易生气、烦躁。

不幸的是，一般来说，无论是人还是狗，都很难被划入这种精密的、不连续的分类中去，原因很简单，人和狗的行为模式都太复杂了。即使区分一个人迟钝还是聪明都很不容易，因为很多人都会在某些方面显示出他们的聪明才智，而在另外一些方面又表现得很愚蠢。艾伯特·爱因斯坦就是一个很好的例子。虽然他是一位才华横溢的理论数学家、优秀的科学家，甚至还是一位有天赋的音乐家（他拉小提琴），但在某些方面他的大脑还无法胜任。爱因斯坦并不善于简单的算术，他计算加减法的能力十分差，以至于他个人的支票本与银行的记录经常完全无法吻合。据我了解，有一位极为杰出的化学家不会按照一个简单的方法烘烤一个蛋糕，还有一位非常著名的临床心理学家说不出在训练狗不随地大小便时第一步该做些什么。根据环境的不同，所有人都有可能同时做出聪明和愚蠢的举动的。

当今，行为学家们总会去测量一大堆特殊行为上的倾向性并分别打出分数。我们不能将这种倾向性称为能力，因为它们只是行为上的倾向性，而不是行为上的技能，所以我们称之为个性特点。这些特点会形成一连串或一系列自然且有意义的行为，心理学家将这些行为称为个性因素，但是你也可以将每一个因素都当成一个个性特性。有些简单的问题，比如描述一个人乐于交往的程度，都会涉及至少三个相互独立的方面，它们分别是：（1）合群、倾向于和别人在一起；（2）对待别人非常友好并且快乐；或者（3）提供非正式的社会相互交流影响的机会。上述三个特点会分为不同的等级，将三个方面的结果综合起来，就会看到某个人在社交方面的能力。当对象是狗时，我们可能就会通过观察它们在其他情况下的表现来评价它的社交性，例如狗在与（1）家庭成员、（2）儿童、（3）陌生人和（4）其他的狗之间的交流情况。以上每种交流特点都会得出一个很重要的结果，并且会影响到最后的综合犬类社交性程度的评判。

这种首先通过分析某些个性特性然后加以综合的方法会给我们一个总评的分数，这个分数会告诉我们被分析的对象所显示出的某种特殊个性的强烈程度。这时不用再将各种狗划分到那些相互独立的分类中去了（例如乐于交往型和不乐于交往型），我们需要做的就是排名。例如，我们可以说金毛寻回犬的社交性优于拳师犬，而拳师犬又优于秋田犬。

狗类的个性特性

到现在为止，已经有多项科学实验在对不同种类狗进行排名上，采用了上述这种根据特性来判断某些个性特征的方法。在评价狗的个性时，最大的问题就是如何采集这些数据。早期的研究尝试着将一些不仅可以反映狗的个性差异，而且易于科学家进行观察和研究的行为分离出来。然后，他们对那些和狗有关的专业人员进行了一个调查，认为可以由此得到不同种类的狗的相关特性的资料。

最经典的研究大概是由本杰明和莱内特·哈特在1985年进行的，这个实验所采用的数据均来自那些其工作和狗相关的专业人员，现在他们在与加利福尼亚大学戴维斯分校动物行为研究中心一起合作。在收集数据的过程中，他们发现并不是其工作与狗有关的所有专家都能提供他们所需的信息。哈特等人最初认为，最好的狗个性鉴定专家应该是狗服从能力鉴定专家、狗外型鉴定专家、专业的狗训练师和小型动物诊所的兽医。但是在初步的拜访中，他们发现狗外形鉴定专家是不合适的，在被要求从一群混有不同种类的狗中选出最出色的狗并进行排名时，他们总是表现得很勉强，因为他们认为这种做法会在以后的工作中对某些狗产生偏见。同时，专业的狗训练师也不是一个很好的信息来源，因为他们中的大多数在一段时间内所训练的狗的种类数是有限的，这就达不到实验人员采集样本时所需要的广阔的视野。最终，哈特等人从48位狗服从能力鉴定专家和48位兽医那里采集到了数据，这些专家的任务就是对56种最常见的狗种类进行排名（最常见的标准来自在美国狗俱乐部注册的各种狗数量的统计）。

被邀请的每一位专家都要在13项不同的个性特征上对狗进行

排名，这些个性特征是：一般的活动性、兴奋性、过度咆哮的可能性、对其他狗的进攻性、咬儿童的可能性、对主人的支配性、领地的防御力、看门时的犬吠程度、破坏能力、有趣的程度、对关注的需求程度、可训练性和被训练不随地大小便的难易程度。下面给出的例子有助于我们了解每一个特征所代表的内容。例如，兴奋性的数据是按照下面的要求得出的："狗在正常的情况下会很冷静，但是在某些时候会变得非常激动，比方说门铃响时，或它的主人向门口走去时。狗的这一特征让某些人非常反感。请将狗的种类按照从最不容易激动到最容易激动的顺序进行排列。"虽然在训练狗不随地大小便的难易程度方面、在狗的破坏能力方面，以及狗对关注的需求程度方面，专家们的看法很不一致，但是他们对其他大部分行为倾向性上的排名意见都非常一致。然后，将这些数据输入功能强大的计算机分析，最终我们得到了几个非常重要的结果。

其中一个非常有趣的结果，就是狗的某些性格差异来自于狗的性别，而不是狗的种类。总体来说，公狗更容易显示出对主人的支配性和对其他狗的攻击性；它们往往还更有趣、具有更高的一般活动性和领地的防御力，但是公狗也更容易攻击儿童。从另外一个方面来说，母狗在服从训练中表现得更好，而且也很容易对其进行不随地大小便的训练，同时它们对关注的需求相对于公狗来说也更高。但公狗和母狗在兴奋性、看门时犬吠的程度和过度咆哮的可能性方面没有任何差别。

下面所列出的是不同种类的狗在所有13项个性特征中的11项的大致排名（在后面我们将专门讨论可训练性这一项）。所列出的有每个特征排名中排名最靠前（前10%）和最靠后（后10%）的种类名称。每组中，排名的顺序也是从高到低。

在我们看来，下面所列出的第一批个性特征都与狗的活动能力和社交性有关。

一般的活动性

高：丝毛梗、吉娃娃、迷你雪纳瑞犬、猎狐梗、爱尔兰雪达犬和西部高地白梗

低：巴赛特猎犬、寻血猎犬、英国斗牛犬、纽芬兰犬、高地牧羊犬和圣伯纳犬

兴奋性

高：苏格兰梗、约克夏梗犬、丝毛梗、迷你雪纳瑞犬、西部高地白梗和猎狐梗

低：寻血猎犬、巴赛特猎犬、纽芬兰犬、澳洲牧羊犬、乞沙比克猎犬和罗威那犬

过度咆哮的可能性

高：约克夏梗犬、凯恩梗、迷你雪纳瑞犬、西部高地白梗、猎狐梗和猎兔犬

低：寻血猎犬、金毛寻回犬、纽芬兰犬、秋田犬、罗威那犬和乞沙比克猎犬

在上述狗的活动能力和社交性特征中，我们发现大量的寻回犬种类都排名靠前，而猎犬和像纽芬兰犬之类的那种身材高大结实、但身长短小的狗排名都很靠后。这一方面的个性看来对于家庭中人与狗之间的关系很重要。最近在澳大利亚墨尔本开展的一个狗主人调查显示，在由狗行为所引发的不满中，这些狗主人抱怨最多的是狗的过度兴奋（有63%的狗主人感到不满），以及与过度兴奋有关的一些特殊行为，也就是狗跳到人的身上（有56%的狗主人感到不满）。同时，冲向人和过度地发出犬吠声同样与高度兴奋有关，它

们也是狗主人抱怨的重点。

接下来让我们来讨论一下狗的一些与控制性和攻击性有关的行为特征。

对于其他狗的攻击性

高：西伯利亚雪橇犬、西部高地白梗、苏格兰梗、松狮犬、猎狐梗和迷你雪纳瑞犬

低：金毛寻回犬、纽芬兰犬、不列塔尼猎犬、卷毛比雄犬、谢德兰牧羊犬和寻血猎犬

咬儿童的可能性

高：苏格兰梗、迷你雪纳瑞犬、西部高地白梗、松狮犬、约克夏梗和松鼠犬

低：金毛寻回犬、拉布拉多寻回犬、纽芬兰犬、寻血猎犬、巴赛特猎犬和高地牧羊犬

对于主人的支配性

高：猎狐梗、西伯利亚雪橇犬、阿富汗猎犬、迷你雪纳瑞犬、松狮犬和苏格兰梗

低：金毛寻回犬、澳洲牧羊犬、谢德兰牧羊犬、高地牧羊犬、不列塔尼猎犬和寻血猎犬

领地的防御力

高：杜宾犬、秋田犬、迷你雪纳瑞犬、德国牧羊犬和松狮犬

低：巴赛特猎犬、寻血猎犬、不列塔尼猎犬、金毛寻回犬、八哥犬和卷毛比雄犬

看门时犬吠的程度

高：罗威那犬、德国牧羊犬、杜宾犬、苏格兰梗、西部高地白梗和迷你雪纳瑞犬

低：寻血猎犬、纽芬兰犬、圣伯纳犬、巴赛特猎犬、维兹拉犬和挪威猎麋犬

破坏能力

高：西部高地白梗、爱尔兰雪达犬、万能梗犬、德国牧羊犬、西伯利亚雪橇犬和猎狐梗

低：寻血猎犬、英国斗牛犬、北京犬、金毛寻回犬、纽芬兰犬和秋田犬

作为传统的警戒犬，例如杜宾犬、罗威那犬和德国牧羊犬，看起来都具有相对高的攻击性和控制性的特点，同时几种梗虽然在体积上比较矮小，但是也在这一方面显示出过人之处。哈特的排名所显示出的攻击性和控制性方面的特点中，最小的种类是猎犬、寻回犬和像纽芬兰犬之类的体型高大的工作犬。有的人可能很奇怪为什么在这些排名中没有“比特斗牛梗犬”这一名字，因为这一种类的梗犬现在很流行。我要说明的是，在这个调查进行的时候，比特斗牛梗犬还不是很流行，所以没有被涵盖进来。

研究人员没有单独将社交性这一特点拿出来说明，但是确实测量了两项与狗的社交能力相关的特点，分别是有趣的程度和对于爱和关注的需求程度。

有趣的程度

高：标准贵妇犬、万能梗、凯恩梗、迷你雪纳瑞犬、英国史宾格犬和爱尔兰雪达犬

低：寻血猎犬、英国斗牛犬、松狮犬、巴赛特猎犬、圣伯纳犬和阿拉斯加雪橇犬

对于关爱的需求

高：拉萨犬、波士顿梗、英国史宾格犬、可卡猎鹬犬、玩赏贵妇犬和迷你贵妇犬

低：松狮犬、秋田犬、寻血猎犬、罗威那犬、巴赛特猎犬和高地牧羊犬

最后，这项调查还对不同狗的可训练性进行了排名。我们将在后面讨论狗的学习和智力时再专门探讨这个重要特征。

大约在哈特进行调查的20年后，我也开展了一个类似的调查，将不同种类的狗以22种行为尺度进行了排名。本次试验的目的，是调查不同种类的狗是否具有一些特征，这些特征让这些狗与一些特定的人类个性或多或少相符。我这次试验的信息来源是93位狗类专家，其中包括兽医、具有多种狗训练经验的驯狗师、狗多种能力的鉴定专家（服从能力、形态、田野测试、寻找和营救能力、追踪能力和梗犬的测试等）、几位专门写作有关狗主题的作家、一些犬类动物心理学家和行为分析师。本项实验尽量涵盖所有1995年在美国狗窝俱乐部和加拿大狗窝俱乐部注册的所有狗的种类，这样一来我们比较的范围将更宽。这些专家不需要对所有狗的种类进行排名，但是必须完成数据分析所需要的至少一种狗的20项排名。最终我们得到了133种狗的有效数据。

首先，在一项综合了好几种特点的排名中，我将最靠前的狗种类列了出来，这一项包括控制性、攻击性和防御性三个方面的特性。为了方便起见，我将它称为具有很高控制性的狗。由于我所列出的这个表比哈特的排名表大了很多，所以以下狗种类的名称是根据其英文名称首字母排列出的。

具有很高控制性的狗

秋田犬	德国短毛指示犬
美国史特富郡梗	巨型雪纳瑞犬
比利时玛利诺犬	哥顿塞特犬
比利时牧羊犬	可蒙犬
比利时坦比连犬	库维斯犬
拳师犬	马雷马牧羊犬
伯瑞犬	波利犬
牛头梗	罗得西亚脊背犬
斗牛马士提夫犬	罗威那犬
乞沙比克猎犬	雪纳瑞犬
松狮犬	斯塔福郡斗牛梗
杜宾犬	威玛猎犬
德国牧羊犬	

我的这个列表和哈特原来的结果有很大的重复。两者之间的一个很大的不同就是，相对于原先的调查结果，那些体积较小的梗，在我邀请的专家所进行的排名中，控制性、攻击性和防御性三个方面的排名都靠后了一些。这主要是由于本次调查的狗种类数目大大增加了。当然这些小个的梗在这些个性特征上的排名要高于平均数，只不过没有排到最前面的那一部分罢了。

本次研究还特别针对狗的一些特性进行了调查，这些特性都是与其社交性相关，包括与家人、儿童、陌生人和其他狗之间的情感。在这项排名中最靠前的犬种分列如下：

社交性

万能梗犬	平毛寻回犬
猎兔犬	金毛寻回犬
古代长须牧羊犬	爱尔兰雪达犬
卷毛比雄犬	荷兰毛狮犬
边境梗	拉布拉多寻回犬
不列塔尼猎犬	迷你贵妇犬
查理士王小猎犬	纽芬兰犬
克伦伯犬	斯柯舍诱鸭犬
可卡猎鹬犬	古代英国牧羊犬
高地牧羊犬	葡萄牙水犬
卷毛寻回犬	八哥犬
英国可卡猎鹬犬	爱尔兰软毛梗
英国雪达犬	标准贵妇犬
英国史宾格犬	西藏梗
英国玩赏猎鹬犬	维兹拉犬
田野猎犬	威尔士史宾格犬

同样，上面的一组所列出的犬种数目比哈特所列出的多，这只是因为本次调查采样的犬种数目比以前增多了。也许最有意思的一个结果就是，在具有高控制性和社交性两项排名中，位居前列的犬种没有任何重合。这表明，我在本次调查中所邀请的专家将狗的防御和攻击倾向看成社交性的相反面。这还表明，我邀请的这些专家头脑中的评判标准是一维的，控制欲是一端，而友谊是标准的另外一端。

知识渊博的专家所进行的这些排名是非常有用的，但来自各行业的专家对某一种狗在个性上优于另外一种狗的原因所给出的解释也有不同之处，这表明外部因素会影响到狗的个性评估。这些因素包括专业人士与狗相处时所处的环境和地点，因为地点毫无疑问会影响到狗个性特征的展现。因此，一只德国牧羊犬在屋里围着自己的家人转的时候就会表现得很有控制欲，并且爱出风头，但是当它在执行工作任务或遇到陌生人的时候，这种情绪会大大降低。下面的例子就可以为我们清楚地表明这种由于外部因素对不同专业人员的判断所造成的影响。古代英国牧羊犬在兴奋性这一项排名中，狗服从能力鉴定专家打出第五名，而兽医给出的评价则很低，排名仅仅为第35名。在过度咆哮的可能性这一项中，狗服从能力鉴定专家给德国短毛指示犬的评价是第四名，而兽医将其排在第43名。在领地的防御力一项中，斑点犬在狗服从能力鉴定专家的排名中是第六，而在兽医的排名中则相当低，只排列第53名。因此，狗所表现出来的个性特征在不同的地方、面对不同的人是不相同的。

客观地测试狗的个性

大量的实验人员在对不同犬种的个性进行排名时，都通过可控制的因素保持实验条件的一致，以最终取得更加稳定或者更加客观的结果。这样的测试结果是非常难以得到的，因为这其中会耗费大量的时间、费用和精力。假设实验时要测试在美国狗窝俱乐部注册的160种狗，并且每一犬种需要测试50只，那么这就意味着总共有8000只狗需要进行测试。按每天测试四只狗，一周工作五天（而且没有休长假的时间）来算，这就需要花费超过七年的时间。

幸运的是，已经有各种中心对狗进行了很多年的性情测试，而且测试的对象都是从一些从事服务工作的狗中挑选出的，包括特殊的警犬、寻找爆炸物和毒品的狗、搜寻和营救的狗、专为盲人服务的导盲犬和帮助人辨听声音的狗等。更加幸运的是，某些测试中心将参加测试的狗的数据保留了下来。也许世界上把这一类数据收集最完整的是瑞典工作犬协会，该协会收集了从1997年到2000年四年间来自世界上235个测试点的所有数据。一共有来自164个犬种的15329只狗接受了这种标准化的行为测试。然后，两位个体生态学研究者对上述数据进行了统计分析，这两位分别是来自瑞典斯德哥尔摩大学的肯斯·施瓦茨贝格和来自丹麦腓特烈堡的皇家兽医和农业大学的比约恩·福克曼，这项实验为我们现在进行的调查提供了最好的信息资料来源。

他们所采用的评估方式被称作“狗的精神评估测试”，这是一个很好的工具，主要用于帮助那些致力于提高工作犬繁殖能力的科研人员。这些测试的目的，是通过将幼犬的行为反应和它们父母的反应相对比，以了解个性特征是否可以通过基因而遗传。后来，这一测试方法迅速被许多瑞典的狗繁殖俱乐部所采用，作为狗性情的一个基本测试。

在整个测试过程中，狗会被领进几个完全不同的陌生环境中，然后由一些经过特殊训练的观察者使用标准化的记分单，来测试狗在各种环境中的反应。测试中包含的十个子测试都是按照固定的顺序排列的，这样一来，每只狗测试时的相同经历，有助于我们将结果在不同犬种和不同的测试点之间进行有效的比较。每个测试都被有计划地安排在了树木繁茂的区域中一条小路的不同位置，这样一来可以在相对较短的时间内完成更多数量的狗的此类测试。对于每一项测试来说，除了有一个鉴定专家观察并给狗的反应打分外，还需要几位助手做其他工作。

完整的程序包括对狗社交性的测试，例如社会交流测验，这一实验将会对狗遇到一个陌生人时的反应进行评定。在有趣性实验中，测试的是狗与一个友好的陌生人一起玩耍的意愿程度。通过观察狗对一个覆盖有毛皮、并且做不规则移动的物体的反应，就可以评价出狗对追击的直觉。狗对于被动约束的反应测试可以在下面的情形下进行：让一只狗在脖子上套有项圈，在离训练者10米（即33英尺）远的地方待三分钟，并对它的反应进行评估。狗的勇敢和自信是通过以下的几个实验进行测量的：其中一个是在被测试狗的面前突然弹出一个人形的模型；还有一个实验，会在狗身边的一块金属板上拉拽铁链弄出很响的金属声；还有一个实验中还会出现枪声；在其中的一个“幽灵测试”中，会有两个头部蒙有白布的蒙面人缓缓地接近测试对象。上述的每个实验中狗都会表现出一系列不同的反应，有的被立刻震惊、有的表现出害怕和极度回避某些东西、有的表现出很强的攻击性并发出威胁，还有的则非常镇定，信心十足地去调查面前那些陌生的物体和环境。

通过对实验数据的分析，可以获得一个非常重要的发现，这就是狗的个性结构可以用五个基本的特点来描述：社交性、好奇心连带恐怖、有趣性、对于追逐的本能和攻击性。这种分类中有一个有趣的现象：对于寻回犬和猎犬来说，有趣性和社交性合并成为了一个单独的特点。

使用国际犬业联盟（简称FCI）所定义的种群概念，并在不同种群之间的狗进行比较，可以得到下面的结论。伴随犬、牧羊犬和牧牛犬（不包括保护家畜的狗）在有趣性一项上都获得了最高的分数。而获得最低分的犬种就是所谓的原始犬种，这种狗看起来与狼或其他野生犬类动物无论在身体特征还是行为特点上都非常相似。这种狗中最常见的是波美拉尼亚丝毛犬种，其包括大部分的北欧雪橇犬和打猎犬（经常有的一种说法就是如果你能找到一只北部的狼，并且能够让它的尾巴弯曲，那么你就有了一只灰色的阿拉斯加雪橇犬或西伯利亚雪橇犬）。原始犬种的第二组包括贝吉生犬、卡罗来纳犬和迦南犬。由于这些原始犬种与野生犬种非常接近，它们在有趣性一项上得分很低也是没有什么奇怪的。这些原始犬种在社交性一项上的表现也相当差。但是它们在追逐的本能一项上得分相当高，总体的攻击性也很强。与之相对比的是，波美拉尼亚丝毛犬种虽然在有趣性上的排名很低，但是它却能表现出相当的社交能力。

由于这些特点有很多重复，所以研究人员进行了更加深入的统计分析，他们发现可以将除攻击性之外的所有特点进行合并，成为一个涵盖范围很广的个性特征，叫作胆怯—勇敢联合体。在这一个性特点上，排名靠前的就是很勇敢的狗，这种狗总是表现得非常积极，对其他的狗类同伴和人表现得很有兴趣，而且富有好奇心，面对新鲜的物体和环境很少表现出害怕的情绪。与此相对的，那些在这一个性特点上排名靠后的，就是那些很胆怯的狗，它们对于游戏没有任何兴趣，对于陌生的环境总是表现得很害羞、小心谨慎，并且有逃避的情绪。其他研究人员发现，狼身上也能显示出狗的这种胆怯—勇敢联合体的个性特点，这表明一直以来，我们驯化的努力仅仅使得不同狗的种类沿着一种始终保持着进化的稳定性的性情特征起伏移动。通过这一联合体对不同的犬种进行比较时，我们发现最勇敢的狗是比利时玛利诺犬，这种狗经常被用作警犬或探测有毒和爆炸物质的狗，除此之外拉布拉多寻回犬和平毛寻回犬也非常勇敢。同时，我们还很惊讶地发现品舍狗、短毛高地牧羊犬和罗德西亚背脊犬都属于那些最害羞的犬种。

个性方面的重要性在一个独立的研究部分中得到了体现，在这一研究中，施瓦茨贝格将精力集中在德国牧羊犬和比利时坦比连犬

（与比利时玛利诺犬非常相似，只是身上的皮毛更长一些）之间。这里，他研究的是是否可以通过一只独立的狗在个性特征，特别是胆怯—勇敢联合体这一特点上的排名，来预测它在完成一些特殊任务时的表现，这些任务都是一些需要用到狗的军事和警察任务，包括追踪、寻找、传递消息和保护驯狗员等任务。该研究的一个很有意思的结果就是，它证明了公狗比母狗表现得更加勇敢，而且还表明了犬种上的差异，即德国牧羊犬是两种狗中更勇敢的犬种。但是本次研究最重要的发现还在于，无论是性别还是犬种的差异，总是那些表现得最勇敢的狗在服务工作的训练中完成得最出色。勇敢的狗看起来更容易被训练成工作犬。

遗传与个性

因为种类和性别不同，上述研究表明狗的个性会有所差异。性别和犬种都是由遗传决定的，所以我们猜想至少在一定程度上而言，狗的个性也是由遗传所决定的。那些声称可以繁殖出具有人们要求的性情、外貌和声音的幼犬的动物饲养者所依赖的就是这一猜想。有的时候这种饲养是非常偶然的，比如来自不列颠哥伦比亚省维多利亚的L.M.伍德女士就是很好的一个例子，就是这位伍德女士开创了凯恩梗的“梅利塔”（melita）这一分支。凯恩梗是小型猎犬中非常有意思的一种，但有的时候它会表现得很有进取心和控制性，在某些时候会让你觉得它在故意和你对着干。伍德女士十分不喜欢自己养的凯恩梗的这种习惯。由于伍德女士是将所有的狗养在一起的，所以她可以观察到狗之间的相互影响，并且只选择繁育那些相当随和、对其他的狗类同伴不会自发攻击的凯恩梗。在以这种方法管理了大约四十年之后，伍德女士最终繁育出了一种被所有凯恩梗的爱好者们都赞不绝口的品种，这种狗不仅外貌招人喜欢，而且还具有平静及和蔼可亲的个性。

更多系统性的研究数据显示，狗的个性遗传决定论出自几个其他的地方。其中一个非常有意思的研究是由英国剑桥大学临床兽医学系的安东尼·波德贝尔奇克和宾夕法尼亚大学兽医学院的詹姆斯·瑟普尔共同开展的，其中詹姆斯·瑟普尔还是专门研究英国可卡猎鹬犬的攻击性的专家。虽然这一犬种曾经非常流行，但是在20世纪80年代早期，关于它过强的攻击性有许多负面的报道。与此同时，英国动物行为研究中心的创始人罗杰·马格弗德发表了一些报告，他表示由于行为问题而到他的门诊接受治疗的狗中，英国可卡猎鹬犬排在第三。也许马格弗德报告中最有意思的方面是，在那些具有攻击性问题的可卡猎鹬犬中，有74%的皮毛是纯红色或纯金色的。这一点无疑能引起人们的兴趣，因为很显然皮毛的颜色是由遗传所决定的。

波德贝尔奇克和瑟普尔决定系统地测试一下马格弗德的临床观察结果。通过对1109只英国可卡猎鹬犬资料的研究，他们认定在这一犬种中，皮毛的颜色是与狗的个性相联系的。并且，他们发现在多种情况下，纯色犬比杂色犬显示出了更多的攻击性。在所有纯色英国可卡猎鹬犬中，红色和金色的狗相对于黑色的来说更具有攻击性。公狗比母狗的攻击性也更为强烈。这些观察结果都毫无疑问地将狗的遗传特征和其攻击的个性联系到了一起。

一组来自伯尔尼大学动物遗传、营养和居住学会的研究人员，也非常关注狗的各种性情特点是否来自于遗传。他们采用的数据来自瑞士德国牧羊犬俱乐部自1978年至2000年间为3497只狗进行的测试结果。这个俱乐部还采用标准的测试对狗进行选择，挑出那些具有高稳定性、自信心和韧劲的德国牧羊犬，因为这些个性都是优秀的服务犬的基本潜质。这一俱乐部显然相信狗个性的遗传决定论，因为所有的会员都是根据这种个性测验的分数来决定哪些狗可以进行繁殖，他们相信可以通过控制那些个性不受欢迎的狗的基因组成来加强繁殖工作。

这些瑞士研究人员确定基因对于他们所测量的所有个性特征都有很重要的影响。除此之外，对于个性的这种选择性繁育计划看起来也是很管用的。经过长期的数据统计、并且按照这些数据来进行狗繁育的22年中，所测量的大部分个性特征都有了适度且稳定的提高。在最近几年中，这种增长的速率变缓慢了，这有可能是因为早期的增长已经接近了峰值。因此在现今，只有大约8%的狗在这项测试中个性没有发生明显的变化，这也就意味着那种基于个性测试的成绩来选择可以进行繁育、并最终通过改变基因的方式来改良狗个性的方法所起的作用现在越来越小了。

混合和匹配狗的个性

在前面一章中我们提到过来自伯克利的哈斯佩尔·勒内，他承担了狗基因组项目的工作，任务是绘制狗的遗传密码。勒内在研究的最开始选取的就是一只名叫格里高利的边境牧羊犬（这是以创立遗传学的19世纪修道士格里高利·孟德尔的名字命名的）和一只名叫胡椒的纽芬兰犬（因为它是黑色的），后来在实验中这两只狗繁育了后代。格里高利、胡椒和它们的七个后代（科学上标记为F1代）、23个孙子辈（标记为F2代）只是一个长期计划的一部分，这一计划的目的就是通过可用于调查DNA的最新技术来测定犬类动物的基因。

勒内之所以选择边境牧羊犬和纽芬兰犬有两个原因。首先，他要求两种狗无论在行为上还是在体格上都完全不同。其次，狗基因组的计划需要伯克利附近的志愿者家庭来照料这些幼犬，所以这些幼犬在某种方面必须是非常吸引人的。每个家庭在收养一只幼犬的同时必须保证正确地抚养幼犬，并且在它的有生之年一直坚持下去（或者退还给勒内）。除此之外，如果所领养的幼犬是雌性的话，他们必须同意让这只母犬与由项目成员指定的一只公犬进行交配，以产出自己的幼犬。

从个性上来讲，两个犬种是完全不同的。纽芬兰犬是那种很随和、很懂感情的狗，保护主人，忠诚，轻易不会被噪音所惊吓，也不会被周围的事物所干扰。同时，纽芬兰犬不会过于兴奋，更喜欢走而不是跑。边境牧羊犬则恰恰相反。虽然它显得很友好，实际上它对于工作的专心程度大大多于对周围的人的关心。边境牧羊犬虽然热情且注意力集中，但很容易被周围突然出现的那些吸引注意力的事物打扰而心神不安。当你进入一间屋子的时候，纽芬兰犬会用肘轻轻地推一下你，希望你给它一点注意和关爱，而边境牧羊犬则会以匆匆一瞥的方式来表明知道你的到来，然后又回去继续追猫。

当格里高利和胡椒交配之后，它们的幼犬（F1代）确实成了具有五种个性特征的混合体，这也正是本次项目研究的对象，这五种个性特征分别是对于关爱的渴望、激动地犬吠、吃惊反应、与狗类同伴的交往和盯着看的可能性，其中最后一个是一种非常有控制性的行为，经常被用来给其他动物和人显示出自己的影响力。总体来说，这些F1代幼犬的个性应该介于双亲之间，比边境牧羊犬的爸爸更加有感情和更加随和，同时相对于纽芬兰犬的妈妈来说也更加热情、更加容易激动。当F1代的幼犬互相交配（生出了F2代幼犬）之后，这些F2代幼犬的个性特点竟然成为了一个独一无二且无法预知的混合体。F2代中的一只幼犬对关爱还是很渴望，也不太容易被惊吓（这两点都是纽芬兰犬的个性特征），但它与周围其他狗的交往似乎不怎么好，很少发出犬吠声，经常使用威胁性的目光盯着其他同伴（这些都是边境牧羊犬的个性特征）。另一只F2代的幼犬对人也很有感情，与别的狗的交往也不错（纽芬兰犬的特征），但是经常采用那种有支配欲的眼神进行交流和盯着别人看（边境牧羊犬的个性特征）。同时，在家中犬吠的次数也是它祖辈双亲犬吠特征的混合体，次数多于边境牧羊犬，而少于纽芬兰犬。F2代的23个成员几乎展示了祖辈双亲个性特征的各种组合，这些特征在它们F1代的父母身上是以一种混乱的方式平衡的，但当基因重新组合之后，某些个性又显示了出来并得到了加强，而且这种组合在它们纯种的祖辈双亲那里是从未见过的。

虽然类似于上述的现代研究最终可以轻易地告诉我们，到底是哪个基因促使纽芬兰犬对人那么友善，又是哪个基因使边境牧羊犬如此容易受惊，但人类试图改变狗个性的活动也是由来已久的。我曾经在法国的一个修道院看到过一本以繁殖出质量优秀的狗而闻名的操作手册。这本手册对于狗繁殖方式的描述在今天看起来非常离奇有趣。最为特别的是，僧侣被要求将选择性繁殖的目标放在那些显示出具有显著的“基督徒特点”的狗身上，这些特点分别是忠诚、友善、合作和最重要的——服从。

寻找最出色的导盲犬

克拉伦斯·普法芬伯格是推动导盲犬训练和选择项目发展的一位非常重要的人物，他为我们证明了系统性和选择性繁殖方法是多么美妙地产出了具有特殊个性特点的狗。在20世纪40年代中期，当他第一次涉足导盲犬的选择和训练的时候，参加培训的狗中只有

9%成功地完成了训练项目。普法芬伯格被如此低的成功率困扰得心神不安，并最终开发出了一系列检测狗学习和解决问题能力的测试，它可以帮助我们预测出究竟哪只狗可以完全学会与导盲相关的复杂的服从任务。但最终，普法芬伯格发现狗的智力还不足以完成这个测试。即使那些已经通过学习和解决问题训练、甚至是那些完成得非常出色的狗也无法通过这个测试。与此同时，他还发现狗的个性因素相当重要。为了成为一只优秀的导盲犬，它不仅需要足够的智力，还需要一套合适的个性特征。

普法芬伯格采用选择和繁育那些兼具合适的个性与智力的方法来实践上述那套理论。在20世纪50年代末期，他将狗完成项目的成功率从9%提高到了90%。如果个性特点组合得合适，它可以使狗有效地发挥其智慧，并最终成为一只绝对服从的优秀工作犬，而有的个性组合反而会干扰狗本身的能力，阻碍能力的正常发挥。

普法芬伯格将系统繁育导盲犬项目的记录都完整保存了下来。由于任何一只狗和它的双亲都接受了智力和个性的测试（特别是可怕性、攻击性、社交性和对于工作的动机等方面），这些资料给普法芬伯格提供了在个性和智力的基因遗传方面非常客观的信息。这些记录显示出很多个性特征都是遗传的（包括为人类服务的意愿在内）。普法芬伯格还为我们证明了幼崽的个性是可以通过它父母的个性而直接预测出来的。在评分系统中，对狗的工作意愿这一项的打分有一个范围，最低分为0，最高分为5。有一回，普法芬伯格将一只名叫奥丁的德国牧羊犬与一只名叫格蕾琴的雌性德国牧羊犬进行交配，其中奥丁在这项测试中获得了最高的5分，而格蕾琴的得分为4分。普法芬伯格希望这对德国牧羊犬生出的幼犬的得分位于父辈双亲的得分之间。当他对六只幼犬测试之后，结果是其中四只的得分为5，而另外两只的得分为4。因此，双亲的个性是可以通过遗传传递到后代身上去的。

狗个性中的遗传因素还为我们揭示了各种狗的区域性差异。相对于在欧洲繁育的同种狗来说，在北美繁殖的杜宾犬和罗威那犬更加冷静，也不经常采取攻击行动，这是两方面因素共同作用的结果：北美的狗饲养者刻意将狗的个性调教得温和了一些，使它更多地被作为宠物而接受；而欧洲的狗饲养员则对那种有时被称为火一样的性格的个性进行了刻意的选择和奖励，而这一词语其实就是对那种攻击性倾向意愿的一种委婉的表达方式。

当个性出错的时候

也许证明遗传对于狗个性影响的最好的例证就是观察极端的个性状况。实际上，狗一般是被用于许多个性紊乱的遗传基础研究的。宾夕法尼亚大学兽医学院的卡伦·欧威奥和康奈尔大学的格雷戈里·阿克兰认为，狗和人共同具有一些源自个性混乱的心理学问题。例如，狗身上的恐惧感和分离焦虑与人类某种对于社交和依恋问题的担忧是非常相似的。而且狗的这种恐惧感与人身上的某种一般性的焦虑紊乱有着许多共同的特点。除此之外，某些对人有效的治疗方法对于狗来说也同样适用。

过度恐慌、无端的害怕和恐惧、那些导致攻击他人的冲动控制紊乱以及强迫症等症状，不仅在人身上会出现，狗也同样。狗与人的DNA非常相似，以至于科学家们相信，如果能够绘制出犬类动物身上那些导致某种个性缺陷的基因的位置，就有助于确定人身上与这种心理问题相关的基因。按照这一方法，我们还可以了解到正常个性遗传的自然状态的一些信息。

选择性的繁殖可以为我们带来一种狗，这种狗无论在身体方面还是行为特征方面都能达到我们的期望。但是这一过程对于基因库的大小有着非常严格的限制。比如，我们在选择一只其各方面特性都能达到我们要求的公犬与一只各方面特性差不多的母犬进行交配的时候，这只母犬就非常有可能是我们所选择的那只公犬的女儿或者妹妹。很显然，这种方式的近亲繁殖一般会延续狗身上那种我们需要的特点，但是还会导致某些有害的隐性基因的出现。一般来说，在纯种狗近亲繁殖了几代之后就会出现某些行为和身体上的问题，这些问题不仅与遗传的因素相关，而且也是以前从未出现过的。

对于心理学家和遗传学家来说，任何极端的和不正常的行为都为他们带来了一个特殊的机会来研究遗传在复杂行为中的影响。在狗的范围内研究上述问题会大大降低研究的难度，这是因为事实上狗的遗传同质性要远远超过任何一种人在遗传上的同质性。同时还有一个事实也会对这一实验起到很大的推动作用，这就是狗的后代比人的后代要多，因此交配后生出的幼犬中具有实验人员所要求的那种特征的概率大大增加了。对具有复杂特征的遗传学进行分类是非常不容易的，但当你的实验对象众多，并且同时采用近亲交配和杂交的方式进行时，问题的难度将会明显降低。

关于遗传对狗个性问题的影响，最早的研究始于20世纪40年代。一位著名的临床心理学家弗里德里克·查尔斯·索恩从那时就开始研究了一只名叫保拉的巴赛特猎犬，这只狗的问题是很害羞，非常容易受到惊吓、紧张，并且会咬任何一位向它伸出手的陌生人。如果是人具有上述相似的问题，我们会说这是社交恐惧和一般性焦虑紊乱的症状。但是保拉，这只显示出了巴赛特猎犬应有帅气的狗频繁地生育，最终产下了数量众多的后代。显然，这只一害怕就咬人的狗将它那种极端和不良的个性特点也遗传了下来。在59只与保拉相关的后代中，其中的43只（占到了总数的73%）表现得害羞、不友善，并且极力避免与人交往。索恩的研究还表明这种症状是一种主动性基因作用的结果，他还认为狗的一般性训练和学习方法对于这一个性特点的矫正几乎不会起作用。

根据索恩的报告，那些个性紊乱的狗中被研究得最多的是阿帕拉契·安妮的后裔，这种英国指示犬生出了一种叫作紧张指示犬的犬种。安妮非常容易害怕，以至于不能用于打猎，无法作为你打猎时一个合格的伙伴；不仅如此，当有人接近的时候，它也会感到恐惧。菲亚特维尔市的阿肯色大学和小石城的荣民医院的一组精神病学家和心理学家接收了安妮，并且开始选择性地培育一种容易感到恐惧的指示犬作为实验的测试对象，希望最终可以找到治疗这种神经衰弱症的方法。虽然一般的行为治疗法对于这种狗是不起什么作用的，但是实验人员还是持续地繁育这种狗，因为它正好提供了行为紊乱症状的动物模式。

这些可怜的动物研究对象确实非常容易感到恐惧。我曾经见到过一只名叫“四月”的这种狗。小狗四月和与它同窝出生的幼犬生活在一个很大的狗窝中，这一狗窝中所有的狗都是研究的对象。当我一走近狗窝，四月就被惊吓住了。但是与正常受惊的狗不同，这些狗会跑开并找一个地方躲起来，而它仅仅是待在原地不动。它的瞳孔变大，下颚附近的肌肉绷紧，腰窝附近圆鼓鼓的肌肉也开始剧烈拉伸甚至开始战栗。四月的前腿张开，后背弯成弓形，尾巴掖在身体的下方卷了起来，整个就是一只恐惧的狗的典型状态。因为有过许多与受惊的小狗共处的经历，我使用了一般让狗冷静下来的方法。当我抚摸它的脑袋和柔软的耳朵时，这只在惊吓中待在原地的狗没有做出任何动作。即使在我远离它，蹲在一个它视力范围外的角落中观察它的时候，它还是一动不动。大约过了几分钟以后，小狗四月才缓缓地转过头来检查了一下它的狗窝，大约是在确定我是否真的离开了。在这一接触后，实验人员立刻对它进行了一次血检，结果显示它的身体系统中含有大量的皮质醇。这是肾上腺在非常紧张时才会释放出的一种荷尔蒙。

在小狗四月所生的小指示犬中，并非都有这样的症状，这是因为四月的父辈双亲自己也是由一只正常的狗和一只容易紧张的狗所生的。像我们所讨论过的其他个性特点一样，这些由它的祖辈双亲或曾祖辈双亲携带的隐性害怕基因只会在某些个体身上显示出来。那些生活在实验室中与小狗四月同窝出生的大多数幼犬表现得都很正常，这证明它们具有普通的英国指示犬那种友好的性情。当我接近并抚摸它们的时候，它们会跳跃、舔我并发出犬吠声，而且当我在周围转的时候，它们会从后面跟随着我。它们看起来像是一直在和我做游戏，在我离开狗窝的时候表现得非常失望，其中一两只还发出那种哀伤的表示“回来吧！”的犬吠声以吸引我的注意。

这种用于培育优良指示犬的选择性繁育方法，很有可能就是产生那种神经紧张、恐慌时一动不动的指示犬的原因。指示犬用来指示方向、寻找小鸟或盯着一个固定的方向，并且在主人发出下一个命令前保持姿势一动不动。从行为学的角度讲，心理学家们认为这种指示行为与取向反应非常相似，而且这一反应的特点就是原地不动。取向反应（有时被称为取向反射）可以被认为是一种“这是什么？”的反射。它是一种特殊的身体反应，可以帮助我们“接收”刺激，并且进一步“纳入”思考。在发生这种反应时，狗的脑袋和眼睛都转向刺激的方向。如果它的耳朵能动的话，也会转向那个吸引注意力的方向。而且，狗的鼻孔会突然张开狠狠地吸气，同时它还会注视并监视发生在目标周围的任何响动。这种指示的特点可能就是那种有着不正常取向反应的选择性繁育的狗。指示犬的繁育人员很早就知道，即使在犬种最好的猎犬中，某些最早掌握指示行为并且指示得最正确的狗也会非常紧张和恐惧，以致不能成为令人信赖的猎犬。正是这一事实将我们重新带回到了对阿帕拉契·安妮和四月的讨论中。似乎那种产生指示行为的基因和产生紧张感觉的基因是相互联系的。一只正常的狗会首先面向小鸟、小兔子或其他猎物的方向，然后要么追逐它，要么转过身去重新回到原来的活动中。一只神经上正常的狗（除指示犬外）是不会保持指示方面的姿势不变、脑袋和眼睛都望向被追逐猎物的方向的。看起来，正是对于那种能够在保持固定姿势的情况下指示出小鸟所在方向的行为能力的繁育，导致了某些狗在面对其他事情的时候在惊恐中一动不动。

愤怒综合征

许多狗饲养员都没有注意到，当他们为了某一种特性而繁育狗的同时，不管这种特性是身体上的还是行为上的，都有可能同时繁育出其他一些狗身上不希望看到或不喜欢的特点。比如，与其他狗相比，某些史宾格犬在咬人之前不会发出任何警告。而且这种咬人的事件还经常发生在社交环境中，狗的主人也声称，狗在咬人之前一般是不会发出任何警告的。但这种行为不是一个普遍现象，因为大多数与控制性相关的喜欢攻击的狗与史宾格犬的习惯都不同，它们在攻击前会持续地增加威胁的程度，在采取每一步行动之前都会给出明确的信号。它们一般是先盯着你并且咆哮，然后嘴皮翻卷，接下来是一个警告性的咬，但不会与目标有任何接触，或仅仅是象征性地做出一个咬的动作，最后当上述的警告全部完成后，它才会真正地去咬目标。这些行为通常会给被威胁的目标足够的撤退时间，以避免双方之间可能的身体冲突。但是史宾格犬通常会从第一步的威胁性地盯着你（这一行为在本文的后面会被描述成懒散的一瞥）直接过渡到全力的攻击，省略了中间所有的过程。如果有哪个人会在没有警告的情况下突然进行攻击，这一行为就会被心理学家描述成为对冲动缺乏控制的证据，这种缺乏会导致动作的过激。这种突然性的攻击是暴力的、令人震惊和无法预料的，它被人称为史宾格犬的愤怒综合征。

当宾夕法尼亚大学兽医学院的伊拉娜·赖斯纳对狗的愤怒综合征做了研究之后，她发现那些最严重的事件起因都可以归结为血统，这表明那是一个遗传的问题。同时，她还发现具有这种攻击特点的狗的生物化学成分与其他狗不同，这也部分地证明了她的结论。赖斯纳所研究的许多狗中血液系统内的复合胺含量不正常，通常都很低。在人群中，复合胺含量低下的症状通常出现在暴力性精神病人身上，以及有暴力袭击他人前科的监狱中的犯人身上。复合胺是存在于大脑的某些通道中的一种神经传递素，它有冷静情绪的作用。实验人员表示，在大多数哺乳动物中，增加复合胺的含量可以降低控制性的冲突中进行攻击的可能性。

如果某个家族中的狗患有愤怒综合征，当你看到这个家族的后代狗时，你会被它优雅的行为和自信的表情所震惊。这也就是问题的所在。史宾格犬的饲养员所需要的狗在绕圈表演中昂首阔步，即使在表示它要向前冲的姿势时头也不会太靠前。史宾格犬的这种姿态和步态是由几个基因共同产生的。狗的这种理想移动姿势与它在打猎和攻击时的姿势非常相似，所以可以认为就是那些控制着狗优雅的走路姿势的基因起到了另外一个作用，即在狗的进化过程中同时也为狗带来了这种既主动、又无理的对人的身体攻击。因此，在繁育那种具有优雅移动姿势的狗的同时，我们也培养了这种特殊的史宾格犬，它在冲动时刻会对他人展开攻击。

一个源自杰克·伦敦的诸多小说（例如《野性的呼唤》）的神话表明，北部的狗——例如美国阿拉斯加雪橇犬或西伯利亚雪橇犬——之所以富有攻击性，那是因为它们是一种原始的狗，类似于自然世界中的狼。但事实是，这种被用来拖拉雪橇的北方犬种需要一种团队合作的感觉，所以它们在客观的社交性测验中获得了相当高的分数就没有人惊讶了。在漫长的旅途中，那些在出发时处于领跑位置的狗，在中途会被例行公事地换到其他的位置（甚至短时间脱掉绳具），这些都是为了避免它耗尽体力。但是有的具有很强的社交控制性和攻击性的狗就会认为这是不可接受的，如果感觉被从领跑的位置换下来是对它地位的一种挑战时，它就会打架。繁育雪橇犬的目标是培育出能够团队合作，并且对驾驭雪橇的人和处于领跑位置的同伴都非常尊重的狗。但是在某些培育西伯利亚雪橇犬的例子中，选择性地培育出对别人和同伴给予足够尊重的狗的同时，也会导致狗的过度害羞。

康奈尔大学的格雷戈里·埃克兰饲养着这种害羞的西伯利亚雪橇犬。这些狗是一只名叫伯爵的很帅的狗的后代，小狗伯爵是由一位狗饲养者捐献给埃克兰的研究项目的，这位狗饲养者发现伯爵的害羞是非常痛苦的。伯爵在主人身边时的表现很正常，但当有陌生人在周围时，它就表现得极度恐惧，并拒绝任何交往和接触。埃克兰采用了选择性繁殖的方法来研究这种害羞是否与遗传相关。首先，他将伯爵与一只雌性猎兔犬进行交配，然后将它们生出的一只害羞的雌犬与另外一只雄性的猎兔犬进行交配。实验的结果是在第二代的幼犬中有两只非常害羞的公犬，这就证明了这一个性特征是可以遗传的。持续的繁殖显示出不同代的幼犬所显现的害羞程度是不同的，这表明这种害羞涉及了好几个基因的参与，它们的作用集中在一起产生了这种个性特征。

这种害羞的雪橇犬所显示出的焦虑与那种紧张的指示犬不同。与那种神经紧张的、在恐惧中一动不动的行为相比，雪橇犬会显示出和其他任何狗具有同样形式的恐惧和服从，但是程度会大大加强，并走向极端。我曾经遇到过一只害羞的西伯利亚雪橇犬，名叫仙蒂，它一见到我就立刻跑到了狗窝的后面，转过它的脑袋避免与双眼接触和挑战性的暗示。这些行为与一只很顺从的狗在遇到一只控制性很强的狗的挑战时的反应很相似。即使我缓缓地接近它，并用温柔的高音调话语使它安心，但它还是极力回避我。当我接近的时候，它首先垂下耳朵、放低脑袋，然后试图跑到狗窝的一角躲起来，身体向墙的方向退去，虽然头一直转开着，但是那张看似紧闭的嘴留下了一丝唾液，显得十分紧张。雪橇犬明显的害怕和不高兴的表情，与小狗四月在恐惧中一动不动的状态完全不同。

有证据表明，那种导致指示犬和雪橇犬上述不正常行为的原因，与导致人极度紧张紊乱的原因是非常相似的。乳酸是一种在牛奶中增加酸味的无害添加剂，它也会在运动后给我们的肌肉带来疼痛感，也正是这个物质触发了恐惧的指示犬和害羞的雪橇犬在极度紧张的状态下的攻击行为。如果人的血液中也添加了这一物质，那么人所展示出的某种恐慌症与狗的上述反应是完全一致的。如果长时间地每天保持接触，人会与害羞的雪橇犬培养出一种更加融洽的关系（虽然它对陌生人的第一反应还是害怕）。但是对于紧张的指示犬来说，它永远是不可接触的，也不会与任何人建立一种融洽的关系，即使是那些它已经非常熟悉的人。

像上述那样的研究对这种具有稀有、极端的个性紊乱的狗是非常重要的，因为它可以为我们证明遗传因素对于狗的个性控制的程度。

幼犬的个性测试

由于遗传对于狗个性的巨大作用，通过对幼犬举动的观察应该可以预测出它在成年之后的行为。事实上，幼犬性情测试已经被一些狗饲养者用来为一些特殊的家庭或特殊的环境选择合适的狗。那些证明早期的幼犬个性测试的准确性和有效性的数据中，大部分都存在着实验对象很少或不具有普遍性的问题，但其中的某些结果还是很有趣的。比如普法芬伯格声称，如果一只年轻的幼犬愿意去寻回那个被驯狗员扔出的娱乐用的物体，这就是表明他长大以后会成为一只优秀的工作犬。普法芬伯格就将这种办法作为他的诸多实验之一，目的是为了选择那些可以被培养成为合格的导盲犬的幼犬。

第一个系统地、大范围衡量幼犬的个性，以预测它们在成年之后行为的尝试，是由福地项目工程完成的，这个项目是20世纪二三十年代在瑞士进行的。组织这一项目的公益性机构的目的是培育完美的服务犬，这不仅包括为盲人服务的导盲犬，还有其他各种目的的服务犬。虽然这个项目当时只测试了德国牧羊犬这一个犬种，但是它建立了完备的测试体系，其中一系列的个性测试可以适合于各种种类的狗。

著名的动物心理学家威廉·坎贝尔（美国兽医行为学协会的创始人之一）拓展了普法芬伯格的工作，最终建立了一套简单的测试方法，可以被狗饲养者和狗的主人所采用。坎贝尔着重于狗在四个方面的个性特点。首先是兴奋与抑制。一只很兴奋的狗会对任何形式的刺激做出反应，而一只抑制力强的狗则会更好地进行自我控制。第二是主动的与被动的防御倾向，对于威胁的主动反应是上去咬对手，而被动的反应则是避免对抗，使自己冷静下来或跑开。剩下的两个分别是狗在社会背景中的控制性与服从性，以及狗的社交性，这一因素是用来衡量一只狗是选择主动与人接触，还是喜欢自我独立，也就是独处一个。

一种现在大概最为流行的幼犬个性测试，是经由两位富有天赋和创新精神的狗行为学家约阿希姆和温迪·福尔哈德发展而来的。他们的幼犬态度测试不仅采用了前人（福地项目工程、普法芬伯格和坎贝尔）的一些有用的元素，还添加了两个由艾略特·汉弗莱和吕西安·华纳提出的专门适用于工作犬的测试，其中的一个是声音敏感性测试（一只对于声音十分敏感的狗在听到很响的声音时会感到害怕，例如枪声和大声喊出的命令），另外一个就是接触的敏感性测试（一只对于接触十分敏感的狗是很难训练的，因为任何采用项圈和狗绳的纠正动作的方式都会引发它的抵抗反应）。福尔哈德和约阿希姆将这上述实验整合到了一个系统的测试中，并且添加了一个易于理解的打分系统。虽然有些狗行为专家在将其用于某些特殊的用途时，对这个测试的程序或打分标准进行了修改，但幼犬态度测试在北美还是最流行的个性测试程序，不仅狗的饲养者会使用它，而且一些有远见的狗购买者也会采用这一方法在挑选幼犬时进行衡量。

最新的科学研究对幼犬性情测试的有效性提出了质疑。对于是否能通过观察幼犬的性情来了解它成年之后行为的最大的验证性测试，是由斯德哥尔摩大学动物学系的埃里克·维尔松和瑞典农业科技大学动物繁育与遗传学系的派瑞克·松德格伦共同开展的。他们所采用的数据最初是由瑞典陆军学校的一套客观行为测试得出的，后来经过了瑞典狗训练中心的标准化修正。瑞典狗训练中心是20世纪30年代以来欧洲最大的训练和繁育服务犬的中心，它繁育和培训出了瑞典人所使用的大部分警犬、向导犬、防卫犬和麻醉药品探测犬。

作为选择过程的一部分，所有的幼犬都须经过测试，以决定它们是否具有成为优秀服务犬的性情。测试关注于在八周大小的幼犬之间差异非常大的个性特征，而且这些个性特征也是大多其他幼犬测试的一部分——社交性、独立性、害怕感、竞争性、一般的活动性和探测的行为。该测试中还包括物品寻回测试，这与普法芬伯格和福尔哈德所采用的方法非常相似。在后来的测试中，幼犬们生活于私人的家中，并在15到20个月大小的时候回到中心进行下一步的测试（有可能还参加某一个训练项目的选拔）。所有的测试数据来自630只德国牧羊幼犬，实验人员在测试完成后还要将幼犬在八周大小时的性情测试的分数与一岁半时的分数相比较。比较的结果非常令人失望，因为没有任何证据可以显示幼犬的分数预测出了它们在成年之后的个性。其他几个数据采集量较小的研究也得出了同样的结果。

当个性测试有效时

在表面上看起来，早期幼犬的个性测试之所以令人惊讶地失败，是因为虽然某一特征是由遗传所决定的，但它需要一段时间才能显现出来。一个很好的例子就是男性的谢顶，这种特征也是由遗传决定的，但在人到30岁之后，甚至直到50岁或年龄更大的时候才会明显地显现出来。类似于这种延迟显示的情况也同样适用于狗的某些个性特点。虽然基因可以使某些行为在狗成年时显现出来，但是对于幼犬来说这些特点还是不明显的，或者说是不足以被检测出来的。

狗的一些稳定的个性方式也需要足够的时间才会出现。波恩大学对德国牧羊犬个性特征的遗传学研究表明，即使是某些能很明显地显现出来的遗传特点，例如自信，在狗的一生中也是不断变化的。在他们的数据中，我们可以清楚地看到狗在18个月到30个月之间自信心在稳定地增强。事实上，狗在五岁之前，它自信心的稳定水平是不会达到极限的。该研究表明，对这种方面的个性来说，那些对幼犬测试后所做出的预测是不十分可靠的。

澳大利亚詹姆斯·库克大学的迈克尔·戈达德和罗尔夫·拜尔哈茨将研究的重点放在了狗的恐惧感上，这个特征在可预测方面与其他特征不同，是一个例外，因为对12周大小的幼犬进行性情测试，就可以预见出它在成年后是否非常容易感到害怕。恐惧感是一个特别重要的个性特征，因为它是一只狗之不适合参加导盲犬项目的最普遍的原因。但是，只有在幼犬六个月大小的时候进行预测，其结果才会更加可信。换句话说，虽然这个方面的性情在早期的幼犬测试中就可以被探测并预测到，但是对于年龄稍大的狗做出的预测更能反映它在成年之后的个性特征。

在维尔松和松德格伦的那个大型研究，即让瑞典狗训练中心否认幼犬测试能够准确预测其成年后的个性的实验之后，实验人员继续对1310只德国牧羊犬和797只拉布拉多寻回犬的10种个性特征进行了检验。前后两次检测的差别是，后一次测试时这些狗的年龄都变大了一些，在15个月到20个月之间。这时的年龄非常关键，因为狗在该年龄段刚刚脱离了青春期，狗的很多变化都是在青春期内快速完成的，青春期之后，很多个性也就确定了下来。后来这个测试的结果与前一次完全不同，无论是在有效性还是可靠性方面都大大增强。对这一年龄段狗的测试被证明可以很好地预测出它们在成年后作为服务犬的表现。预测结果的可靠性还可以使实验人员明白哪些个性特点的组合会使狗在学习一个特定的任务时取得成功（或失败）。而且，对处于青春期的狗或年轻的成年犬的测试结果，可以让我们了解哪只狗会在将来成为我们人类最好的伙伴。

个性比基因更加重要

虽然个性倾向中还有很大一部分遗传的因素，但是狗在早期的经历对它成年后的个性还是有一定的塑造作用的。克拉伦斯·普法芬伯格证明，充足的社会化或对于社会接触的缺乏都可以导致早期幼犬个性测试的结论无效。他首先测试了大量幼犬的个性特点，然后从那些通过了所有测试的幼犬中选取了154只，它们的平均年龄在七周大小。如果测试结果有效的话，这些狗在遗传的个性方面都应该具有先天的优势，应该可以成功地完成那些导盲犬的训练项目。

在测试之前，所有普法芬伯格的狗都生活在狗窝中，与人几乎没有任何接触。但是在测试后，那些通过测试的幼犬都被饲养在私人家中。在那里，它们被逐步社会化，学习基本的服从命令，并且与人建立感情的联系。在完成测试的时候，所有的狗都在七到八周大小的样子，正好处在敏感阶段，如果它们在遇到人或事很怕羞、感到不安全并极力回避的话，那么与人的接触在这一阶段中是极其关键和重要的。但不幸的是，并不是所有的狗在完成测试之后都能马上找到愿意领养自己的家庭。普法芬伯格发现当最后所有的狗都被带回测试中心进行训练时，正是它们早期的社会化经历，成为是否能够成功地完成项目所必需的性格的决定因素。在那些通过所有测试并且被寄养在家中不足一周的幼犬中（那时的年龄大约在八周大小），90%的狗完成了训练项目，并最终成为了导盲犬。那些在完成测试之后又在狗窝中待了大于一周而不到两周时间的幼犬（那时的年龄大约在九到十周大小），在训练中的表现并不是十分好，合格率大概在85%左右。而那些完成测试之后在狗窝中待了大于两周而不到三周的幼犬中（那时的年龄大约在九到十周大小），它们完成训练项目的能力大大地降低了，只有超过一半的幼犬完成了训练，并最终成为了导盲犬。最后是那些完成测试之后又在狗窝中待了超过三周的幼犬（那时的年龄大于12周），只有不到三分之一的幼犬通过了训练项目，最终成为了导盲犬。失败的最普遍原因是恐惧感、过于兴奋、害羞、攻击他人或缺乏合作精神。

这一实验的重要性在于，参加测试的所有幼犬都已经通过了幼犬性情测验，这证明它们已经具有了一定的基本个性，这种个性是饲养者在繁育它们时希望其在成年后所从事的工作中所应具备的基本个性，但最终是它们自身的经历，而不是遗传的先天优势决定了它们的真实个性。狗的犬种和血统非常重要，但它们的作用仅仅是促使或预先设计出该狗能够具备某种性情。任何一个犬种中两只不同的狗之间的差别，要远远大于不同的犬种和血统间的差别。

那是不是意味着在狗还很年轻时我们就完全无法预测出它的个性呢？这种其答案只有是与否的问题是科学家永远无法回答的。所有事情的可能性都是均等的，许多个性特点的遗传原理告诉我们，可以通过观察幼犬的父亲和母亲的个性来了解幼犬的某些先天不足和个性上的潜力与优势。这至少可以引导我们找到那些最有可能在成年之后满足我们要求的幼犬。在一窝幼犬中进行选择的时候，幼犬的性别因素就显得非常重要。研究表明公犬更加稳定，不容易受到惊吓，也具有更大的动力和更强的动机来完成任务。与此同时，公犬还具有更多的社会控制性及更强的防御倾向，也更容易在面对威胁时采用攻击作为反应。

在更仔细地观察了幼犬间的不同之处后，研究人员发现那些体积更大一些的幼犬显示出的控制性更强烈，完成任务的动力也更大，对于负面事件的反应不容易太过激，而且还能显示出一些作为成年犬的强烈的防御倾向。虽然这种体型上的差异在以后对于预测两种性别的狗都适用，但这种预测对于雌性的幼犬来说更加重要。最后一点是，那些还在狗窝中就显示出最强烈的激动和恐惧感的幼犬，在长大之后很可能也是非常容易激动和害怕的。但是这些差异会达到怎样的极端，将取决于幼犬离开狗窝后在新家中的早期饲养环境和社会化的程度。简单来说，虽然基因会使幼犬偏向一个特定的个性类型，但幼犬的饲养者和它的新主人在早期的生活中带给它的经历和社会化的因素，才会最终塑造出狗的主要个性来。

第十一章

情感的学习

作为一名心理学家，在谈论狗的话题时，如果要将狗的思想和我自身研究的主题分开讨论是不可能的。同时，作为一个驯狗员，我还明白了解狗是怎样学习以及狗为何要学习，远比了解任何一项驯狗技巧要重要得多。

很多优秀的驯狗书籍都在驯狗技巧方面给了我们手把手的指导。但是，通过浏览这些书你可以发现，例如教小狗莱西坐下，或者训练小狗罗夫气味跟踪等具体的驯狗方法中哪种最好，到现在还没有共识。五六十年前，大多数驯狗员采用的方法，是在狗没有按照要求正确做出动作时拉狗脖子上的皮圈以纠正错误，并在它表现优异时给予奖赏。在那以后，狗的训练方法有了很大的改进。现在的方法则多种多样，例如指令奖赏法、动机驱动训练法、游戏训练法、行为俘获训练法、身体提示训练法、引诱—奖赏法、自动训练法、拉狗绳训练法和各种其他方法。以上这些方法至少在一定程度上是有效的，但是具体哪种方法效果更好，取决于该种方法是否遵循狗进行学习的基本原理。

如果你知道为什么狗要学习和狗是怎样学习的，你就不会拘泥于一种特定的训练方法。对于不同的问题，你可以自己尝试不同的办法，然后找出你所处的环境中最适合训练小狗的方法。正因如此，我将介绍一些关于狗学习的基本原理和一些关键的数据，这些数据都表明狗与人的学习状况十分相似，而且相似的程度大大超过了我们原来的想象。在这些讨论中，我将尽量避免使用科学上的术语（虽然这会使我的同僚们很生气），这样将会使这些原理理解起来更加容易。当一些原理之间相似或相近时，我将尽量使用最恰当的语言解释清楚。

种类与学习速度的关系

众所周知，不同的狗学习的速度是不一样的，至少在训练狗不同的反应速度就可以证明。在本杰明和莱内特·哈特的研究中，96位专家（兽医和狗鉴定家）根据可量化的个性特征将56种狗按训练的难易程度进行了排名。根据这个结果，最容易训练和最难训练的21种狗如下（从最易到最难的顺序）：

容易训练的：澳洲牧羊犬、杜宾犬、谢德兰牧羊犬、标准贵妇犬、德国牧羊犬、迷你贵妇犬、英国史宾格犬、金毛寻回犬、牧羊犬、乞沙比克寻回犬、拉布拉多寻回犬

难训练的：北京犬、松鼠犬、八哥犬、吉娃娃、西部高地白梗、猎兔犬、巴赛特猎犬、阿富汗猎犬、猎狐梗、松狮犬

在完成这个调查的10年后，我自己开展了一个范围更大的调查，狗的种类从56种扩大到了110种。在这个调查中，我依据的是狗的工作技能和服从能力，也就是大家常说的可训练性。根据我邀请的199位狗服从能力鉴定专家（这个数字大约占到美国和加拿大所有狗服从能力鉴定专家总人数的一半）的研究，最易训练的20%的狗的种类是（从易到难的顺序）：

边界牧羊犬	迷你雪纳瑞犬
贵宾犬	英国史宾格犬
德国牧羊犬	比利时坦比连犬
金毛寻回犬	西帕凯犬
杜宾犬	比利时牧羊犬
谢德兰雪纳瑞牧羊犬	高地牧羊犬
拉布拉多寻回犬	毛狮犬
蝴蝶犬	德国短毛波音达猎犬
罗威那犬	平毛寻回犬
澳洲牧牛犬	英国可卡猎鹬犬
威尔士柯基犬	标准雪纳瑞犬

最难训练的20%的狗种类为：

短脚狄文梗	斗牛獒犬
贝吉格里芬犬	西施犬
凡丁犬	巴赛特猎犬
西藏梗	马士提夫獒犬
日本仲犬	猎兔犬
湖畔梗	北京犬

古代英国牧羊犬　　寻血猎犬
大白熊犬　　苏俄牧羊犬
苏格兰梗　　松狮犬
圣伯纳犬　　斗牛犬
斗牛梗　　巴仙吉犬
吉娃娃　　阿富汗猎犬
拉萨犬

前后两次调查的结果有很大部分的重合，特别是你会发现第二个调查的结果将很多种类重复了数次。从调查中我们可以发现这一基本的规律：寻回犬（贵宾犬也是一种寻回犬）、放牧犬和工作犬被认为是最容易训练的，而猎犬和梗犬被认为是最难训练的。

除了这些专家所列举的数据外，几乎再没有什么其他的数据与狗的学习能力相关了。另外，各种狗窝俱乐部开展了一系列关于狗服从度的比赛，并由此进行了排名，结果我们也可以发现一些有用的数据。在服从度方面，每种狗从比赛中得到的奖励头衔与专家的排名是一致的。但是，在解释这些数据时我们必须考虑到一种情况，就是越知名的狗，所得到的奖励头衔就越多。这是因为很多不知名的狗参赛次数很少，甚至有的根本就没有参加过这类比赛。

下面让我们做一个对比。首先我选择两种狗，它们必须满足以下的要求：两种狗都必须同时出现在我和哈特的调查排名中，而且这两种狗在美国狗窝俱乐部注册的数量基本相同。因此，我从满足要求的候选者中选择了金毛寻回犬和猎兔犬，然后从今年随机抽取在这两个月里两种狗在服从度比赛上取得的奖励头衔数目的统计。之所以统计的是奖励头衔的数目而不是实际比赛得分，这是因为按照规定，任何一只狗只能获得一次这种头衔。最后根据统计结果，金毛寻回犬获得了29次冠军，而猎兔犬仅获得了三次。这也就是说，虽然两种狗在美国的数量差不多，但是金毛寻回犬与猎兔犬相比，获得服从度比赛冠军的概率大9倍。除此之外，我还发现在本年度美国服从度比赛中得分最高的25只狗中，有11只是金毛寻回犬。而我手头最近15年的统计数据显示，在表现最好的前25名中没有猎兔犬的名字。

请注意，我并不是不喜欢猎兔犬。事实上，现在陪伴我的就是一只既神奇而又讨人喜欢的猎兔犬，它的名字叫达比，同时我保证不会因为任何原因抛弃它。达比是非常难训练的，但是它的问题，或者说是那些在可训练性排名中靠后的狗的共同问题更多地来自于个性，而不是智力。排名靠后的狗一般很容易分心，而且这种狗在某一方面的遗传上被赋予了一种很高的能力，这种能力如此之高，以致干扰了其他技能的学习。就我的达比来说，它是一种很容易对气味做出反应并且能找到其源头的狗，当地板上飘散着一种迷人的气味时，这种气味将取代驯狗员的光信号或者声信号，从而控制了它的意识。一旦注意力被一种令它感兴趣的气味吸引，它将停止正在进行的服从度训练，开始用鼻子引导它的行为方向。

虽然不同种类狗的差异在学习的过程中十分明显，但是我们要强调的是，所有的狗都是可以加以训练的。只是由于认知能力或个性的差异，某些狗可能需要花费更多的精力来培养，但是通过适当的训练和合理的技巧，绝大多数狗都可以掌握技能，适应它们的生存环境，并最终完全融入这个人与狗共同生存的世界。对于某些狗来说，它的主人可能比较忙，不能抽出足够的时间和精力来训练它，这些原因都是可能造成狗无法完全施展才能的原因。除此之外，遗传的因素也会造成不同狗的可训练性的差异。尽管在那种需要根据人的信号快速地做出反应的服从训练中，猎兔犬的表现不如金毛寻回犬，但是只要在每次出色的表演后给予它应得的奖赏，猎兔犬肯定会比金毛寻回犬更快更好地学会追踪技能。不管某些狗如何先天不足，学习的基本原理对于所有的狗来说都是相同的。

学习的种类

实际上，在讨论学习的时候，我们关注的是训练后的狗在行为上某种相对持久性的变化，也就是训练的成果。这些变化可以是训练前所预设达到的结果，也可以是狗与其周遭环境互动的结果。两百多年前，先哲约翰·洛克认为人类的学习是通过关联——即人们在大脑中确立的按照某种顺序发生的事件之间的关系。例如，如果你这次看见并闻到巧克力后尝了尝，发现很好吃，那么下回，一旦你看见或闻见这种巧克力，虽然你还没有品尝，但是还会认为它很好吃。

人们可以建构出两种这样的联系。第一种是两个刺激或感觉上的联系；第二种是行动和所带来的结果之间的联系。这两种联系所蕴含的学习类型是不同的。我们都有这样的经历，一个巨大的闪电后必然伴随着震耳欲聋的雷声。自从经历过一次以后，一旦看见巨大的闪电，我们就会非常紧张，这是因为我们预料到马上就会有震耳欲聋的雷声伴随而来，这便是第一种——两个刺激上的联系。这种联系所蕴含的学习类型是经典条件反射。条件反射是心理学中学习一词的专用术语，因为这种条件反射是第一类被系统地、科学地研究过的学习类型，所以我们称之为经典。

操作性条件反射研究的是刺激与反应之间的联系。例如，我们发现按了自动贩卖机按钮，机器将会传送出一袋糖果。这种先有主观行动、然后有反应的反射叫作操作性条件反射。虽然我们将这两种关联分开进行讨论，但是在实际生活中，往往每一个任务的养成都需要两种关联的共同作用。

对刺激意义的研究

首先对经典条件反射进行系统研究的是俄国生理学家伊万·彼得罗维奇·巴甫洛夫，他将自己学术生涯的前20年都投入到了对消化系统的研究中，唾液在消化早期阶段的作用是他的研究内容之一。为此，他获得了1904年的诺贝尔奖。尽管这个奖项本身的光芒已经足够璀璨，但是他让我们铭刻在心的还不是获得诺贝尔奖的这项关于消化系统的研究，而是在获奖之后的30年中开展的对于学习过程的钻研。

一次偶然的观察引发了巴甫洛夫对学习过程的研究。他在研究狗的唾液分泌物时，发现当他把食物放到动物的口中时，动物的嘴巴会分泌唾液。但在几种偶然的情况下，他发现同一只狗在看到、听到甚至是闻到一些与食物相关的人或物品时，例如装食物的盘子、经常给它喂食的驯狗员、甚至那个驯狗员走近时的脚步声，都会使狗的嘴巴开始分泌唾液。这一切非常容易被忽视，或者仅仅简单地被解释道："这没什么，无非是这只狗开始期待吃东西了，所以嘴巴开始分泌唾液。"但是，严谨的巴甫洛夫意识到，这只狗的反应说明了一种特殊的学习类型，它是一种主观意志无法控制的反应。例如，当我命令你"嘴巴分泌唾液"时，你会发现仅仅一个"我要产生唾液"的意愿是不可能让嘴巴持续不断地分泌唾液的。巴甫洛夫意识到了某种现象：原来经常在某种刺激下（例如食物）才能触发的一种非主观意愿的行为（分泌唾液），现在可以由其他一些新的刺激（例如实验者的信号）引发了。换句话说，实验者的信号与食物之间已经形成了某种联系，实验者可以利用狗对于它在视觉上留下的印象，让狗做出如同在食物的刺激下一样的行为。

巴甫洛夫为研究这个过程设计了一个简单的程序。首先，他为狗展示了一个中性的刺激（中性刺激是不会导致狗开始分泌唾液的），比如铃声，然后他马上使用气流将一点肉粉吹入狗的嘴巴，让它开始分泌唾液。然后将“铃声—吹气—流口水”这个过程重复几遍。之后，我们改变程序，仅仅摇铃，会发现原来这个对于狗来说并无作用的中性刺激也开始导致狗流口水了，而且这个发现与中性刺激的种类无关，不论是嘀嗒声、一缕光线，还是一个画图板上的圆圈或者对狗尾巴的抚摸或其他什么，都会使狗开始分泌唾液。关键在于，狗开始把这种刺激当作肉粉了，所以同样开始流口水。当然狗不希望这种光有刺激没有奖励的事情发生，而且它也不是十分积极地参与到这个学习的活动中来的。但是这个反射在它的身上确实是发生了。

你可以与你的一位愿意参加实验的朋友做一个简单的关于经典条件反射的实验。首先，让你的朋友坐下，你本人可以站着或坐着，但必须与你朋友足够近，以保证可以方便地往他的眼睛上吹气。当你吹气的时候，他应该会眨几下眼。其次你拿一把勺子，轻轻地敲击杯子。这个敲击的声音就是一个中性信号，现在他应该不会随你的敲击而眨眼。然后我们开始按照实验程序一边敲击杯子，一边立刻往他眼睛吹气。按照“敲击—吹气—眨眼”的实验顺序重复几次。然后改变实验顺序，仅仅敲击杯子，而不吹气。经过多次重复“敲击—吹气—眨眼”这个程序，虽然他没有任何主观的意愿去眨眼，但是眼睛还是自然而然地会随着敲击杯子的声音而眨动。

情感的学习

有人可能会问，为什么我们总是关注那些让狗流口水的训练呢？从什么时候起，我们开始厌恶这种自己也经常会不自觉地做出的行为呢？事实是，我们的兴趣并不在分泌唾液或眨眼睛上，而是另外的一种行为。经典条件反射的真正重要性在于，它是我们学会将情感的反应与事物之间建立联系的途径。

有很多例子可以为我们介绍经典条件反射是如何建立后天的情感反应的，其中最著名的一个是由约翰·沃森通过实验得到的，他是心理学行为学派的奠基人。沃森在约翰·霍普金斯大学开展了一个实验，这是一项今天任何一家研究机构的道德评审组都不会准许通过的实验。他首先选择了一个名叫艾伯特的11个月大的宝宝，并给这个宝宝展示了一只小白鼠。艾伯特对此一点也不害怕。然后沃森在给小宝宝展示小白鼠的同时，还在宝宝身后用铁锤敲击金属以发出巨大的响声。这一举动吓坏了小宝宝，使他开始哭泣。按照“老鼠—敲击—害怕地哭泣”这个程序重复几次后，小宝宝一看见那只小白鼠就哭着爬开了。从那以后，小宝宝不仅开始对那只小白鼠产生了畏惧，小白兔、毛绒玩具、皮毛外套、圣诞老人的胡须等任何带毛的东西都会使他恐惧并哭泣。沃森认为小宝宝已经习惯于害怕这种情绪，并且在头脑中将这种情绪与带毛的物品联系起来了。我们必须要指出的是，小宝宝不是一定要学习哭泣这种情绪，或者说他并没有主动地尝试去学习害怕这种感觉，但是仅仅是由于他将这种刺激与触发他情感反应的某种东西联系到了一起，所以小宝宝很自然地学会了。令人遗憾的是，艾伯特的母亲为小宝宝学会这种新的害怕感到非常担忧，以至于她在沃森还没有完成整个过程的情况下抱走了小宝宝，其实实验剩下的步骤就是去除小宝宝身上这种后天习得的情绪的。

当经典条件反射程序被重复多次，或者经过多次实验的时候，绝大多数条件反射的刺激强度都会逐步增加；但是当实验者反应的情绪或刺激的强度已经足够强烈时，这种形式的情感学习只需进行一次。例如，对于一只无知的狗来说，豪猪是中性的，也就是说它们天生并不害怕豪猪。但是当狗跑到豪猪附近，亲眼看见豪猪满是刚毛的脸时，这一可怕的情景将给它带来巨大的畏惧感。仅仅当“豪猪—刚毛—畏惧感”这个程序进行了一次后，豪猪的形象就会永久性地给狗带来极大的压力和畏惧，并且以后也会尽力地避免再次见到这种可怕的动物。

约翰·霍姆斯在他的关于训练放牧狗的经典作品《农夫的狗》一书中，还提供了一个很好的讲述经典条件反射的例子，而且这个例子还是只需一次刺激就能产生畏惧反应的经典条件反射。有一次，霍姆斯和他的一只边界牧羊犬经过一片旷野，这只边界牧羊犬在跨过一扇开着的门时速度很快，撞到了迎面而来的另一只狗。这就形成了“狗和门—碰撞—害怕”这一条件反射的基本程序。尽管这次碰撞不是那只狗的蓄意行为，但从那以后，只要这只边界牧羊犬还没有失明，它就永远不愿意再跨过那扇门了。

我们可以在实际生活中利用经典条件反射的原理，应用之一就是设计一个程序用于防止狼捕杀羊。我们首先在一只刚被屠宰的羊尸体上涂一种可以导致反胃和胃抽搐的化学物质，并把这只羊放到狼可以找到的地方。在吃了这些添加有化学物质的羊肉后，狼开始有了反胃和呕吐的反应。考虑到“看到和闻到羊—吃肉—不舒服和反胃的感觉”这一程序和狼身体急剧不适的反应后，狼在下次看到和闻到羊后，就会觉得吃了羊会导致和上次一样的胃痛，这就有效地避免了狼吃羊的情况发生。除此之外，该办法还曾多次有效地防止了家犬对家畜的捕杀。

学会区分对与错

情感上的条件反射为我们解释了为什么训练方法中奖励比处罚更有效、更能在狗与训练者之间建立一种紧密的联系。每当你给狗准备一顿丰盛的食物或做出其他奖励的时候，你就在无意间建立了“看见你—丰盛的食物—良好的感觉”这一经典条件反射的程序。尽管你很忙，驯狗的时间也有限，或者你并不是一个经验丰富的驯狗员，但是这种奖励的训练方法都对你只有好处没有坏处。你每次的奖励行为都会使狗对你感觉越来越友善，因为你的行为必然会给狗带来情绪上的反应：“看见你—良好的感觉。”

与此相反的是采用处罚以进行严格训练的方法。每当狗看见你、你的手或者训练时用来拴狗颈的皮带和项圈后，伴随而来的总是疼痛和畏惧，这就会给狗带来一种反抗、抵触和逃避的情绪。我在看门狗训练机构的一次访问经历证明了这一点。在那里，驯狗员使用的训练方法都非常严厉残酷，这将使狗在脑中产生对陌生人的不信任和不友善。例如，其中一种方法是让狗多次遭遇陌生人，以建立一种经典的条件反射，使狗在遇到任何不熟悉的人时立刻产生攻击的情绪。我还注意到，每当驯狗员手拿驯狗项圈接近狗窝时，狗立刻往远处的墙壁后退，并且极力地避免戴上这种项圈。显而易见，这里的驯狗员和训练计划的目的就是在狗身上建立一种对人不友善的感觉。当看见这一切时，我都会想起我的小狗，我使用的那种基于奖励、甚至有时有些溺爱的训练方法为它带来了与这里完全不同的感受，它总是喜欢在我身边高兴地蹦蹦跳跳，当它看见我带着驯狗工具包走过来时，也总会竖起尾巴在门前悠闲地散步，眼中饱含期待。当我为它戴上拴颈的皮带时，它也不会有任何抵触情绪。我的狗也许并不是最容易训练的，它也不大会在服从性对比大赛中拿到很好的分数，但它总是心情高兴地参加训练，因为可以从训练中得到很多奖励。经典条件反射已经让它认定与训练相关的一切事物都能给它带来良好的感受。

经典的条件反射还可以为我们解答为什么有的人认为狗总感到内疚。让我们看看自己是否熟悉下面的情景：狗的主人回来了，小狗莱西看了看他后迅速地逃跑并藏了起来。狗的主人认为狗的这种反应是一种愧疚的行为，所以他查看屋子，想弄清小狗到底干了什么坏事。坏事当然是有，莱西撞翻了垃圾桶，厨房地上到处都是垃圾。人们通常的反应是抓住狗，让它看看它干的好事，然后好好地教训一顿。这一切会建立起一个经典条件反射的程序："看见你和厨房的满地垃圾—惩罚带来的疼痛—害怕的感觉。"这就意味着，当下次你回来并且一切条件具备（看见你和满地的垃圾）时，狗自然而然地会产生害怕的条件反射。实际上正是这种害怕的感觉才使狗逃跑的，而不是内疚。如果你有一只出现这种问题的小狗，你可以做一个验证性的实验，你自己将垃圾打翻，然后让狗看到这混乱的一切，于是那只曾经因为干过这样的坏事而受到惩罚的狗，就会自然而然地退缩并且逃跑，现在你应该就会明白狗产生的条件反射不是内疚，而是害怕。显然狗是不会为它的行为感到任何内疚的，但是"看见你"和"满地的垃圾"这两个经典条件反射基本要素的符合，让它产生了一种很强的害怕情绪。

狗经常会咬坏或者毁坏一些贵重物品，这是一个很常见的问题，但是又非常难以解决，现在我们可以运用经典条件反射的原理来解决它。这个问题之所以困难，是因为这种事总是发生在主人不在家的情况下，所以没有人可以来阻止并纠正小狗。事后惩罚的效果也不大，因为它干坏事在前，而惩罚在后，时间上有一定的间隔，以狗的智商，它是不会把这两件事联系在一起的。惩罚仅仅会让狗把惩罚本身和惩罚的人联系在一起，并对他产生抵触情绪（该条件反射的程序是“驯狗员—惩罚—疼痛和害怕”）。如果我们能让狗将这种不愉快的情绪和正确的事物联系在一起，我们就可以利用一个相似的、后天学习的情绪来解决这个问题。

我们假设狗是在你不在家的时候咬坏了你的鞋。就像羊身上的化学物质使狼反胃并呕吐一样，你应该拿出一双你不穿的鞋，让鞋的样子和味道使狗产生反感，而且必须保证这种条件反射在你不在家的时候还依然有效。这就是情绪的经典条件反射之精妙所在。你可以在你的狗第一次破坏东西的时候实施这种方法。首先，让你的狗过来坐在你的旁边，你必须在狗身上拴上驯狗的皮带，以防你的狗因为胆很小而一吓就跑开，然后给它展示它咬过的贵重物品或你不希望让它破坏的东西。紧接着的事情听起来可能很奇怪，这就是在狗的注视下，你要非常生气地摔打事先准备好的物品，例如打你的鞋，大叫“不”，并且装出一副很不高兴的样子。一般狗在观看人的行动时会根据人的声音、行动和其他特征做出反应，因为这些都是人们思想状态的表现形式。狗在看到你非常生气、大吵大闹的表演之后就会在情绪上产生一种不愉快的反应。由于狗的眼睛一直盯着你摔打的物品，所以狗就把这种不高兴的情绪与你希望不让狗碰的物品联系在了一起。此时的条件反射程序是“物品的样子—生气的行为—害怕”。你最好在比较短的时间内（比如几天）多次重复这个表演，从而在狗的脑中留下“物品的样子—紧张和逃避”这样条件反射的结果。但是请注意，如果有人还没有读过我这本书，不明白其中的道理，我奉劝大家最好不要在他在场的情况下进行这样的表演，因为你很难给他解释清楚为什么你要故意当着狗的面来摔打你的鞋子。

学会去爱

经典条件反射，是在小狗的思想中建立正面感情联系的一种非常有效的方法。不论你的小狗是需要适应环境的，或者是新近领养的，还是已经与你生活了一段时间而你希望能加强彼此之间感情的，这种方法都非常有效。它与传统的训练方法完全不同。你需要做的只是每天至少亲自喂它一顿食。即使你一次给它吃一袋狗食，这也只会占用你五分钟左右的时间，而且训练过程十分简单。首先，将小狗吃食的碗从地面上拿起来，微笑着给它看一下你准备的食物，并不时地伸出手去抚摸它或者拉拉它的项圈，最后再给它喂食。如果它还懂得一些例如“过来”“坐下”“趴下”之类的简单命令，你可以随便发出一些命令让小狗来表演，并为它每次的精彩演出给予食物奖励。你需要做的就是按照“你的声音、形象和抚摸—食物—积极的情绪反应”的程序，在你们之间建立感情的纽带。每一点食物都是一个刺激，它可以使狗产生一种愉快的感觉，并且把这种感觉与你所做的一切牢牢地联系起来。一段时间之后，只需你的抚摸、说话的声音、走进屋子的形象，就会给小狗带来愉快的感觉。我不敢说你可以利用经典条件反射使小狗爱上你，但是我敢保证它会十分乐意围绕在你的周围，因为这会使它感到愉快。

第十二章

技巧的学习

Skill Learning

我们在进行一项学习的过程中，思考的是如何去掌握一些技巧，例如学会骑自行车，学会解决算术问题，学会在社交场合遵守礼仪。在对这些技巧的学习中，我们都会应用到另外一种学习的类型，即行动引发结果的操作性条件反射。生活中的很多行为和反应都是由一些我们已知的事情触发的，它符合这个条件反射的程序“刺激—反应—结果”。不管最初的行动或行为是复杂还是简单，结果都是一些我们事先预想的需要去做或极力避免的事情。学会骑自行车可以让我们自由自在地去想去的地方；学会做算术题可以让我们在考试中取得高分；学会不要把手指伸到蜡烛的火焰中可以让我们远离烧伤的危险。

操作性条件反射背后的基本原理是非常简单的，但是这并不意味着可以轻易地利用它去训练我们的狗。这就像弹钢琴，原理虽然简单，无非是对着音符所在的键按一下，但是要完全掌握其中的技巧，弹出一首既完整又动听的曲子是非常困难的，没有多年的苦练是不行的。操作性条件反射的基本原理，无非是如果狗的行为被主人奖赏，那么它对被奖赏行为的掌握度就会加强，自此之后它做出这些行为的可能性也会增大；同时，如果狗在做出某些行为后没有被奖赏，掌握程度就会弱化，以后使用这些行为的可能性也就越来越低了。道理就是这么简单！在训练一只狗时，你不需要知道其神经上或体内化学物质上发生了哪些变化，也不需要知道狗的大脑中哪部分或者哪些传输通道发挥了作用，你只需在一句命令后对小狗的出色表现给予奖励，给予它应得的奖赏，并且必须马上就对它进行奖赏，这样才能使它对刚才的正确动作有更好的掌握。这些训练可能需要一定的时间和精力。操作性条件反射训练经常用的方法有四种，每一种对于训练你的爱犬都非常有效。它们分别是行为俘获训练法、引诱奖赏训练法、身体提示训练法和行为塑造训练法。但是每种方法也都有它的优势和不足。

行为俘获训练法

在应用这种方法时，表面看来好像是狗在自己训练，所以有时这种最简单的训练方法也叫自动训练法，但是准确地说我们应该称之为行为俘获训练法。这种方法在理论上非常简单。你只需要在一旁观看你爱犬的各种动作，在它主动做出你希望看到的动作时，给它一点奖励。为了更清楚地了解行为俘获训练法是怎样产生作用的，首先让我们为小狗起个名字，比如叫作莱西。在训练时，你的任务就是在你和莱西交流的时候，仔细观察它的一举一动。当它开始向你走来的同时，你赶快说："莱西，过来！"并且给它一点奖励，不论是精美的食物还是亲切的抚摸。与此相仿，在它准备坐在你周围的时候，你赶快说："莱西，坐下！"然后再给它一点奖励。应该注意的是，你必须在你的爱犬每次行动完成的时候再对它进行奖励，这就好像它是在按照你的命令做的那样。这种奖励将会在狗的意识中加强你的命令与它的行动之间的联系。在重复几次后，狗就会按照你的命令做那几个动作了。

行为俘获训练法的一个缺点，就是在你的爱犬做出令你满意的动作之前你必须得耐心等待一段时间。一旦你的爱犬知道某些动作是可以获得奖励的，它就十分乐意去做这些动作了，就像做游戏一样。但是在这之前它必须花一段时间来了解到底哪些动作是可以获得奖励的，而哪些又不能。在这个过程中，虽然你的爱犬可能会犯很多错误，但是你不应该灰心丧气。因为在我们把注意力全都放到操作性条件反射原理的第一条，也就是在狗做出合理的动作后主人奖励它时，这个动作在它的意识中就会加强，同时我们还不应忘记第二条，就是没有奖励的动作，狗是不会再经常继续做了，这一条也非常重要。让我们这样想一想，当它做的错误动作越多，它就会越来越深刻地明白哪些动作是不会得到奖励的。所以最终你的爱犬会只去做那些可以得到奖励的动作。狗确实非常喜欢这个训练，而同时又非常简单，甚至很小的小孩子在这个方法的帮助下都可以成为优秀的驯狗员。无论你的爱犬是哪种令人畏惧的类型，还是害羞的、缺乏社会化训练的，甚至是好斗的，这种方法都非常有效。它不但能集中狗的精神，还能让它冷静下来进行思考。

但是给予奖励的时机是非常难选定的。假设小狗莱西正准备向我跑过来，我赶快说："莱西，过来！"接下来我必须走过去给它一点食物。但是我突然的动作可能会让它犹豫、甚至停下来等待我过来喂它。这就意味着我的奖励实际上是干扰、甚至阻止了它正准备要做的动作，而这些动作正是我们希望它所做的训练。原本的条件反射程序应该是“狗向你跑来—进行奖励—做出这种正确动作的意识得到加强”，但是现在变成了“由于你走过去给狗奖赏，它停了下来—进行奖赏—狗停止动作的意识得到了加强”。这是由于操作性条件反射的基本原理就是：奖励只会对刚刚发生的动作的意识进行加强。所以说我们要在进行奖励的同时，不能让狗停止它正在进行的动作，例如间隔一段距离给它喂食，只有这样才能加强它做出正确动作的意识。

自己创立一种特殊的奖励也是非常简单的，我们可以利用情感上的经典条件反射原理来创立这种立刻的奖赏。这种奖赏实际上只是一个使狗产生愉快情绪的信号，它不会干扰狗正在进行的动作。毕竟，起到加强狗做出奖励以前那个动作的意识的，是与奖励联系在一起的愉快的情绪，而不是奖励本身。

有时候奖励的不一定非要是食物，也可以是某个信号之类的其他形式。为了建立一种新的奖励形式，你首先必须选择哪种信号才是你所钟爱的。在过去的几年间，大家普遍采用的是手持嘀嗒发声机发出的嘀嗒声。不仅限于此，这个信号可以是任何形式的，比如口哨、一束光线、你的音调、某些词语或你的一些特殊的动作。就我而言，我更喜欢自己的声音，因为这样可以不用我的双手，在训练狗的时候我还可以做其他的事情。我时常用的是带有激情的一些词语，比如“乖乖狗！”和“对，就这样！”，非常管用。接下来我使用条件反射的原理，在狗的意识中使这些词语与一些愉快的情绪建立联系。最简单的办法就是使用食物。例如你选择“乖乖狗！”作为你的新的奖励形式，你可以在说“好孩子”后立刻给予它一定的食物，然后将这个过程重复多次，从而建立经典条件反射的程序“乖乖狗—食物—亲切和愉快的感觉”。在重复几次后，一旦你再说

“乖乖狗！”，你的爱犬就会竖起耳朵、摇着尾巴表示高兴了。这就意味着你已经利用经典条件反射，使这些词语给它带来愉快的感觉了，你现在就可以使用它作为奖励来训练你的爱犬了。

你已经从技术上创造了一种次一级奖励的方法以对应那些最基本的、无须学习的奖励，比如食物奖励。在训练场所中，因为这种后天的奖励经常被用来训练狗，以加强它学习某种动作的意识，所以人们经常把这种奖励称为次级意识加强物。其实，控制人类行为的大多数激励物品也是这种次级的奖励。首要的奖励都是生理上的，比如吃、喝和性方面的。次级的奖励包括金钱、学校里的分数、赞赏、晋升、奖章、奖品和称号等。起初一看，你可能很难想起这些次级的奖励是怎么在后天形成的，但是如果你仔细想想的话，你会发现它们的根源都是情感上的经典条件反射。为了好的分数或奖章而刻苦努力就是一个很好的例子。当母亲还在给宝宝喂奶的时候，她就会经常跟孩子说话。例如，当她把食物放进宝宝的嘴巴里时，她就会习惯性地说些什么，如“真是我的好宝宝！”或“真是我的好女儿！”之类的。这种条件反射的程序就是“赞赏（好）—食物—愉快的感觉”。母亲说的这个“好”字就变成了一种条件反射的奖励，也叫次级的奖励，它可以给你带来愉快的感觉。后来，在你某次考试得了高分的时候，你再次被母亲夸奖为“好”。这时条件反射的程序就是“很高的分数—好—愉快的感觉”。再后来就连高分这样的形式也会给你带来这种感觉了。请注意，这里我们用一个次级的奖励创造出了另一个新的次级的奖励。这个过程我们有时称为“链式反应”，因为它给我们揭示了为什么奖章、头衔、公众的赞许等都会让我们感觉良好，同时它还揭示了我们为什么心甘情愿地为之奋斗。如果我们从次级的奖励开始向上追溯，直到最初的基于首要奖励的经典条件反射，这一过程会非常的漫长和困难。与上面这个例子的道理相同，正是如此人们才会刻苦学习、努力工作以获得这些由条件反射引发的次级奖励；狗才会心甘情愿地训练以获得“乖乖狗！”这样的称赞，有时甚至仅仅是几声嘀嗒响。

一旦我们成功地创造出次级的奖励，在狗每次做出我们希望看到的动作后，我们就可以说出例如“乖乖狗！”或者发出嘀嗒声这样的奖励了。在早期阶段，次级的奖励形式最好和首要的奖励同时进行，这样可以加强两者之间的联系。例如当小狗莱西准备跑过来时，我们可以说：“莱西，过来！”并且马上说出我们次级奖励的话语“乖乖狗！”。在它真正跑向我们后，我们需要再说一遍刚才那个次级奖励，并且喂它一点吃的。一些驯狗员把这种条件反射的声音称为“桥式刺激”，因为它在动物做出正确的动作和我们给它喂食这两个时间点之间架起了一座桥梁。有些驯狗员经常把这种次级的奖励理解为欠条，或者可以说是在给狗传递一种信息——“银行里有你的狗粮存款”。但是实际上由于条件反射的作用，“乖乖狗”这句话本身就是一种奖励的形式，它是可以给狗带来愉快的感觉的。你可以经常性地同时给狗以食品和赞扬这两种奖励形式，因为这样可以保持和加强这两种奖励之间的联系，但是不必每次都在说“乖乖狗”的时候喂它吃的。

当你的爱犬变得可信赖以后，你就可以延长每次奖励的间隔，比如在它做出几次正确动作后再喂它一次。学习的早期阶段，在狗每次做出正确的动作后，同时给予语言和食物上的奖励是非常有用的。其实次级奖励最重要的作用是可以及时对狗的出色表现给予肯定。因为这种奖励只是一个“声音”，在进行这种奖励的时候，你不必就像给狗喂食时还要伸出手那样花费时间，狗也不必立刻停下动作去吃东西。

行为俘获训练法对于一些非常难以训练的动作，或者一些不能强制进行的训练还特别适用。例如，当训练狗在指定地方大小便的时候，我会领它走一条非常熟悉的路线。当狗一蹲下来进行大小便，我便马上喊“快点！”并在大小便的过程中重复几次，不时还要加上我专用的表扬声“乖乖狗！”。当大小便这项动作结束之后，我再给它喂食进行奖励。在一两周的训练之后，“快点！”这个词已经变成了一个命令，每当听到它，狗都会嗅着寻找一个合适的地方进行大小便。采用这个方法，狗排泄的某些问题就可以得到控制了。

引诱奖赏训练法

引诱奖赏训练法是另外一种不使用双手就能训练你的爱犬的训练方法。与行为俘获训练法相比，该方法的最大优势，就是不需要你一直在旁边守候你的爱犬，直到它做出你期望的动作，而可以主动地通过奖励引导它做出这些动作。大部分情况下，这个诱饵都是食物，也可以是玩具或者其他一些小狗需要的东西。如果你的诱饵选择得合理，正是小狗梦寐以求的，它就会在看清楚诱饵之后，转头并快速地做出你期望的动作了。如果你首先可以教会你的爱犬转头这种局部性的身体活动，那么你就可以训练它做出全身性的活动，最后你就可以用引诱奖赏训练法进行全方位的训练了，比如坐下、趴下和站立这些基本姿势，控制诸如过来、翻滚、转身、向左转和向右转这些基本的行动方向，甚至是让它将注意力集中在某些你希望它看护的物体上或人身上等高难度的动作。

为了展示引诱奖赏训练是怎样实施的，让我们首先假设你想让你的小狗莱西根据命令做出坐下这个动作。我们在这里利用了一个小技巧，这就是只要你能想办法引诱它的鼻子移动，它的全身自然也就会随着鼻子进行移动。首先给莱西展示一点食物，然后慢慢地将食物向上和向后方向移动。开始你可以先将食物在它鼻子旁边晃动，然后经过两眼之间移动食物至它脑袋的后面。当莱西跟着食物的移动路线向上看时，它的尾部也就自然地向下，形成了一个坐立的姿势。然后，你就可以像在行为俘获训练法中所做的那样，在命令它“莱西，坐下！”之后立刻夸奖它“乖乖狗！”，并且给它一定的食物进行奖励。最后，你可以使用“好的！”或“干得漂亮！”之类的词语和轻快的拍打让狗放松（这些动作和词语可以成为狗的任何动作完成之后的放松命令）。在狗完成坐下的命令和最终站起来之间，你必须给它一定的食物和次级的奖励，这一点非常重要。因为在训练的早期狗坚持不了多久，所以你奖励的动作必须完成得很快。当狗在你的前后左右时你都可以进行训练，而且几次训练过后，你的爱犬就会很听话地完成坐下这个命令的。

一旦你的爱犬表现得很稳定后，你就可以逐渐尝试不使用诱饵了。首先，徒手模仿引诱的过程，但是还需要给它语言上的命令。当它按照你的命令完成动作后，你还必须给它次级的奖励“乖乖狗！”和一定的食物。接下来，你可以尝试逐渐减小徒手模仿引诱的动作幅度，直到狗可以在你没有做任何动作的情况下，仅仅根据语言上的命令就能完成动作。如果这个动作也能十分稳定地完成，你再去掉食物的奖励。每当完成动作，或者你可以只给它语言上的次级奖励，或者给它两种奖励。食物的奖励数量可以逐渐减少，但是语言上的次级奖励不要做任何改变。你必须在狗每次漂亮地完成动作后都毫不吝啬地给出次级奖励，因为它可以像食物一样让你的爱犬感觉良好。

我特别喜欢行为俘获训练法和引诱奖励训练法，因为它们都是可以在没有任何驯狗工具的帮助下完成的。这两种改变你爱犬的大脑思维的训练法，不但可以使它在你不使用皮圈等任何惩罚工具的情况下就服从你的命令，而且在你和狗相距一段距离时还同样适用。所以，与传统的训练法相比，它们不但有效，而且还很可靠。

身体提示训练法

最传统的驯狗方法依赖于皮带、项圈和身体提示。对大多数人来说，他们脑中关于驯狗的第一印象，就是驯狗员猛拽狗颈部的皮带好让它服从命令，或是在拉住皮带的同时按住狗的臀部，让它坐下。这种身体提示看起来最简单，因为可以直接使狗做出你要求的动作。而且看上去非常合理，因为学习的原理就是通过奖励来增强它最后一个动作的意识。这种提示还可以使狗快捷地做出我们希望的动作，因为只有这样才可以得到奖励。但事实上，这种身体提示法非常复杂，而且必须是那些有经验的人才能运用得当。选择合适的时机、使用皮带的专业技巧和绝对的连贯性都是不可缺少的，因而我们大多数人在彻底掌握并应用它之前，都需要有一个艰苦的练习过程。

只有当我们选择了合适的时机，以温和、有耐心，且没有任何恐吓和威胁的方式来使用这种方法时，才能发挥出它应有的作用。这种方法如果使用恰当，会很快驯服你的爱犬。同时，因为训练当中的一部分是驯狗员通过双手纠正小狗的动作，所以小狗与主人之间的感情纽带会更加紧密。但遗憾的是，新手使用这种方法的成功率极低。

只要认真地思考一下，我们都会承认这种突然猛拉狗颈上皮带的做法是很不友好的，甚至会引发狗的消极意识。因此，只要我们将猛拉皮带的方式作为一种提示来训练狗，实际上会条件反射出一种这样的结果：一旦看到皮带和项圈，狗就会产生一种消极的情感，而且通过链式反应，这种感觉有时还会蔓延到我们辛辛苦苦训练成功的各种动作上。假设我们采用在猛地向上拉皮带的同时将它的臀部向下按的这种不友好的训练方法，那种原本表示友好的抚摸动作，也被我们蒙上了一层消极情绪。当狗完成坐下这个动作后，食物的奖励在狗看来实际上已经不是在表扬它完成这个动作的行为，而是在奖励它完成这个动作时所采取的所有抵制的努力。换句话说，我们实际上奖励的是它拒绝服从命令的行为。最终，由于狗始终都戴着那条令它讨厌的皮带在进行训练，所以我们以后就再也离不开皮带了，这无疑是在告诉它只需要在有皮带勒着的时候才执行命令，因为这既是我们让它执行命令的基础，也是它得到任何形式的奖励的唯一机会。

奖励的道德规范

在讨论其他方面的学习之前，我想解释一下是否应该在训练中使用食物作为奖励。不可避免的是，总有些人对使用食物作为奖励表示出反对意见，他们认为“如果在训练中使用食物，狗就只会在有食物的时候服从命令，甚至是就算有食物，但如果它不饿的话，还是不会听话的”。我要说明的是，在小狗做出正确的动作之后给予食物作为奖励，这在训练的早期是必需的。就像我之前所强调的那样，后期你可以采用手势或语言的信号来替代食物作为奖励。而且，在这个过程中你可以逐步减少奖励食物的数量，同时慢慢地用次级奖励进行替代，这些次级的奖励可以是“乖乖狗！”之类的语言信号，也可以是轻轻的几下拍打，或者是让它在投皮球和其他一些游戏之间自由地进行选择。

另一个比较常见的反对意见，就是“使用食物作为奖励难道不算是贿赂吗？”。在这个问题之后，一般还紧跟着这样一种观点：“难道你的狗不该是因为尊重你才服从你的命令吗？”我推荐在训练中使用食物是因为它可以起到很多作用，比如有效的引诱、合适的奖励和在经典条件反射中激发狗愉快的情绪。除此之外，提问者在文中所使用的“贿赂”一词还使我非常困惑，因为这个词暗含了一种不道德的意思。到底什么是贿赂呢？给政客一些钱，使他们忽略道德和法律上的考虑，通过一项会给你带来极大物质利益的议案，这才是贿赂。但是当你命令你的狗坐下时，你的狗有哪点不道德，或是违反了哪项伦理呢？我认为，狗做我们希望看到的动作是它的一项工作，而我给它的食物奖励就是我付给它的工钱。比如你在辛苦地工作完一周后拿到了工钱，难道你能说这是你的老板在贿赂你吗？假如你的老板告诉你他不再会为你的辛苦劳动而付工资了，原因是你拿了工资就是说明你是为了钱而工作，而不是因为尊重他，在这时，你会怎么想呢？你还会在那个岗位干多久呢？所以我说，在训练中，食物就是狗眼中的工资。

关于是否应在训练中使用食物奖励的争论中，我还遇到过一个问题，它是我所遇到的最奇怪的问题，“对你的爱犬来说，在训练中使用食物难道不是一种贬低吗？”在我看来，“贬低”一词就意味着狗因自己的出色表现而得到食物后非常不好意思和害羞。但是到现在为止，我还没有看到任何狗在看到我拿食物作为奖励后表现出很不高兴的情绪。我的小狗看上去很喜欢我为它准备的食物奖励，而且每当我拿着训练工具走近时，它总是摇着尾巴欢快地围着我转，甚至还流着口水。如果它们认为我很小气，或者我的奖励太不够意思的话，它们应该表现得不高兴才对，但是它们的行为从未表现出这一点。

在我看来，有时做某件事所采用的第一种方式，也许就是处理这件事情的最合理的方式。使用食物训练狗的行为就是一个例证。想想我们人类第一次驯养狗是怎样的情形，它们围在我们祖先居所的周围，仅仅是为了获得一点在我们现在看来就是垃圾的食物残渣。最终是什么原因把它们引诱到帐篷里去的呢？不是我们祖先的暴力行为或恐吓，也不是我们祖先长发飘飘的魅力和令人敬重的威严，而是他们投掷了一些食物以引诱狗的祖先进来，并最终与它们永远相伴。如果说我们和狗订立了一个合同，用食物来换取它们的忠诚和帮助，这个说法是一点也不过分的。用食物交换狗的服从和服务，我仅仅是在遵守这个古老的协议而已。

行为塑造训练法

有一些动作是狗自然而然地做出来的，我们无法用行为俘获法来进行训练，而且它们那些动作十分复杂，步骤极多，以至身体提示训练法和引诱奖赏训练法都无法适用。在这个时候，我们需要使用一种新的方法，叫作行为塑造训练法或连续逼近训练法。为了论证行为塑造训练法原理的正确性，哈佛大学的B.F.斯金纳，这位由于成功地阐释了操作性条件反射工作原理而名噪一时的著名心理学家，通过训练狗去敲响远处墙上铃声的方法为我们进行了解释。

首先，你需要非常确定你所要求的动作是什么。在这个例子中，目标动作就很清楚，即推动铃铛发出响声。接下来，你需要将这个总体的动作分解成简单而又实用的动作。这每一个简单的分解动作都可以采用行为俘获法来进行训练，在狗完成每一个动作后给予次级奖励，例如常用的“乖乖狗”的语言奖励和一些食物奖励。我们简单地将这个例子中需要用行为俘获法进行训练的一系列分解动作列举如下：

1.让你的爱犬转头，目光离开你。

2.让它的头一直转到铃铛所在的方向。

3.将它的整个身体转向铃铛所在的方向。

4.迈出朝铃铛方向的第一步。

5.在这个方向上多走几步。

6.走完四分之一的路程。

7.走完一半的路程。

8.走完四分之三的路程。

9.一直走到离铃铛很近的位置后站住不动。

10.目光移向铃铛，并且注视着它。

11.将它的鼻子接近铃铛。

12.用鼻子接触铃铛。

13.用鼻子使劲摇铃铛，以使铃铛移动。

14.用鼻子使劲摇铃铛，以使铃铛发出响声。

在为你的爱犬添加下一个分解动作之前，必须保证它已完全掌握了前面的动作。

在你的爱犬继续下一个动作之前，必须满足以下几个条件。首先，总行动分解时一定要细，后一个分解动作与前一个之间不能有太大的跨越，这样才能保证它可以顺利完成并且得到奖励。次级的奖励一定要及时，在狗做完你要求的动作和它自由地做出其他动作之前，一定要及时给出你的次级奖励。一个好的驯狗员和一个优秀的驯狗师之间的差距就是看他能否把握这个“次级意识加强物”使用的时机和准确性。一个优秀的驯狗员同时还必须是一个优秀的观察者，否则他会漏掉那些本应给予奖励的动作。驯狗是一个动态的过程。如果狗在某一步分解动作的完成上存在困难，我们就需要后退一至两步，以保证训练的持续性。如果它还是不能完成，就需要将这个已经是分解了的动作再进行更细一步地分解，以保证它可以顺利完成。每个分解动作都必须得到充分的练习，以为下一步的训练打好坚实的基础。一旦你的爱犬掌握了某一步，就可以开始添加下一个动作了，你还必须为它的每一个进展给予奖励，这样才能保证它愿意继续训练下去。

最初，这种训练的方法进展得很快，但是到了后来，当要求越来越复杂时，速度会逐渐降下来。驯狗员的灵活调节是非常重要的。为了保证狗不因疲倦或失去耐心而离开，驯狗员必须给它以足够多的奖励。如果狗表现出任何焦急的情绪，训练都必须退回到它已经完全掌握了的那一步，并且重新开始。最好每一次训练都有一个完美的结局，也就是说在狗已经完成了我们所要求的每一个分解动作，并且得到应得的奖励之后才能结束训练。

这里还有一个争论，即什么时候才应该为你训练的动作加上实际的命令呢？对于一些例如“坐下”和“趴下”之类的简单动作，是不需要采用行为塑造法进行分解训练的，我们可以直接在狗准备做出这些动作的时候说出口令。在行为塑造法的训练程序中，你必须等到狗已经完全掌握了这个动作后才能加上命令。所以，只有在你的小狗罗弗冲向铃铛，你确定它马上就要碰响铃铛时，才可以加上“罗弗，摇铃！”这样的口令。我还有一个习惯，就是在它准备做动作的一开始就加上一个手上的示意，提示它开始做动作。然后等它完成所有你要求的动作之后，再加上一个语言上的命令。在学习的最终阶段，只有在狗根据命令完成动作的情况下你才需要给以奖励，如果它自由地做出一些动作，即使这些动作也是你要求的，你也不必给它任何奖励。

惩罚的真相

对于用惩罚的方式来控制狗行为的这种做法，我是持不同意见的，这并不是因为该方法不管用，恰恰相反，如果使用得当，它将非常有效；但关键的问题是要想真正恰当地使用这种方法真是太难了。如果使用不正确，不仅会带来消极的心理后果，而且还会彻底地破坏人与狗之间本已建立起来的感情联系。在19世纪，惩罚是人们训练狗的首选办法。在那时，狗的训练还被形容为是"与狗之间友情的破坏者"。在T.S.哈蒙德1894年出版的《实用驯狗方法》一书中，他对这种当时通行的做法提出了质疑。在书中他这样描述了当时的情形：

> 几乎所有撰写与狗问题相关书籍的作者都认为世界上只有一个驯狗的办法，就是惩罚；在实际的训练中，那些不能灌输到狗大脑中的信息都是毫无作用的，而且鞭子、用于控制狗行为的狗绳、带刺的皮圈、偶尔开上一枪或用皮鞋狠狠地踹上一脚在训练中都是完全必需的。

作为奖励的对立面，惩罚就是在狗做出我们不希望看到的动作时给予的教训。早期的理论认为，在狗做出不适当的动作时，惩罚可以减轻这种动作的意识，让它以后尽量不要再发生。这种理论的主要观点是，如果你在狗做出了你不愿意看到的动作后对它进行惩罚，它会马上停止。今天，心理学家、行为学家和驯狗员们发明了很多更加有用的办法来让狗停止做那些你不希望看到的动作。其中之一是，如果狗做出这些动作后没有得到任何奖励，就足以消除它的这种动作。另外一个可行的做法是教会狗一种新的动作，而且这种动作与先前的动作是互相排斥的，也就是说，只要它为了得到奖励而做出我们教的动作，它就会自然而然地消除先前那种动作的意识。

例如，如果狗在和人打招呼时跳了一下，这表明它正在寻求人们的注意。如果我们这时不自觉地跟它说说话、注视着它、抚摸它或者做出一些其他表示，无疑就是一种次级的奖励，这将加强它今后继续一见人就跳的意识。一些驯狗手册建议我们使用严厉惩罚的办法来阻止它这种行为，例如在它跳起来的时候踢它的胸部，或首先抓住它的前脚掌让它直立，再用脚踩它的后脚掌作为惩罚。但是许多试过这些办法的人都会告诉我们，这种方法换来的只是手掌上被咬的伤痕和狗丝毫不变的待人习惯。

那么怎样才能使狗停止这种一见人就跳跃的坏习惯呢？我建议大家在遇到这种情况时，首先不给它任何奖励，其次教会它一个与这个习惯相互排斥的动作。为了避免做出任何有可能的次级奖励动作，当它一看见你就跳跃的时候，你应该迅速转身并且走开，而不要说任何话或有任何目光的接触。这个办法可以有效地避免给它任何次级的奖励。你的爱犬有可能感到非常困惑，并且跑到你的面前，如果你已经教会了它按照口令坐下这个命令，在这时你就可以命令它坐下。当它在你面前坐下之后，你可以弯下腰去轻轻地拍拍它，并且给它一点语言上的表扬。这种坐下的动作与跳跃是互相排斥的，因为它不可能同时完成这两个动作。此外，你是对坐下这个动作而不是跳跃的动作进行奖励的。每当你一进门发现狗正要以跳跃的方式和你打招呼时，你就应立刻发出坐下的口令。因为坐下这个动作得到了持续的奖赏，而跳跃什么都得不到，在持续这样一段时间之后，“坐下打招呼”的意识在它的头脑中就会越来越强。就这样，在没有使用踢胸部、踩脚趾或其他惩罚方式的情况下，你的爱犬就会自觉地坐下来向你问好，等待着你对它的宠爱。

大多数的研究表明，惩罚这种方法最大的用处在于可以暂时有效地阻止某些行为。在阻止的同时，你还可以用另外一种你希望的动作来替换原来的动作，并给它一定的奖赏。这种情况下，惩罚的方法是很管用的。但是在使用中，你必须注意怎样的惩罚力度才是最合适的。大多数人在刚开始时惩罚得很轻，而在发现不管用后才逐渐加大力度。除非你的爱犬很软弱，一点惩罚就服从了，否则这种力度逐渐加大的办法就会使它对惩罚产生一种抵制的情绪，正是这种抵制导致了该方法最终的失败。所以，从一开始惩罚就必须有足够的力度以使狗停止行为，并成功地用其他行为作替代。正像前面所述，逐渐加大力度的惩罚方法会导致一种抵制的情绪，这时你为了成功地使用这种方法就不得不继续加大惩罚的力度。然而，任何惩罚都不是那么简单的。如果惩罚的力度很大或者很频繁，不仅我们不希望看到的动作，而且那些已经学会的、几乎所有的动作都会停止下来。一个受过惩罚的宠物会越来越表现出畏缩和恐惧，有的甚至选择逃跑或有意逃避那个曾经惩罚过它的人。原来，我们可以用行为俘获训练法对狗在自由状态下做出的各种动作进行观察，并选择我们所需要的进行奖励，但是现在，如果它由于害怕被打而不敢做任何动作，我们就难以进行训练了。这就是说，事实上这种惩罚的办法是减少，而不是增加了对狗进行训练的可能。除此之外，你的爱犬还有可能被一种消极的情绪所笼罩，失去了辨别哪种动作会招来惩罚的能力，从而彻底否定了将惩罚作为驯狗辅助方法的意义。

惩罚失效的原因

惩罚这种训练方法对驯狗员的要求很高，不仅力度要选择得恰当，而且必须在狗做完错误动作后立刻对它进行处罚，不能有丝毫延迟。来自多伦多的帕梅拉·里德不仅是一位驯狗员，而且还是一名关注驯狗活动的作家，她描述的一个实验为我们证明，当惩罚即使只延迟了很短的一段时间所造成的后果。里德首先对实验室进行了布置，在地板上离狗相同距离的位置摆放了两碗不同的狗粮。其中一碗装的是普通的粗制干狗粮；而另一碗是非常鲜美的罐装肉类狗粮。先后有三组狗参加了这个实验，要求都是只能吃那碗粗制的干狗粮，如果不服从要求而吃了那碗罐装狗粮的话，它就得尝尝被卷筒报纸抽打的滋味。三组狗之间的不同点是，第一组狗一旦开始吃那碗优质的狗粮，它就会立刻得到惩罚，而第二组的惩罚将会延迟五秒钟，第三组的惩罚延迟得更久，有15秒。惩罚的目的就是为了让所有的狗迅速学会不吃罐装狗粮。首先，每组狗都已经因为吃了优质的狗粮而得到了惩罚，当然惩罚的时间先后有别。之后，进入了实验的观察阶段，所有实验者都必须离开实验室，通过一个单向的镜子对房间里的一切进行观察。在此后每天的测试中，狗都在没有实验者在场的情况下，被领进那间装有两种不同狗粮的房间，它们在10分钟内可以自由地做任何事。那种在偷吃后立刻得到惩罚的第一组狗，在平均坚持了大约两周后屈从了诱惑，重新开始吃起了那种美味的狗粮；在偷吃的五秒钟后得到惩罚的第二组狗坚持的平均时间大约是第一组的一半，八天左右；然而那种在偷吃的15秒钟后才得到惩罚的第三组狗只坚持大约三分钟就忘了惩罚，肆无忌惮地吃了起来。

那么让我们看看下面这样的情况中惩罚会带来怎样的结果。主人回到家后发现新买的白色地毯一块黄、一块棕，非常难看，仔细检查后发现原来是小狗莱西把地毯当成了厕所。主人将莱西拖进屋里，给它展示了它自己的所作所为后，狠狠地教训了它一顿。小狗莱西犯错误这个行为已经发生了多长时间呢？大约是几个小时之前。里德的研究表明延后15秒的惩罚都是没有什么作用的。心理学家将这种惩罚称为经常性惩罚，因为这时的惩罚不会在狗的意识中起任何作用，因为它无法将惩罚与自己所犯的错误联系起来。最有可能的情况是，这种惩罚实际上是将条件反射所产生的消极情绪与莱西主人走进房间的动作联系在了一起。

但是，还是有一些人坚持认为经常性惩罚是有效的。大名鼎鼎的威廉·凯勒是20世纪五六十年代最受人敬仰的驯狗师之一，他不仅是享誉全球的沃尔特·迪士尼工作室的首席宠物训练师，而且还是美国陆军著名的K–9军团的教官。当我知道就连他也是这种方法的支持者之一时，我开始不知所措。他在1962年写道：

> 如果你回到家里，发现你的狗在地上挖了一个洞，而且洞里满是它的尿。在这时你应该毫不犹豫地拿起训练用的项圈和皮带，把它带到那个洞前，并把它的鼻子浸在它自己的尿里，一直到快淹死的时候再放手。如果你的狗很大，不容易惩罚的话，你就可以像牛仔教训小公牛时一样地教训它。我曾见过一个年纪已经很大的老太太，她的狗把她精心照料的花坛弄坏后，她就用这个满是尿的花坛狠狠地教训了一顿那只貌似强大的狗。在那以后，大多数的狗一旦见到它自己挖的洞后，就会想起那可怕的经历。

一开始，凯勒看起来并不在意这种方式在狗行动与结果之间所建立起来的联系是不稳定和暂时性的。后来，在逐渐明白之后他又写道：

> 在上述对狗惩罚的例子中，你不必每次都这么纠正它。但

是一定要坚持纠正下去，最终你的狗一旦闻到新挖出来的泥土的味道就会感到恶心。

就是这后面的一段，我们才明白凯勒到底在说什么。很显然，在狗的意识中它是不会将鼻子被主人按进满是泥土的水里与它在地上挖洞这样的行为联系在一起的，但是正如凯勒自己指出的那样，在挖洞的地方被呛水所带来的绝望恐惧肯定会条件反射出这样的结果，即一旦看见新挖出的泥土就感到十分害怕。很显然，类似凯勒介绍的这种严厉的惩罚会使狗条件反射出消极的情绪，正是这种情绪使狗开始回避与惩罚这件事有关的地点和物品。当然，狗的主人也与这件事相关，所以这些后天带来的消极情感就会一直在狗的意识中遗留，并最终削弱狗与主人之间的感情纽带。这种非人性的训练方法所带来的后果就是，任何一只有辨别能力的狗都会逃避与它主人的接触，至少不会去碰它主人的双手了。这种惩罚所带来的另一个消极后果是，它会觉得与其他狗类朋友之间的互相攻击不仅是可行的，而且还是被允许的。这样一来，这种训练方法有可能把另外一只正常的狗也变成那种可怕的咬人疯狗了。

在我来看，作为一种驯狗方法，惩罚所能得到的最好的评价也就是不太管用。与其相比，奖励可以明确地告诉狗“你刚才做的动作是正确的！”，惩罚只能告诉它某些特殊的动作是不被允许的，而没有告诉它任何有关哪些行为是可许的信息，所以我们说惩罚是一种没有太大效果的训练方法。托马斯·爱迪生可以说：“如果我试验一万次都不成功的话，我也没有失败，而且不会有任何灰心，因为每一个错误的尝试都是在向成功迈出的坚定一步。”那么你的狗也能这样吗？我想它十有八九应该灰心丧气地逃避训练了吧。与鞭打狗几十次也不给它任何提示的惩罚训练法相比，这种捕捉到它每一次正确的动作，并用奖励加强它的这种意识的奖励训练法无疑更快、更好、更有效。

隔离训练法

在排除惩罚训练法的可行性后，我有必要提醒大家注意还有一种形式的惩罚是非常有效的，它不仅在控制狗行为的某些方面很管用，而且还能避免我在上面提到的诸多问题。到现在为止，我们提到的惩罚法都是在身体上的积极的惩罚，它是在狗做出错事、坏事或其他我们不希望看到的动作时所应用的。而另一种形式的惩罚，从专业角度上被称作消极的惩罚。它的原理是，不当的行为会使其失去得到自己所期望的食物的可能性。

这种形式的惩罚方法，与一些家长教育有问题的孩子的做法比较类似，叫作隔离训练法。在使用这种方法时，你只需要把你的狗带到一个既安全又安静的地方，让它独自待一段时间。狗是一种社会性很强的动物，它总喜欢围着那些愿意给它奖励的人（或其他狗）转。这意味着，这一段时间与社会的隔绝会让它沮丧，因此这种办法可以用来控制它的行为。社会化的隔离可以使狗失去玩耍、交友以及其他社交的机会。除了这些失去的机会外，将狗隔离在训练场之外的方法还剥夺了它获得额外奖励的机会，例如食物和主人的宠爱，而如果它还在进行训练的话，这一切本该是属于它的。

为了提高这种方法的有效性，我们还需要一种可称为条件反射惩罚物或次级惩罚物的桥式刺激。这种刺激信号你可以随意挑选，比如其他人将其称作隔离，你也可以称之为“够了！”。和条件反射奖励或次级奖励相同，你选择的具体口令都是不重要的，因为不管你叫它什么，它都是与社会化隔离相联系时才能发挥它惩罚的作用。每当狗做出你不希望的动作时，赶快说出你的口令“够了！”，然后牢牢地抓住狗颈部的皮带或项圈，把它拖到那个隔离用的小房子里去。速度在这时很关键，因为你需要在狗的意识中形成一种极不希望看到的行为、次级惩罚物（口令）和隔离的结果三者之间的联系。

这个隔离的地方可以是任何既安全又安静的房间，比如浴室，或一个大一些的壁橱。但是绝对不能是狗窝，因为就连你也不希望把惩罚这种方法与休息的地方建立起任何联系。为了让它知道这是一种特殊的处罚方式，我习惯于把狗颈部皮带的另一头系在门把手上或钉在门框上，而且使皮带尽量松弛，足以让它舒服地躺下，但同时也不能太长，以避免它在隔离的房间里乱转。我推荐的隔离时间是两到三分钟。如果狗开始抱怨，我就迅速地说出口令“够了！”并且狠狠地在门上敲击一下。狗必须在解除隔离前安静地待上大约十五秒钟。当把它从隔离室释放出来后，我们将它带回原来的训练场，并且进行一定的训练。这些训练可以是一些简单的服从训练，例如“坐下”和“趴下”，并且在它完成后给予一定的奖励。

隔离训练法对于纠正狗在一些社交行为上的犯规非常有效，包括粗野地玩耍、跳跃、做鬼脸、过度地号叫和讨食等。对于这些错误行为，其他方法都很难处理，而隔离训练法是一种不需使用任何暴力就能对狗行为进行有效控制的好方法。

在这一章中，我主要列举了一些基本的原理，这些原理不仅可以教我们的爱犬学会一些技能，还能让我们明白狗的意识是怎样被我们的主观意愿所刻意塑造的，以及狗的行为是如何被我们逐步控制的。不仅心理学的专业知识，甚至是行为专业的大学毕业生都不能保证把你培养成一个优秀或合格的驯狗员。最优秀的驯狗师具有非常敏锐的观察能力、特别强的把握时机的能力和足够的耐心。让我们记住，训练狗其实很简单，只需要仔细地观察并寻找出我们希望看到的动作，捕获这个动作并给狗一定的奖励。如果你能很出色地完成，得益的不仅是你的爱犬，你自己也将会喜欢上这个训练的过程。说句实话，千里马常有，而伯乐不常有啊！

第十三章

社会学习的秘密

首先让我们回忆一下自己是怎样学会那些生活中必不可少的知识的。通常而言，这些知识都来自于你对周围人的细心观察，例如你的老师、父母和朋友。听别人说话、并且模仿这些声音才能让你学会语言；观看母亲的示范才能让你学会系鞋带和穿衣服；观摩别人做饭才能让你学会煎鸡蛋。这些行为都不是靠我们在前一章所提到的俘获、引诱、塑造或条件反射等训练法所能够学会的，而是通过观察别人有意或无意的动作获取有用的信息，并且利用这些信息引导和改造我们的行为。心理学家之所以将这一过程称为社会学习，不是因为它教给我们的是社会化的礼仪、习俗和交流方式，而是因为这种学习方法是通过社会来进行传播的。这种学习的方式和应用是生活在高度复杂的社会化环境中的高级进化生物所独有的。

观察学习法

几年前，科学家还普遍认为狗这种动物是不具有包括模仿、行为塑造和观察学习在内的社会学习能力的。1996年，心理学博士帕梅拉·里德在一本有关小狗学习的书《极速学习》（*Excelerated Learning*）中用了两个篇幅来讲这个问题。她在结尾处写道：

> 确实没有证据证明除了人类和诸如大猩猩、猩猩和非洲黑猩猩之类的猿类外，还有其他的动物具有这种纯模仿的能力。一些研究者将毕生的学术生命都投入到这项证明其他动物具有模仿能力的实验中，但是都以失败告终。这个事实可能会让你们失望，但是狗确实没有通过模仿而进行学习的能力。

虽然这个结论在1996年已经确定下来，但是研究还在继续，自那以后，大量新的实验数据表明狗是有可能通过观察和模仿进行学习的。而且事实上，在狗身上有一种很特殊的学习能力，它不仅可以从观察狗类同伴的动作中进行学习，而且还能从人类的行为中汲取信息。

其实，在这个结论被用研究文字表达出来前很久，驯狗员们就已经认定狗是可以通过观察而进行学习的。例如，训练牧羊犬的基本方法就是让它与一只有工作经验的牧羊犬一起生活和工作。通过这个办法，那只没有经验的小狗不仅学会了把羊群赶到一起的复杂技巧，而且通过观察有经验的牧羊犬的一举一动，还懂得了各种特殊信号的意义。事实上，牧羊人认为这种训练方法的效果比他自己对牧羊犬进行训练要好很多。

雪橇犬在开始训练时，其幼犬也是与那些有工作经验的老犬一起进行工作的。在不列颠哥伦比亚，我有幸看到了一群五个月大的西伯利亚雪橇犬是怎样被训练成合格的雪橇犬的。采用这种特殊训练方法的驯狗员首先会选出10或11只没有任何工作经历的幼犬。然后拿出一箱适合幼犬们穿的马具，给它们一个个穿上，再用拖绳将它们固定，并按前后顺序排列。最前面的一排是几只有数年拖拉雪橇工作经验的老犬。不过在这时，雪橇犬拉的不是雪橇，而是一辆适用于多种地形的四轮车。驯狗员解释道，之所以选择这种四轮车，是因为它具有一套良好的用于控制速度的刹车系统，可以调节平衡。

四轮车辆的驾驶员在给前排有经验的老犬发出信号后，车辆开始前进。但是最初，车辆移动得非常缓慢，甚至比人步行的速度还要慢。这时那些没有经验的幼犬的反应很有意思。大多数都在向四周张望，好像要给同伴指出发生了什么事。老犬倾斜着身体、紧靠着马具，并使劲地拉车。离它们距离最近的幼犬开始在观察老犬的一举一动。几分钟后，这些幼犬也开始对车用力，方向与老犬一致。这时在拖绳后半部分的幼犬还是一团糟。其中的一只坐在地上，等待着拖绳把它往前拉；而另一只显得十分紧张，甚至在与前进相反的方向上使劲。在拖绳的中部，幼犬们都在观察，我们不清楚它们是否能看清最前面的老犬的行动，但是可以肯定的是，它们可以看见正前方的同伴已经开始向前拉车了。逐渐地，从最靠近老犬的拖绳前部到靠近车辆的拖绳后部的方向，一只只幼犬加入了老犬的行列，和老犬一起倾斜着身体、紧靠马具使劲地拉车，就连方向也完全一致。这时的队伍还是非常嘈杂，它们一边前进，一边发出各种各样的声音，有的喊，有的吠，有的号叫，有的呻吟。但是在这个过程持续了大约半个小时后，嘈杂声就停止了，显然所有的幼犬都开始使劲地拉车了。而且在队伍停下来之后，幼犬们在摇晃身体进行放松的同时，还时刻关注着带头老犬们的一举一动。只要老犬们一站起来准备出发，幼犬们也马上重新戴上它们的小马具，朝老犬们带领的方向上共同地用力。在这一过程中，很明显幼犬们得到了老犬的暗示，而且在大约一个小时之内，这些幼犬就已经上了作为雪橇犬职业生涯的第一堂课。课程的内容就是观察有经验的老犬和同伴们的行动并加以学习。

团队协作学习法

这种学习方法的原理，是科学家通常所说的互效行为。该原理认为，团队协作行为的基础是一种与生俱来的习性，狗在这种习性的作用下喜欢与其他的狗类同伴们在一起，服从它们的领导，并且愿意和大家做同样的事情。幼犬从很早就开始显现出模仿狗类同伴的习性，并且将持续一生。狗身上很多重要的习惯都是参与这种有组织的社会行为而学到的。许多知识渊博的驯狗师认为，训练幼犬最便捷的方法就是合理地利用这种模仿的习性。例如，在训练幼犬“过来”这种动作时，你可以先跑开一段距离，当幼犬在互效习性的作用下跟着你跑时，你应该立刻发出“过来”这样的命令，并且在它跑到你跟前时给予一定的奖励。“跟随”这种动作也很好训练，因为互效习性会使幼犬自然地跟随在驯狗员的身边。如果你能在它跟随你的同时发出命令“跟上”，并且给予一定的奖励，跟随的意识也就很容易巩固在幼犬的头脑中了，于是小狗就很容易地掌握了跟随这个动作。

很多狗的主人都发现，如果让一只幼犬和有训练经验的成年犬共处一室，这将极大地简化幼犬的训练。它们可以和那只成年犬一起练习“过来”这种动作。在成年犬根据你的命令跳到车里时，那只幼犬也会做出同样的动作，因为它只需要做到简单的模仿就行了。有了这种方法后，就连控制狗大小便这种原来看来很难的训练也被大大简化了，因为幼犬将会和成年犬在屋外合适的地方一起大小便。

有一些任务非常复杂，以至你很难设计出一套方案进行有效的训练。但是现在，在团队协作学习法的帮助下，狗就可以通过观察自己学习了。圣伯纳救援犬就是一个很好的例子。狗的名字是根据一所救援站的创建者圣伯纳命名的，这个救援站位于瑞士阿尔卑斯山地区一条连接瑞士和意大利的主要道路旁。这个救援站为冬季的旅行者提供了一个可以躲避大风、寒冷、暴雪和雪崩的地方。救援犬可以协助修士搜寻那些偏离主要道路的旅游者。修士很少在不带救援犬的情况下离开救援站，因为阿尔卑斯山的雾来势很猛，且没有任何预兆，能见度会随之急剧下降，让你甚至无法看清只有一步之遥的情景。没有救援犬，就连修士也无法安全地返回救援站。历史上，在修士和救援犬的共同努力下已经成功地救出了数以千计的被困旅行者。救援时，救援犬被分成三组。一旦找到迷失方向的旅行者，其中的两组救援犬就分列在旅行者的两侧为其保暖，另一组救援犬则迅速返回救援站发出警报，并带领救援队伍来到被困旅行者所在地。这种狗没有经过任何特殊训练，因为没有人有能力教会它在任何情况下都去完成这么复杂的任务。在巡逻的时候，幼犬紧跟在有经验的老犬之后。就是这种方式的学习让幼犬明白了它们的任务。最终，每只救援犬不仅明白了它们的责任，而且还根据自己的特点做出了选择：最适合自己的工作是救援队中的哪一组，是为被困者保暖还是返回驻地寻求帮助。

狗驯狗训练法

狗不仅可以通过观察，并通过与其他狗类同伴的交流来进行主动的学习，而且一些时候对同伴行为的不自觉观察也会让它们受益匪浅。纽约市立大学斯塔滕岛学院的勒诺和赫尔穆特·阿德勒为我们简单而完美地证实了这一点。他们首先将小腊肠犬两两分为一组。随机选择出其中的一只作为示范者，然后将一段丝带的一头拴在一辆位于铁轨上的装有食物的小推车上，并且将丝带的另一头给那只小腊肠，它只有用丝带将那辆小推车拉进笼子才能得到食物。同时，小组中作为“观察者”的另一只腊肠犬被铁丝网阻断了与示范者之间的联系，它的任务仅仅是观察在铁丝网那一边同伴的学习过程。在示范者进行过五次这样的实验后，观察者才被允许到铁丝网的另一边尝试刚才的工作。实验的结果表明，作为示范者的60天大的小腊肠犬在第一次拉小推车的实验中平均花费的时间是595秒，而作为观察者的小腊肠犬平均只花费了大约40秒。结果显示，示范者花费的时间比观察者多了15倍。所以很明显，观察者通过观察学到了不少东西。

这里还有一个非常有趣的例子同样可以证明观察学习法的作用，它为我们展示了这种方法在训练服务犬时是多么有效。例子发生在南非比勒陀利亚的警犬训练所，在那里，德国牧羊犬是被作为缉毒犬而进行训练的。首先，实验人员选出一组幼犬，它们在那里将会有特殊的经历。在6周至12周大的这段时间里，它们每周都会有几次机会看到它们的母亲寻找、发现装有毒品的小袋子并交给驯狗员的训练过程。在这些幼犬还很小的时候，那些装有毒品的袋子就开始藏于它们居住的狗窝附近；后来又藏在每天去训练场的必经之路上。每当它们的母亲成功地发现并找到那些毒品，幼犬们还可以看到母亲们受到表扬和奖励的全过程。但是这些幼犬从不被允许独自寻找毒品。在这6周的时间内，幼犬们总共观看了14次母亲们进行的这种后天行为训练的过程。

在第12周的时候，包括这些看过母亲缉毒训练的幼犬们在内的所有幼犬都被与母亲分开，与它们以后的终身训练员一起参加一个名为标准警犬服从训练的项目。在服从训练中，所有的幼犬都没有接触毒品的机会，也不会进行任何寻回训练。在它们6个月大的时候，这些幼犬都将参加一个缉毒能力的评估，评估它们寻找并发现毒品，并最终将藏匿有毒品的小袋交回训练员的能力。这个评估通常是用于那些受过训练的幼犬的。评估一共有五项，每项两分，也就是说满分是10分。这五项是（1）狗的注意力是否集中和它们对于寻回藏匿有毒品的小袋的兴趣；（2）狗对于接近藏匿着的小袋的路线选择；（3）狗对于寻找那个小袋时路线的选择；（4）狗是怎样拾起袋子并将它带离藏匿地点的；（5）狗是否带着装有毒品的袋子直接返回训练员处的。在评估时，如果狗对于完成任务没有任何兴趣或能力，将给它记零分，而如果狗快速准确地锁定了毒品的位置并将之带回训练员处，它将得到10分。

评估的结果令人吃惊。为了让你明白这些幼犬到底表现得有多出色，我想先让你明白一个事实，那就是说，如果一只狗能得到九分或者10分，这就表明它完全掌握了训练的任务。所以，通常一组狗里面没有一只能得到满分，这并不令人奇怪。但是这次评估的结果是这20只只观看过母亲们缉毒训练而没有参加过任何相关培训的幼犬中，有四只得到了九分，这意味着它们的水平与那些经过传统训练的缉毒狗不相上下。这是自南非警犬训练所成立以来，没有经过训练就参加缉毒能力评估的所有狗中的最好成绩。在评估中，五分及五分以上的得分被认为是缉毒训练中的合格分数，那些只看过母亲们缉毒训练的幼犬中的85%得到了超过五分的分数，与它们相比，那些只采用传统方式训练而没有机会观看训练的幼犬的合格率只有19%。这无疑是一个很有力的证据，它让我们明白了幼犬们仅仅通过观察同伴的行为就可以学到不少东西。

以上我给大家介绍的这些有关观察学习法的例子，所涉及幼犬的年龄都低于六个月。大多数训练者都认为，观察训练法对于年龄较大的狗来说是不那么有效的，特别是在一些例如拉雪橇、放牧和救援之类的高难度动作的训练方面。虽然到现在为止，有关年龄对观察学习法作用的影响还没有一些系统性的研究，但最新的证据表明，狗在其一生中是永远不会停止观察和学习的。

狗是怎样进行观察和思考的

以上所有的数据都来自于狗观察其狗类同伴后的学习效果。但是既然狗与人生活在如此近的环境中，人应该也可以成为它进行社会学习的模范。对于狗来说，如果把人当作模范或者消息的源泉，这就要求它对于人所使用的信号的敏感度必须达到一定的水平。最近的证据显示狗确实具有这种能力。大多数的狗主人都有这样的经历，当你仅仅只朝挂着拴狗颈的皮带处看了一眼，你的小狗莱西（或者菲多）就已经预见到你要去散步了，并会向门口走去。虽然这件事在我们看来很正常，但是对于科学家来说却具有特殊的意义，因为它为我们展示了狗是怎样进行思考的。首先，它表明狗可以懂得人类的肢体语言。其次，它表明狗意识到我们身体的移动和手势都是与世界上的一些事或屋子中将发生的事情有关联的。如果这一切都是事实，狗就可以利用这些来自于人类活动的信息去解决问题，这就好比向它们的狗类同伴学习一样。

自20世纪中期以来，科学家们一直在研究狗的社会认知，或者说狗对社会提示的理解程度。作为一个人来说，你能懂得社会提示是很自然的事情。例如，正与你谈话的人不停地看他的手表，这就表明你最好快点说你的事情，以保证在他离开之前你能讲完你的要点。研究表明狗也非常善于读懂这种社会提示。很长一段时间以来，我们认为狗能从社会提示中提取到的信息仅与社会意图有关。因此，我们认为狗可以了解什么时候人或者另一只狗已经恼怒、即将发起进攻。人模仿经典的狗类信号时，它就可以读懂人的社会信号。例如，来自南安普顿大学人类动物关系学研究中心的一组研究人员做了一个实验。首先，实验者将手和膝盖着地，肘和前臂平放在地，并且向前伸展出去以降低身体的高度，当他们做出这种模仿狗鞠躬的动作时，狗也会做出一个鞠躬动作作为回应，并且开始玩耍。相似地，当实验者做出快速的向前跃的动作以表示出游戏的信号时，狗也会做出相应的回应。

当示范者是狗时，狗可以通过观察学会做一项工作或一个任务，但是它是否能从观察人的行为中提取信息并指导它自己的行动呢？专用于寻找狗这种行为的科学实验做起来也非常简单。你首先准备好两个小桶状的容器。其次，在狗不在场的情况下往其中的一个容器中放一点食物，因为容器事先都与那种食物接触过，所以没有气味上的区别。然后将一只容器放在你的左手边，另一只放在你的右手边。当狗走进屋子时，采用以下几种不同社会提示中的一种给它指明哪个桶里装有食物。最明显的提示是敲敲有食物的那只桶。次级明显的是用手指指那只桶。再次一步的提示是将你的脑袋或身体转向装有食物的那个容器。最不明显的是只用眼神看看那只正确的桶，而不转动你的脑袋。如果在提示下狗做出了正确的选择，它就可以得到容器里的食物作为奖励。

我们现在认为，这种首先将奖励放在一个特定的位置，然后再通过人手势的提示找到奖励的这种实验对能力的要求太低了，但事实并不是如此。西南路易斯安那大学的心理学家丹尼尔·J.波维内利发现，动物中与我们人类最近的亲戚黑猩猩在这个实验中表现得就不够好，三岁大的宝宝也不行，猴子的表现最差。当然黑猩猩和宝宝学得很快，后来在很短的时间内都掌握了。最令我们吃惊的结果来自于哈佛大学的心理学家布雷恩·哈雷，他在做了和丹尼尔完全一样的实验后，发现狗根据人的方向提示最终找对容器的次数比猴子多四次，比宝宝多两次，而且更令人惊讶的是，这个实验还是在对狗来说试验者是陌生人的情况下完成的。

现在留给我们的问题就是，狗是从哪里学来这个能力的呢？第一个猜测认为，由于狗是由成群捕猎的狼进化而来的，所以它们这种善于捕捉社会信号的能力大概来自于进化，以助于协同捕猎。如果这种猜测属实的话，狼应该和狗一样可以在这种测试中取得高分。但是，哈雷在位于马萨诸塞州狼窝组织的狼避难所的实验表明，狼的表现不仅与狗不可比拟，甚至比猴子也要差很多。第二个猜测是，狗可能通过长期观察它们所在家庭的人类成员而学会了人类的语言。这就是说幼犬，特别是那些还和同窝出生的狗兄弟一起生活，并且没有被任何家庭收养的狗宝宝应该还不能理解这种社会信号。但是我们又一次错了。甚至是那些一直和母亲、兄弟们生活在一起，没有接触过人的9周大小的幼犬参加这个测试，成绩也要远远好于狼和猴子。这表明狗的这种识别社会信号的能力既不来自于狗和狼共同祖先的遗传，也不是人类带给它的巨大改变。

当科学的证据无法来证实上面两种最可能的解释后，我们的疑惑，即狗是从哪里获得这种天生就能理解人类信号的能力，还没有得到解决。我们还有两种可能的解释，它们都认为，这种能力产生于一代代的狗经过驯养所带来的进化上的改变。当然，就是具有理解主人意图的能力使得狗更容易在人类的社会中生存下来。这也就是说，正是这种能理解社会提示的能力才让狗生存并繁育了下一代。现在的问题就变成到底是因为某些狗具有这种能力才被驯养，还是这种能力其实只是驯养过程中某些无意识的副产品？

上面两种理论中的任何一个都有可能是对的。很显然，人们更喜欢与那种懂得人类肢体语言的狗建立感情上的联系。但同时另一个理论也可以说得过去。在挑选驯养的小狗时，如果没有别的方面的考虑，最起码，人们为了安全也会选择那种最温顺、最易于管理的幼犬。让我们按照下面这个方式考虑一下：如果你在挑选时极力避免有好斗特性的幼犬，那么你在训练时采取的一系列措施都会引导它向温顺的方向成长。同时，幼犬身上很多无意识的变化也会作为副产品出现，例如幼儿时期延长化，这会使你驯养的爱犬看起来一直就像一个小狼崽，而不如别的成年犬一样具有好斗的天性。所以说，狗的这种能够懂得人类信号，并且从人类的行为中提取信息的能力，也十分有可能是人类对于狗驯养作用的一个无意识的副产品。那种更冷静、更善于留心周围事物的小狗，正好也具有很强的获取细微的社会提示的能力。

观察人类行为并获取知识

狗能够从人类的行动中获取并使用的信息不仅种类繁多，而且数量也十分惊人。彼得·蓬格拉茨和一组来自匈牙利罗兰大学以及匈牙利科学研究院的研究人员联合开展了一项实验，他们要在实验中测试，如果仅仅通过观看一次人的演示，一只狗是否有能力成功地寻找出一条通往奖励物所在地的特殊路径。在实验中，他们使用了一个V字形的栅栏，并使栅栏上V字底端那个点面对狗，然后将一种很诱人的食物放在了栅栏的背面。心理学家将这种情况叫作绕路问题。这种问题非常有趣，因为它需要让动物在解决问题时首先必须远离目标。这个情况下，狗必须顺着V字形的一边走到顶端（从表面距离看，狗这时离它梦寐以求的食物越来越远）。到达顶端之后，它需要转身走进V字栅栏的开口处，然后才能达到目标。虽然最开始狗在绕路的问题上遇到了一些困难，但是一般通过屡败屡试的方法，它最终还是能成功地解决这个问题的。然而这种屡败屡试的学习方法在进度上非常缓慢，在绕栅栏这个问题上没有至少五六遍的尝试和失败，它是不会最终接近食物并体会到这种恍然大悟的经历的。一旦成功过一次后，它在这方面的能力就会大增。如果在V字栅栏上开个小门，让狗更快地得到食物，它学习这种更快捷的方法的速度比原来那种绕路方法的速度更快。

假设我们不让狗以那种乱逛的方式来寻找到达奖励所在处的路线，而是让它待在附近，并让一位实验人员给它演示一下正确的路径。这时，狗从人类的行为中学到了东西，不是原来五到六次的失败，而是仅仅一次尝试就让它到达了目标。除此之外，即使将栅栏上那个可以缩短路程的小门打开来，但由于狗看见那位实验人员是绕过栅栏才到达目标的，所以它也忽略了这条捷径，依旧从人演示的那条路径到达目标。在这个例子中，狗之所以放弃自己主动探索其他更好的路径的方案，不走那个可以缩短路程的小门的主要原因是，它在模仿那位演示人员的成功行为。

另一组来自匈牙利罗兰大学和匈牙利科学研究院的研究人员在埃尼科·库比尼的领导下，为我们证明了狗可以仅仅通过观察它们主人的行为来学会操作机器。这个例子中的机器是一个带有水平伸出的操纵杆的箱子。如果将这个操纵杆向左或向右扳动，箱子上的小球将从箱子的侧面滚下；除此之外，还有几种方法可以将小球从箱子上取下来，例如狠狠地撞击箱子，或者在箱子的侧面轻轻地敲，等等。演示期间，狗的主人抓住项圈，以保证它看着箱子。然后，主人将狗的注意力吸引到操纵杆上，同时说“注意看我的手！”。当它遵照命令看着操纵杆时，主人推动操纵杆，箱子上的球在狗的注视下滚了下来。由于在这之前，狗已经玩过了小球，所以在狗看来这个小球无疑是一个奖励。在将这个演示实验重复做过10次之后，我们就进入了最重要的部分，来测试狗是否会模仿刚才它的主人来取得这个小球。但是，我们必须非常注意，因为有可能会产生一个叫作局部提高的现象，这时，演示者的行动仅仅会把观察者的注意力聚集起来，吸引到另一方面。很显然，如果狗的注意力是被成功地吸引到那个操纵杆上了，那么它用鼻子撞击那个操纵杆的概率就会增大。为了避免这种现象的发生，另外还有一组，主人在将狗的注意力吸引到操纵杆上，并说“注意看我的手！”的同时，仅会象征性地用食指碰一下那个操纵杆，而不真实地推动它。显然在这种情况下小球不会滚下来，也就是说在演示之后任何东西也不会发生变化。

在演示实验之后，实验人员将会给每只狗三次尝试的机会。每次机会的时间为60秒，当然如果狗能成功地取下小球，它还有一定的时间来玩耍。实验的结果表明，狗确实是通过观察它主人的演示学会了怎样操作那个箱子上装有小球的机器。引人注意的是，在真实触动操纵杆并有小球滚下的那组中，大部分的狗（77%）在三次尝试中都走到了箱子边并成功地接触了操纵杆，这组中剩下的其他小狗也至少有一次成功地接触了操纵杆。与之相比较的是演示人员没有扳动操纵杆的那组，这组中只有16%的狗三次都接触了操纵杆，还有53%的狗甚至一次都没有碰过那根杆子。在看见过主人利用推动操纵杆的方式释放小球的那组狗中，有65%成功地扳动了操纵杆使小球滚下。在演示人员仅仅集中了狗的注意力、使它们观看自己接触操纵杆而没有释放小球的一组中，只有6%的狗使用扳动操纵杆的方式三次都释放了小球。因此在观看实验人员操纵机器并取得小球的演示后，也采用相同的办法操纵机器，并最终取得奖励物的狗的数目是另外一组的10倍。

在另外一个实验中，研究人员发现了狗与狼之间的一个很大的不同。当面对一个两种动物同样不能完成的操作性任务时，狗会停下来看着身边的人，试图从人的行动中得到接下来该怎么办的线索。与之不同的是狼，甚至有一些是已经被驯养并和人类一起生活的狼，在面对相同的难题时，是不会寻求身边人的帮助以取得下一步提示的。狗之所以具有这种从身边的人类社会资源中提取信息的能力，仅仅是因为它们在明确地留心这些资源。

社交性的大脑

最近，对于动物认知的研究将重点放在了“社交性大脑”的假说上。这个假说认为，智力不断进化并且在从开始就变得越来越复杂的主要原因，是因为它被用来解决社会交往问题。动物生活的社会交往组织越复杂，它就需要使用更高的智力和更发达的大脑来解决问题。当然，人类也是一种社交的动物，我们同样也花了大量的时间互相交流个人交往的信息。我们经常讨论的不是中国古代先哲的哲学思想，也不是爱因斯坦的理论，更不是当被吸进宇宙黑洞后的物体的变化。实际上，我们花了大量的时间来讨论社会交往的每一个方面。

为了研究上述的那种行为，两位来自英国的心理学家举出谈话的例子为我们进行了说明。罗宾·邓巴采集的谈话案例来自全英国，尼古拉斯·埃姆勒采集的日常谈话来自苏格兰。他们共同发现，我们日常的谈话中有超过三分之二的内容都是有关社交和情感方面的事情。经典的谈话主题是谁和谁在干什么，或是某件事是对还是错的评论。其他的谈话主题是关于世界上谁在崛起，而谁又在衰落，以及两者的原因是什么。大多数有关感情的谈话都是关于如何处理十分棘手的交往状况，描述恋人间、小朋友间、同事间、邻居间和大家庭之间的复杂关系。当然，我们有时也对复杂的技术难题进行谈论，特别是一些在工作中或读书学习中遇到的难题。但是在另一项实验中，我对大学中同事间发生的一百多次谈话进行了仔细分析，这些谈话中没有一次关于专业的讨论能持续超过七分钟，至少谈话会暂时性地进入到社会交往的主题。事实上，这些对话中总共只有四分之一的时间被花在了专业性的谈论上。

如果人类的思考和交流都集中在社会交往问题上，那么关于我们大部分的学习都是通过听别人的话语、观察别人交流的方式而进行的说法就不令人感到奇怪了。在一定程度上，狗也是通过同样的方式进行学习的，所以我们可以利用狗在社交事务上的兴趣，辅助以一些语言和其他可见的交流信号来教它学习了。来自英国林肯郡德蒙福特大学的休·麦金利和罗伯特·扬，为了加快狗的学习进度且方便一些行为中动作的训练，为一些物品和动作贴上了标签。狗是通过观察驯狗员与另外一个人的交流来学习和领会这种标签的含义的。这另外的一个人，一方面是我们所需要训练的动作的演示者，另一方面对狗来说是吸引驯狗员注意力的对手。狗的意识中某些对于社交的兴趣是最好用这种存在竞争对手的办法来刺激和训练的了。在这时，狗只有主动去了解它的竞争对手所知道的，这样才能从驯狗员手中得到交流和其他方面的奖励。

实验人员随机选择出一组宠物狗和它们的主人。每只狗必须首先根据名称识别出一种特殊的狗玩具，然后根据命令寻找它并将其交给主人。实验一共用到了两组橡胶玩具。其中的一组包括三个红色的橡胶狗玩具，分别是靴子、灭火器和草莓，而另一组包括三个黄色的橡胶狗玩具，分别是萨克斯管、牙刷和锤子。所有这些玩具在尺寸上都差不多大小，长度一般在六英寸到八英寸，也就是15厘米到20厘米。实验人员首先从每组中随机选择出一个玩具，然后每只狗学习在听到命令后根据命令寻找到这个玩具并交给主人。实验人员给每个玩具起的名字都是完全随机的，和它们真实的名字毫不相干，但是现在为了给读者表达清楚，我在叙述时还是使用橡胶玩具真实物品的名字。

实验人员在教每只狗寻回一种特殊物品时都使用两种不同的方法。在使用标准的操作性条件反射训练法过程中，首先假设我们需要狗寻回的物品是那只黄色的橡胶锤子。这种方法需要一步步地塑造狗的行为并给予奖励，直至最终完成我们训练的动作。开始时，实验人员只将那只橡胶锤子放在地上，如果狗用鼻子碰一碰锤子，它就能得到一定的食物奖励。接下来，狗如果能用嘴将这个锤子叼起来，它才会得到奖励。最后，只有在得到实验人员的命令“拾起锤子！”后，用嘴叼起锤子并交给实验人员，它才会得到奖励。当狗可以连续三次都根据命令做出正确的动作时，才会被认为已经完成了训练，并可以进入到下一个测试阶段。实验人员将会把三个黄色的橡胶玩具同时丢出，并发出命令，狗只有首先分辨出哪个是锤子并交还给实验人员，才算成功地完成了训练。狗学习这项任务的时间长度将是评价这项训练方法好坏的标准。

另外一种训练方法是上面提到过的“榜样—对手方法”，它要求狗观察一个在驯狗员和演示者之间展开的关于玩具的对话。狗被皮带固定在离驯狗员和演示者有半米（1英尺半）距离的地方，他们坐在狗的正前方。两者将按照事先准备好的稿子展开一个关于橡胶玩具的对话。由于过去对于人类的研究表明，人对一句话记忆最清楚的部分是那句话的最后一部分，所以我们将那种玩具的名字放在每句话的结尾。假设我们需要狗辨认的玩具是那只红色的橡胶靴子，则对话的内容如下：

驯狗员：你能看见那只靴子？（与此同时，他将这个靴子交给演示者。）

演示者：是的，我可以看见。谢谢你给我这只靴子。（他将那只靴子交还给驯狗员。）

驯狗员：你能还给我那只靴子？（他将这个靴子交给演示者。）

演示者：谢谢你这只非常漂亮的靴子。（他再次将那只靴子交还给驯狗员。）

这段对话必须以一种非常活泼和热情的方式表演出来，而且在表演时不仅要求表演者的眼睛时刻盯着那个橡胶靴子，还要求他们两人身体的朝向和说话的方向都必须对着那只离他们不远的狗，只有这样才能把狗的注意力吸引到那个被来回传递的玩具上面。在对话进行的同时，狗是不允许接触那个玩具的。只有在观看完表演两分钟后，才允许它在得到“拾起靴子！”的命令时去寻回那个三米（10英尺）远的玩具。如果狗没有成功地完成任务，这个训练将被重复一遍，超出的时间记到总训练时间中进行评估。如果顺利地完成了任务，它将同样在三个红色玩具都被丢出的情况下，接到“拾起靴子！”的命令，分辨红色靴子并交还给实验人员。

实验证明，狗可以仅仅通过听和观察两人之间的谈话就学会这种寻回物品的能力。除此之外，试验结果还显示，不论是标准的条件反射训练法还是仅仅通过观察，在训练时间、训练速度和准确性等多个项目中两种方法的结果都差不多。

上述的实验数据对我们来说非常重要，因为它暗示了狗和人之间是通过怎样的方式进行交流的，还说明你的狗经常在观察你的一举一动。例如你拉开一个地板上的橱柜来为你的狗取食物，你不仅告诉了它食物的所在地，还教会了它拉开橱柜上的把手就可以取到食物。狗就是这样通过听和观察你的一举一动来学习的。

第十四章

艺术家还是科学家？

一些心理学家认为，在两种思维方式中，每个人必居其一。第一种思维方式是偏重于分析、逻辑和数学计算的能力，这被认为是由左半边大脑控制的；而第二种方式多了一些艺术、创造、音乐和感性思维的能力，它是由右半边大脑控制的。不管神经系统如何，这两种思维倾向中必有一种会主导每个人的思维。因此心理学家常说的认知方式就是说人必然会按照上述两种完全不同方式中的一种进行思考。人类中必然会有一些人习惯于用逻辑和理性的思维来处理遇到的每个问题，而另一部分人遇事的第一反应常常会十分感性，同时他们关注的方向也常常是艺术和美丽的事物。在了解到人类的这种思维特点后，我们十分好奇，如果每只狗也有一种特别的审美观点，那么在遇到实际问题时，它是否在寻找一条理性的解决方法呢？

与狗共舞

两位金发美女——穿着红色背心的卡罗琳，和项圈上带有明亮装饰纽扣的小狗鲁奇在地板上翩翩起舞。所配音乐是来自音乐剧《火爆浪子》的经典摇滚乐。当演员唱到著名的唱段“你就是我需要的那个人……”时，卡罗琳和鲁奇向两个相反的方向旋转，然后再转到一起，随着韵律向同一个方向移动。卡罗琳按照经典摇滚舞的动作突然向外伸出双手，而鲁奇在继续前进了几步后用它的腿开始转圈。没错，你上面读到的都是真的。卡罗琳是来自得克萨斯州休斯敦的卡罗琳·斯科特，而鲁奇是一只七岁的金毛寻回犬。它们在参加一个名为狗类音乐自由舞的活动，事实上就是和狗一起跳舞。

当你看见狗在跟随音乐进行自由舞表演时，你一定认为它是根据音乐的旋律而翩翩起舞。但是你错了，这个表演却是一套经过预先设计、并随着音乐伴奏而进行的动作。事实上，这套动作是和狗服从训练标准的传统紧密相关的，从某些方面来讲，这就是一套基本的跟随训练，或者称为狗训练中的马术运动。自由舞作为狗训练方法改革的一种形式开始于20世纪70年代。在这一时期出现了很多正面的驯狗方法，它们都将重点放在激发狗的兴趣，使它带着快乐情绪，而不仅仅是被逼迫着参加训练上。在这些新式训练方法的指导下，狗的训练效率不仅大幅度提高，而且准确度也超过了原来的方法。由于传统中那种采用暴力纠正身体的方法被摒弃，现在的狗训练课已经变成了它的娱乐消遣时段，甚至在一定程度上成了经常性的社交活动。作为这种狗训练态度改革的一种方法，一些驯狗员开始将音乐引入训练课堂，并将服从训练的动作融入音乐作为示范。

我参加过两次这样的活动，分别是1992年在北美太平洋狗展示窗举办的第一届音乐自由舞大赛和1993年在温哥华举办的第二届。虽然后来这种大赛强调的比赛形式是一位驯狗员和一只狗间的舞蹈，但是如果有四或六位驯狗员带着他们的爱犬一起跳的话，也很受鼓励。当时很多进行狗服从训练的俱乐部都互相联系，看是否能一起组队参加。我所在的温哥华狗服从训练俱乐部派出了一只士气昂扬，但与比赛宗旨不是十分符合的队伍参加了比赛，这支队伍由芭芭拉·贝克的斯塔福郡斗牛梗犬——纳特美格，辛迪·梅尔克莱德的谢德兰牧羊犬——马丁，彼得·里德的英国可卡猎鹬犬——博和我的凯恩梗犬——弗林特四组共同组成。我们将这一音乐活动看作是狗世界中的西班牙马术学校使用著名马种——利皮札马进行的表演，或是加拿大皇家骑警队的音乐骑行表演。对于我们来说，音乐只是作为这种旨在展示狗技能的十分新颖有趣的表演的一个背景，而且我们压根就没有表现出任何在跳舞的意思。我们的队伍表现得很好，在第一届比赛中获得了亚军。第二届比赛中队伍扩大到了六只狗，也取得了第四名的好成绩。但是从那以后比赛就对跳舞、娱乐价值和服装等诸方面逐步重视起来。由于我们中没有谁在音乐方面专业到能够在这样形式的比赛中游刃有余，所以后来我们就没有再参加这类比赛了。

通过参加前两届比赛的表演来看，毫无疑问我们的狗是无法按照背景音乐的旋律进行表演的。事实上，我们第一次演出的时候选择的音乐是风笛，因此没有特殊的鼓点或节拍需要狗来把握。然而今天，至少表面上看起来狗是随着音乐翩翩起舞的，我们可以看看这方面的大师级表演家，也就是上文提到的小狗鲁奇，看着它的表演，你确实感到它在跳舞。这些是否可以说明狗具有足够的乐感来学习跳舞？很显然，即使是自由舞组织者自己都不会承认狗具有这种能力。一本由狗自由舞联盟出版的发行物明确指出：“自由舞表演中的音乐均是根据狗自身的节奏而进行选择的。”这说明每只狗都有一种天然的节奏，正是这种节奏决定了它特殊的移动速度。有的狗喜欢快速地小跑，这说明应该给它搭配有速度快和有很强节奏感的音乐；而有的狗喜欢以一种优雅的步伐慢慢前进，这说明给它搭配的音乐应该是古典芭蕾舞音乐。通过训练，你可以在一定程度上调整你爱犬的天然节奏，但是它的调节范围不会像人那么宽。所以，虽然表面上看起来狗是随着音乐而跳舞，但实际上是由人选择音乐以搭配狗的天然步伐节奏的，而不是狗对每首音乐的旋律节奏都有很好的把握。如果你改变背景音乐的节奏，你将明显地看到狗的动作是对驯狗员的移动做出的反应，而不是音乐的节奏。

如果狗不会跳舞的话，那么它还有其他的音乐才能吗？它会唱歌吗？它会对音乐感兴趣吗？

与狗同歌

人们将狗的号叫看作是它想唱歌的一种尝试，因为在一些情况下，一旦有人播放音乐或者开始唱歌，一些狗就会以号叫的方式加进来一起唱。有一只名叫波旁的巴赛特猎犬，每当它的主人一家聚在钢琴周围唱圣诞颂歌时，波旁就会开始号叫，而且它只会选择在主人一家合唱时才开始号叫，在他们唱完的时候它也会停止。它的主人具有很高的音乐天赋，他认为波旁是在尝试着加入他们一起唱歌。他解释道：“波旁是在我们的孩子已经长大到和我们一起唱歌的年龄时才开始号叫的。我认为波旁是为了用更大声一点的男低音声部来平衡其他尖锐的女高音声部。而且波旁的声音肯定是属于音很低的声部的。”

首先，狗将号叫当作一种交流的方式。与野狗相比，家犬经常吠而很少号叫，但是当其他的狗也用号叫作为应答的方式时，家犬也会用号叫来交流。虽然被隔离的狗发出的声音表示了它的孤独，但是某些号叫完全是为了交流。狼用号叫来集合同伴，并加强狼群的认同感。一旦听到某个动物在号叫，它所属种群的其他同伴就会聚集起来一起号叫。我们最熟悉的号叫在最开始并不嘹亮，它往往是一种持续的声音。有的时候，号叫在进入主声调之前的音调会略高，而在结尾之前的音调会略低。号叫中有一种听起来很吸引耳膜的声音，常常被描述为带有“悲伤的”感觉。从表面上看起来动物们很乐意参加这种群体性的号叫，但它们到底是喜欢这种声音本身，还是喜欢群体号叫所代表的群体之间的交流，到现在还不是很清楚。但是这很容易让人们认为狗或狼的这种群体性号叫是为了平衡一个即兴演唱会的声音。

对这些本能的音乐会中狗的号叫进行了科学的分析后，一些研究人员认为，这表明狗具有一种定调的意识。以前对狼的研究表明，一只正在号叫中的狼听到有其他同伴加入号叫后会改变它的音调。没有狼愿意在合唱中与其他同伴采用相同的音调作为结尾，这也就是为什么在人合唱时，一旦有狗的号叫声加进来总是很明显的原因。它是故意不与其他的声音采取一样的音调，而且还很乐于听到这种由它制造出来的不和谐音。人类的音乐中最容易引发狗进行号叫的是由管乐器发出的，特别是黑管和萨克斯管。有的时候小提琴奏出的长音或人唱出的长音都会引发它的号叫。原因可能是在狗看来这些声音都像它同类动物的号叫声，它觉得有必要应和并且加入到这个号叫的合唱中去。

批评家的回应

历史上录制的最著名的人狗二重唱也许来自于美国总统于1967年的表演。林登·贝恩斯·约翰逊总统与他的一只白色的混血梗建立了牢固的感情联系，这只混血梗的名字也很谦顺，叫游喜。我记得他们拍摄的第一部电影在几乎所有电视台的新闻广播中都播放过。电影中，约翰逊总统坐在白宫椭圆形办公室内，身后摆放着圆形的总统标志。小狗游喜就坐在他的大腿上。约翰逊总统首先唱了一首西部乡村歌曲，然后是一部歌剧的咏叹调，当游喜快乐并充满活力的号叫加入之后，两首歌均走调得非常严重。当人们谈论起这个二重唱时，舆论的压力非常之大。音乐批评家认为在歌剧中加入狗的号叫表明总统对于古典音乐的蔑视。还有的人怀疑这一举动破坏了总统的形象和人们原来对于那间著名办公室的尊敬。但是约翰逊总统很喜欢与他的爱犬一起进行这样的表演，并对其引发的民众愤怒毫不在意。他甚至还骄傲地向公众展示了一篇描写这一表演的批评文章，他说道："并不是所有的评论都是负面的嘛，这篇报道还认为我唱的几乎和我的狗一样好呢！"

约翰逊总统并不是唯一一位喜欢与狗一起唱歌的总统。1936年，富兰克林·德拉诺·罗斯福总统邀请了金手套拳击冠军——有"矮脚虎"之称的阿瑟·斯塔布斯和他的斗牛梗巴德来到白宫。罗斯福总统后来说到，当斯塔布斯弹起五弦琴时，巴德唱了一支混合着许多首斯蒂芬·福斯特名曲的歌。不幸的是我们没有任何关于这一演出的录像，但是罗斯福的妻子埃莉诺在回忆这一演出时说："我不知道这是不是音乐，但是它的确很有趣。"

有报道显示，就像埃莉诺·罗斯福评论巴德发音的方式一样，狗也可以判断人的歌声或演奏声是否准确。我曾听到过一个关于歌剧表演的故事，该歌剧就是卡莱尔·弗洛伊德根据约翰·斯坦贝克所写的著名故事改编的歌剧《人鼠之间》。当时来自加利福尼亚州圣何塞的一家歌剧公司准备把它搬上舞台。这个故事中很重要的一幕中有一个用枪打死一只狗的情节，所以该公司决定在舞台上放一只活狗。这只狗的名字叫杰西，虽然它经过了良好的训练，但是谁也不能保证整个演出时它都会待在原地不动。在正式演出前的一次排练中，有一位演奏者总是在演奏中出现时间上的错误，破坏了整个歌剧中最重要、也是最生动的一幕，导演莉莲·加勒特-格罗格对这错误感到非常沮丧。当这最重要的一幕差不多是第一百次被重复时，那位演奏者也出现了第一百次的错误，这时小狗杰西离开它的位置，跑到那位演奏者的旁边在他的鞋上撒尿。加勒特-格罗格中止了演奏，当有人赶紧去找拖把时，导演转过身来对身边的人低声嘟囔道："杰西的做法也许不礼貌，但是它肯定具有感受音乐并判断好坏的能力。"

类似这样的奇闻引起了一个有意义的讨论。当我们还不能说狗可以演奏出和人一样的音乐时，有一点是肯定的，正如很多报道指出的那样，狗对于音乐一定有自己的品味，知道什么样的音乐才是好音乐。乔治·罗宾逊·辛克莱是伦敦赫里福德大教堂的管风琴演奏家，他养有一只叫作丹的斗牛犬。辛克莱和英国知名的作曲家、曾经谱写出著名的《威仪堂堂进行曲》和《希望和光荣的国土》等曲子的爱德华·威廉·埃尔加先生是很要好的朋友。辛克莱甚至准备了一个房间，是专门供埃尔加造访时创作音乐用的。埃尔加很喜欢小狗丹，因为他认为丹对于音乐质量具有很好的判断能力。小狗丹会经常和主人一起参加唱诗班的排练，据说它会在有人唱跑调时以号叫进行提醒，就是这种提醒使得作曲家埃尔加如此喜欢小狗丹。

最终埃尔加还写了一首曲子来专门赞颂丹。事情是这样的。像其他斗牛犬一样，丹也特别不喜欢待在水里。有一天，在瓦伊河畔散步时，丹掉进了水里。它以最快的速度从水中爬了出来，拼命地摇甩身上的水，甚至把埃尔加和辛克莱的衣服都打湿了。他们俩都被逗乐了，辛克莱就让埃尔加把这一段写到音乐里。埃尔加接受了挑战，转身就回到房间，开始对这段音乐的构思，这一有趣的事件后来就变成了《谜语变奏曲》中的第11变奏曲。因此，这只可以分辨出人唱歌是否走调的小狗在音乐中被永远流传下来了。

狗对音乐的偏爱

曾经写出四幕歌剧《尼伯龙根的指环》的世界著名音乐家理查德·威廉·瓦格纳充分信任狗的音乐鉴赏力。他的小狗派普是一只查理士王猎犬，瓦格纳每次创作时总是要派普在场。当瓦格纳用钢琴演奏或唱出他正在谱的曲子时，派普必须坐在专为它准备的凳子上警醒地聆听瓦格纳的曲子。瓦格纳时刻注视着小狗派普，并根据它的反应来纠正曲子。瓦格纳发现狗可以对用不同调性写出的旋律做出不同的反应。例如，对于一些降E调的段落，狗会平静地摇摇尾巴，而E大调的段落会使它激动地站起来。这一发现给瓦格纳留下了深刻的印象，这最终将他带到一种被称作音乐动机的创作方法中。这一动机将一些特殊的调性与歌剧中的情感联系起来。因此，在歌剧《汤豪舍》中，降E大调就与神圣的爱情和拯救的主题联系在了一起，而E大调通常只与关系到肉欲的爱情和放荡的概念联系在一起。在后来所谱写的歌剧中，瓦格纳始终用音乐动机这一方法来确定戏剧中重要的特性和其他一些方面。派普的离世在瓦格纳心中产生了一种挫败感，他发现很难再将自己的思想注入到创作中去了，这一状态一直持续到他找到了另一只和派普同种的小狗时，这只小狗名叫菲普斯。它很快就在瓦格纳的钢琴旁占据了一席之地，而且还是软座，这样它就在瓦格纳需要的时候展露出自己在音乐上的判断能力和天赋了。

很明显，狗对音乐都有一些偏好，并对不同类型音乐的反应不同。一组由来自北爱尔兰贝尔法斯特女王大学的心理学家德博拉·韦尔斯领导的研究人员，为50只被避难所收养的狗播放各种不同的音乐。与此同时，他们仔细观察这些狗的行为，播放的音乐包括布兰妮·斯皮尔斯、罗比·威廉姆斯和鲍勃·马利的流行音乐合集，或是包括格里格的《清晨》、维瓦尔第的《四季》和贝多芬的《欢乐颂》的古典音乐合集，甚至还有一张来自重金属摇滚乐队的唱片。为了辨别这些狗是否真的对音乐感兴趣，研究人员还为它们放了人们相互谈话时的录音和一段没有任何声音的空白唱片。

研究结果显示，狗在听不同的音乐时确实表现出了不同的反应。当研究人员在放重金属摇滚乐队或其他重金属乐队的唱片时，狗就会表现出激动不安的状态，并且会一直发出犬吠声。在听流行音乐或人的谈话时，它们的行为和不放音乐时没有明显的变化。与此相反，古典音乐就会给它们带来一种镇静的作用。在听古典音乐时，它们犬吠的程度会明显降低，而且还会躺下待在原地不动。韦尔斯在总结了实验结果后说道："毫无疑问，音乐可以影响我们的情绪。例如古典音乐可以降低我们紧张的程度，与此同时，摇滚会增加我们敌对、伤感、紧张和疲惫的程度。现在的实验表明，当狗也进入这种音乐环境中时，它会和人有一样的感觉。"

画架上的犬科动物

世界上除了音乐之外还有很多艺术表现形式。虽然考虑到狗对颜色的辨别能力和视觉敏感度上的先天不足，它对视觉艺术的敏感度可能受到一定的限制，但是现在有报道显示，狗不仅可能对于视觉艺术有鉴别欣赏的能力，而且还可能有一些创造艺术作品的愿望。

维塔利·科马尔与亚历克斯·梅拉米德是两位生在莫斯科的艺术家，他们以讽刺的表现主义艺术闻名。在20世纪70年代早期，他们由于展出了未经当局批准、并与当时社会主义现实主义风格格格不入的作品，最后被莫斯科艺术家联盟驱逐。他们最终逃离了苏联来到纽约。在那里，他们声称从一只在耶路撒冷捡来的流浪狗身上发现了狗的艺术才能。1978年，科马尔与梅拉米德就是用这只捡来的流浪狗进行了一次表演，名字叫《狗的艺术：教狗学画画》。但是在整个过程中并没有显示出狗具有任何艺术才能。简单地说，他们就是给狗的爪子蘸上墨汁，然后一次次地在画纸上按爪印。最后，他们看到的作品和摆放在狗面前作为模型的鸡骨头很相似。科马尔与梅拉米德的合作者——那只流浪狗，在整个过程中对于作品没有任何主动的理解，它不是狗类的画家，而是一只被人类艺术家利用的狗毛刷子。但是科马尔与梅拉米德声称这个作品是一个很重要的证据，它不仅说明狗具有作画的能力，还说明了这种创作艺术品的本能是每种动物与生俱来的天赋。因此他们后来不仅与猴类艺术家合作过，而且还在泰国建立了几个大象艺术研究院。

提拉蒙·切达为我们提供了一个更可能证明狗也是艺术家的例子。切达是一只来自纽约的杰克罗素梗，到现在为止它已经举办过多次个人画展了。切达的作品很容易让人想起用彩色蜡笔创作的抽象派作品。它的很多作品看上去就像一堆混乱的条纹或交叉状阴影，有时这些线条是从作品的中央发散开去，有时又局限于作品的一个区域，有时整个作品上还有明显的浓度变化。切达的作品经常有一些圆点，如果仔细观察的话，你就会发现这是它用牙齿咬出的锯齿状牙印。

上文所提到的小狗提拉蒙的艺术才能展示，离不开它的主人鲍曼·黑斯蒂在前期的精心准备。黑斯蒂是一个以创作青年浪漫小说为生的人。他首先拿一块木板作为底板，然后铺上一层涂有蜡的丙烯酸传送纸，这种纸很像打字机用的复写纸，只是带有一些明亮的颜色，例如红色、蓝色、黄色、黑色和白色。黑斯蒂将传送纸铺在木板上的目的，其实就是将其作为触摸记录仪，只要小狗提拉蒙在上面用一定的力气，就会在木板上留下印记。当提拉蒙刚一得到这块画板——更确切地说是被提供给——就开始了创作。它首先用嘴抓住画板，然后非常带劲地用爪子在画板表面抓来抓去。它的指甲和牙齿不停地在抓扯，直到黑斯蒂认为小狗已经创作完成时才将画板拿走。撕掉残存的传送纸后，就可以看到提拉蒙抓扯出来的作品上的一条条的纹路了。

有一名记者虽然对提拉蒙画画的整个过程存有疑问，但他还是承认这些作品是有一些原始的吸引力的。他问黑斯蒂："这些作品中有多少创新的成分是来自提拉蒙，而不是你呢？"黑斯蒂回答道："如果我是一个画室中的人类艺术家的助手，我干的也是现在这些工作。我的任务仅仅是提供原料、铺平画布、摆出各种颜色、打打杂和负责打扫卫生。有时候我还刺激它去画画，或防止它对自己的作品做出迅速的批判（也就是说，当它刚画完一幅画就认为还能做得更好而去毁坏刚完成的作品时，我会阻止它）。但是你放心，提拉蒙在画板上留下的任何印记都完全来自于它自身的创造。”

2002年，大名鼎鼎的国家艺术协会在纽约为小狗提拉蒙的作品专门举办了一次展览。这是一次特殊的合作完成的展览，因为有26名艺术家同意与提拉蒙合作画画，他们要么完成由提拉蒙起头的作品，要么和它一起完成一幅大的作品。在展览中我正好遇到一位来自纽约大学美术系的教授，我找机会问他提拉蒙的作品是否真的能算作艺术。

“我认为是这样的，”他答道，“让我们来看看杰克逊·波洛克的作品。他也承认他后期的作品不能叫作绘画，而只是他行为的一种记录。他声称他的创作完全是在设计自己的行动。那些从笔尖上流下的墨滴、画笔的泼溅和其他颜料的污渍就是他的艺术作品。”

我反驳道：“但是波洛克明白他是在创造一些艺术上的东西。他知道他是在画画，而且他还知道他的作品带有一些绘画的魅力。我怀疑提拉蒙是否知道它在创作些什么，或者说这只小狗身上是否也有一些审美的感觉在引导它的创作。”

“我知道这些，但是让我们想想世界上任何一个地方的原始部落人，他们创作出来的面具都只是作为宗教庆典的一部分使用的。创作时，他也没有想到是在创作艺术，而仅仅认为他在制造一个宗教器物。但我们认为他的作品中带有艺术的创造性。同样，我们也不应该把原始人制造出来的这个物品和现代艺术家刻意制造出来卖给画廊的其他面具区别对待。因此，艺术家创作的目的与他的作品是否被别人看作是艺术无关，只有观众的眼睛才能决定它的艺术价值。”当教授在解释时，他还在关注着一幅提拉蒙的作品，这个作品是暗色背景上的一些红色和白色的线条。他仔细地看了标签，上面写有作品的名称、序号和价格，并且从口袋中拿出一小张纸，草草地记录下标签上的信息。当他看着那幅作品时，脸上浮现出来的笑容给我留下了深刻的印象，不管提拉蒙的创作算不算是艺术，但是那幅画很快就会出现在教授的收藏品中。

作为形象艺术大师和雕刻家的狗

可能世界上收集狗的艺术作品最多的人是维姬·马蒂松，她在自己写的《狗的作品》一书中，以照片的形式为我们展示了她的收藏。马蒂松拥有心理学学位，她经常自称为艺术家、教师、记者和狗服从训练专家。她声称有幸在观察一只名叫帝奇的罗威那拉布拉多混血寻回犬时神魂颠倒，那是一只从过度拥挤的狗避难所中营救出来的小狗。帝奇的新女主人贝拉是一位动物庇护所的工作人员，她为马蒂松展示了帝奇是多么喜欢涂鸦。帝奇喜欢抓起一根大的棍子，用它在沙子上画出各种各样的图形，而且贝拉坚持认为帝奇是在创作一定形式的艺术作品。没过多久，马蒂松发现她的纯种狮子狗明卡也迷上了羽毛，并且很喜欢用它来创作一些“流动的雕塑”，很明显明卡从观察它自己创作的图案中得到了快乐。

四年之后，一次海滩散步让马蒂松偶遇了一只名叫杰迈玛的混血柯基谢德兰牧羊犬。杰迈玛在沙滩上挖了许多洞，令人奇怪的是这些洞几乎是刻意地完全左右对称的。这一奇遇让马蒂松怀疑自己是否又遇到了一只有艺术创作力的狗。为了收集更多的数据，她发表了很多文章来寻找是否有其他人还知道一些表现出非凡艺术行为的狗。令她惊讶的是，她一下子收到了155条这样的消息，有的来自见过这类狗的人，有的更是直接来自这类狗的主人。其中有一些回复中讲到狗会打网球之类的完全不可能的事，马蒂松将这类不能被证实或完全不可能的消息过滤掉后还剩下93条信息，这些消息看起来都是有些道理的，值得做深入调查。后来在一次采访中，她表示要对她已用图片记录下来的最后40条消息做出确认，以免弄虚作假。后来马蒂松确实写了一篇关于调查这些消息是否属实的文章，在那些消息中确实有一个是人为制造出来的狗具有艺术行为的假象，主人通过一个传输装置，将命令传给装在狗颈部项圈上的接收器以控制它的行为。而且在其他一些消息中，当马蒂松和她的助手带着摄影器材来调查时，狗并没有再次表现出原来所报告过的那些行为。

如果相信马蒂松提供给我们的照片可以证明某些消息是真实的话，那么我们就可以说狗确实会做出许多特殊的行为，在某种程度上也可以将其解释为艺术。仅画画这种才能就可以有以下三种形式：用木棍在沙子上设计图案，在沙地上挖出比如像螺旋状等的样式，或挖一些对称的小洞。如果我们认为用杂物堆出一定的形状就算是雕塑的话，那么狗这种才能的展示形式将更加广泛。我们手里就有一张类似于帐篷的作品，它是用木棍或骨头作为支架，里面堆有树叶和刷子，而且整体看上去，创造这个作品的狗还刻意在每两个帐篷之间留有相等的距离。这里还有一张更加令人印象深刻的“艺术作品”。在完成这个作品时，狗先寻找并收集材料，如木棍、骨头、绳子、松果和石头等，然后再将这些材料摆成一些让人看上去也能明白的图形，例如圆圈、X形和三角形。还有一只名叫卢克的阿拉斯加雪橇犬用蒲苇秆搭成了一个星爆式的图案，所有的蒲苇秆都从一个共同的圆心中发散出来，而且卢克在完成这个作品后还躺在作品的中心。马蒂松认为这一切都是艺术，她说：“我认为狗这种动物是有一些美学意识的。要不然为什么那只名叫埃米莉的斯塔福郡斗牛梗犬会把那些骨头摆成一个非常圆的图形呢？为什么帝奇的画是如此的优美，甚至达到前无古人、后无来者的地步呢？”

在马蒂松收集的信息中，还有很多是将狗的一种特殊行为看作是艺术行为的，这些信息都很值得商榷。例如狗将袜子挂在围栏的铁丝上，或将石头或骨头叼到一个高的地方去，而且每块石头或骨头间都留有一定的距离。但是我还想再一次强调，也许我的这些言论有点过于苛刻。狗的这些行为都是它的一些“表演艺术”，在一定程度上，它很像人类艺术家克里斯托用粉红色的塑料丝带将佛罗里达群岛上的一些小岛围在一起。

当我们在讨论狗的艺术感觉时有一个问题，即我们手头掌握的这些数据都是偶然观察得来的，而我们不知道狗非常喜欢表现出这些行为的真正原因。是基于审美的意识呢，还是因为对于美的欣赏？或许我们上面提到的狗做雕塑的原因，仅仅源自建造巢穴或搭建狗窝的本能。狗能意识到它创造出来的东西会给别人带来美或者良好的感觉吗？尼古拉斯·H.杜德曼是著名的狗行为学专家，还是塔夫斯大学兽医学的兼职教师，他并不认为狗的这些创造都属于艺术。他设想了一种情景，该情景可能会被维姬·马蒂松视为艺术的尝试。狗经常将不多不少的六块狗食放进沙发上凹陷进去的纽扣孔里，并且在小心翼翼地将第七块狗食放在沙发腿旁边后才快乐地卧在地上。毕竟，没有理由认为，狗在摆放狗食时的艺术创作不像它们在利用木棍、骨头和蒲苇秆进行艺术创作时那样认真。但是杜德曼并不认为狗的这一行为是审美动机刺激的结果，他认为这仅仅是强迫症的一个例子。人们在对付这些收集来的、常常也是毫无用处的物品时，经常花费很多的时间把它们有序地摆放整齐，好比一位神经强迫症的母亲会一直收拾宝宝的婴儿床，将满床的动物玩具做整齐的排列一样，例如将一个放在宝宝旁边，而其他的放在床的四个角。任何不整齐的情形都会使她感到压力和不安。那么狗摆放食物这种行为到底可以作为狗具有艺术感觉的证据，还是它强迫症的证据呢？在没有能力了解狗的动机之前，我们还无法回答这个问题。至少到现在为止，还是先前美学教授的那句话："只有观众的眼睛才能决定它的艺术价值。"

狗的数学思维

如果不能将狗看作是艺术上的思想者，那么我们是否可以认为它具有偏科学的思维呢？许多人相信狗是具有这种复杂的推理能力的，但是它这种推理的能力又有多强呢？人们普遍认为最高水平的推理就是数学。希腊哲学家毕达哥拉斯认为"数字决定宇宙万物"，罗杰·培根也表达过相同的意思："没有数学方面的知识，我们不可能懂得世界上的任何事物。"很显然，没有人相信狗是具有这种高水平的推理能力的。

有的人甚至不相信狗有能力进行最基本的定量推理，比如对体积的估计。就连18世纪英国作家、批评家、第一本英语字典的编纂作者塞缪尔·约翰逊先生也不相信狗具有这方面的能力。"你难道没有发现狗没有比较的能力吗？"约翰逊先生在问到"当面前摆放着一大一小两块肉的时候，狗也会非常容易选择那块小的"时说。在这一事例中，约翰逊先生对于狗的比较能力的忽视是错误的。事实上，狗是具有准确估计体积大小并做出正确反应的能力的。如果你在狗的面前摆上大小不同的两块肉时，狗的确会不考虑大小的问题而直接抓最近的一块，这其实是一个简单的投机主义表达形式："一鸟在手胜于双鸟在林。"最近的一块肉最容易拿，而且还是一件十拿九稳的事。

诺顿·米尔格朗是加拿大多伦多大学的心理学家，他所在的研究小组用实验的方法证明了狗可以准确地判断体积的大小。在他们的实验中有一个盘子，盘子上盖着大小不同的两个物体。如果狗揭开正确的物体，它就会在这个盘子上发现一定的食物奖励。经过训练，狗可以非常准确地选取揭开两个物体中较大的（或较小的）那个，无论这两个物体的形状和特征是什么，而且它们学习的速度非常快。狗还可以参加一个名叫“相同—不同”的训练，在这个训练中盘子上放有三个物体，有两个物体在体积上是相等的，而另一个物体与前两者相比大一点或小一点。狗的任务是找出那个不同的物体。狗学习得非常快。这证明它能很好地了解体积这个概念。

这里还有一个更具普遍性的例子，即关于狗对体积的判断，也就是任何狗都要进行的跨越栅栏的练习。有时即使一个栅栏在高度上与原来训练时的跨栏不同，狗也可以很容易地跨越。如果那个栅栏比平常的低，狗当然可以轻松地跨越，如果比平常的只高一点点，狗也会尝试着去跳一下，但是如果一再提高，到了一定程度之后，狗就会感到力不从心，而且不会进行任何尝试了。很显然，狗对高度进行了估计，进一步说，它将栅栏的高度和它所能跳跃的极限进行了比较。

有关数学能力的另一个方面是对数字多少的估计，就是在不数数的情况下，比较两组东西并判断出哪组多。用数学家的话说，就是我们在让狗证明X大于Y。因此，如果一只狗跑向一个由五块狗食堆起来的狗食堆，而不是旁边只有两块的那堆，这就说明它是在比较了两堆狗食的数量后才做出决定的。

以下是一些可以证明狗具有数量判断能力的证据。在一个研究中，首先为狗展示两块面板，每一块上面都有一些点。接下来对一些狗进行培训，如果能够分辨出那块有更多数量的点的面板，它就会得到食物奖励；还有一些狗是被培训来找出点少的那块面板，如果分辨成功，它同样可以得到奖励。虽然这个训练进行得很慢，但是经过一定次数的重复，狗最终还是学会了。

狗的数数能力

对数量多少的判断并不是真正的数数。那么狗到底有没有数数的能力呢？我看见过几个例子，从表面上来说这些例子都可以证明狗具有这种能力。第一个例子是在我参加完一个在温哥华萨尼奇镇举行的狗服从训练大赛后看到的。那天我已经按顺序完成了我的表演，并决定带我的爱犬到户外去感受一下春天的阳光。我的一个竞争对手和我一样也完成了当天的任务，带着他那名叫波科的小黑拉布拉多寻回犬来到了会场周围的一片场地上。他带来了一箱大的塑制回收保险杠（retrieving bumpers），并对我说他可以用这些回收保险杠来证明他的爱犬可以数数。

“它可以轻松地数到四，在数到五的时候只是偶尔出错。”狗的主人说到。“我给你演示一下它是怎样工作的。首先请你在一到五中选择一个数字。”

我选择了三。在狗注视的情况下，他将三个保险杠扔到了那片旷野中。三个保险杠被扔到不同的方向，而且离我们所站位置的距离均不同，它们立刻消失在高高的杂草中。为了保证看不见保险杠，我弯下腰用手着地，以达到狗眼睛的高度。在这个高度下确实是看不见任何保险杠的。接下来，在既不会给狗指出方向，也不给予其他方面提示的情况下，狗的主人只是告诉狗：“波科，把保险杠找回来。”狗很听话地找到了最近的那个，然后将它捡起并带回来交给主人。主人拿起狗找回来的那个橘黄色的保险杠，然后立刻重复命令：“波科，把保险杠找回来。”狗开始思考，并出发去寻找第二个。在狗将第二个也找回来的时候，它的主人再次重复命令：

“波科，把保险杠找回来。”狗再次出发开始寻找第三个，在狗的主人将最后一个也从狗嘴巴里取出来时，他就假装好像还有东西没有被找到一样，继续给出命令：“波科，把保险杠找回来。”这次，狗没有出发去寻找任何东西，而仅仅是抬头看着主人，叫了一声，然后走到主人的左边，在它平常进行跟随练习时所待的位置上坐了下来。

他轻轻地拍了拍波科，并小声嘟囔道：“多聪明的小女孩呀！”然后转向我说：“狗知道它已经寻找了三次，而且是把所有的保险杠都找回来了。它一直在数数。当数到零，已经没有任何东西需要被寻找时，就像你刚才听到的那样，它用叫声来告诉我：‘你真笨，东西全在这儿了。’然后它走到平常跟随我的位置，以让我明白它已经准备好了我的下一个命令。”

我确实被这一情景怔住了，但是还是不完全相信，所以我们又花了将近半个小时，将数字一直变化到五，就连命令波科的人也发生了变化，变成了我和另外一位驯狗员。我们自己扔保险杠，然后用我们的声音给出寻找的命令，以防止狗的主人在保险杠扔的位置和发出的命令上做了什么我们不易察觉的手脚。甚至还有一次我们改变了训练的方式，在让一位驯狗员扔保险杠的时候，只让狗目睹整个过程，而就连指挥狗寻找保险杠的那个人也不明白负责投掷的人干了什么，这意味着他自己也不知道有多少保险杠需要被寻找，从而也就不能给狗以任何有效的提示，比如在驯狗员知道所有东西已经全部被找回来时无意中做出的眨眼等动作。我们所做的上述那些变化没有对狗产生丝毫影响，甚至在一次扔出五个保险杠的情况下，也没有出过任何问题。后来我回家对我的孙子做了相似的实验，在储物柜后面投掷玩具让孙子来捡，他们和波科做得一样好，我相信这个实验肯定可以证明我的孙子能从一数到五。

如果我们承认了狗具有数数的能力，那么它们进行简单算数计算的可能性有多大呢？我不是让狗计算233乘以471，然后再被16除这样的难题，而是一些很简单的问题，例如，只是让它们证明自己明白1＋1的结果等于2。来自巴西天主教传信大学的罗伯特·扬和来自英国林肯大学的丽贝卡·韦斯特两位研究者，准备用11只混血狗和一顿非常丰盛的狗食来验证狗是否具有这种简单的计算能力。

这两位研究者将原来用于证明五个月大的婴儿具有基本数数能力的实验稍加改动，来测试狗的基本计算能力。这个实验设计了一个术语，叫作倾向性观察，它的目的是用来测试婴儿观察一个东西所花时间的长短。就像大人一样，如果展示在面前的是一个你从未见到过的或不寻常的东西，婴儿对于它的观察时间会长于观察一个平常熟悉的物品。原本那个用于验证婴儿数数能力的实验非常简单。首先，当着婴儿的面将一个洋娃娃放在桌子上，其次拿一块挡屏放在洋娃娃前面，遮住婴儿的视线。然后在他的注视下，实验人员再拿来一个洋娃娃，给婴儿展示了一下之后再次放到挡屏的后面。如果婴儿具有数数的能力，他就会知道在实验人员将挡屏拿开后，他应该看见有两个洋娃娃在桌子上，这时婴儿确实是只盯着看了一段时间。但是在有的时候，实验人员会悄悄地拿走其中的一个洋娃娃，所以当挡屏被拿开后，桌子上就只剩一个洋娃娃了。在这一情况下，婴儿盯着桌子观察的时间应该长于上一次观察两个洋娃娃的时间，这表明婴儿已经通过计算，发现挡屏后的洋娃娃数目和他得出的预期数字不一样。

在经过改动的用于测试狗的基本计算能力的这个实验中，扬和韦斯特首先给狗展示一大堆狗食，其次拿出挡屏放在狗食面前以挡住狗的视线，然后在狗的注视下，实验人员将另一堆狗食拿到挡屏后面以引开狗的视线。在正常的情况下，1＋1=2，狗应该预料到在挡屏被拿走后可以看见两堆狗食。但是就像婴儿参加的那个实验一样，有时实验人员会搞一些小动作，偷偷将其中的一堆狗食拿走，这样当挡屏被拿走时，狗就只能看见一堆狗食了。这时，就像上述那个实验中婴儿面对的情况一样，狗也看到了$1+1=1$的情况，它盯着这个从未预料到的结果看了半天，观看的时间肯定长于前面有两顿狗食的时间，很明显，狗对这个结果很诧异，它在努力寻找消失的那堆狗食。要是以前在这种情况下，我们就能够认定狗是具有计算能力的了，但是现在还必须考虑到其他的可能性，因为只是证明了$1+1>1$的情况，还没有证明$1+1$正好等于2的情况。为了证明这种可能性，实验人员悄悄在挡屏后面又增加了一堆狗食，这时狗面对的就是$1+1=3$的情况了，当挡屏被拿掉后，狗发现这次的实际数目和它的预计又一次不同，狗食的数目变成了3而不是2。它同样惊异于这个奇怪的结果，情况就和刚才实际数目小于预计数目一样。这时，我们就可以肯定在狗的脑子中它的计算公式是$1+1=2$，而不是其他的结果了。这样，我们不仅能判定狗具有数数的能力，还会简单的加减计算。

简单的数数和计算能力看上去对于狗是没什么作用的，但是它们对于狗的野生祖先来说是非常重要的。以狼为例。这种动物具有很复杂的社会结构，经常以效忠和结盟等方法来夺取和保持种群的领导者地位。如果狼王具有基本的计算能力，它就可以了解在它这个群落里到底有多少只狼是朋友，而又有多少是对手，这些信息对于保持领导者的地位来说是非常重要的。同时，这种简单的计算能力对于了解种群中每位成员所在的位置也是很有用的。就以一只雌性的种狼来说，这种能力可以让它知道它的狼崽们是否都在，如果其中的一只丢失或迷失了方向，可以立刻开展寻找和救援行动。

狗的计算能力

加减法只是一些简单的算数技巧，狗具有这种能力没有什么奇怪，那么更高层次的算数技巧它会不会呢，比如微积分？事实上来自霍普大学数学学院的蒂莫西·彭宁斯已经证明了狗可以利用微积分来解决实际问题。他说他的这一发现来自一次和他的那只名叫埃尔维斯的威尔士柯基犬在密歇根湖边的散步经历。当时彭宁斯将一个球投入湖中，并观看埃尔维斯如何将球找到并带回给他。这次散步正好是在他的一次授课之后，其内容就是讲授如何利用微积分来解决一类特殊的问题，这类问题来自电影《泰山与珍妮》中的一个情节，只不过他将电影中的英雄角色做了一个转换。在他讲授的问题中，泰山陷入了流沙中，而珍妮需要及时赶到出事地点营救。彭宁斯是这样解释这个问题的，“现在泰山困在流沙中，珍妮需要横渡一段河，然后沿河而下，她需要以最快的速度来到泰山的身边。珍妮跑步的速度是一定的，她游泳的速度也是一定的，但是游泳的速度明显慢于跑步的速度。现在的问题是，她选择怎样的策略才能最快到达泰山身边，这个最好的策略是什么呢？”

虽然彭宁斯对这个场景的描述极大地吸引了全班学生的兴趣，但实际上他只是讲述了微积分中一类相对基本的问题，这类问题计算的目的是在各种变量中找到最大和最小值。彭宁斯所描述的这个问题的目的是在A点和B点之间找到最快的路程，也就是最短的时间。关于这类问题有一个经常容易犯的错误，就是最快的路程并不是两点之间最短的路程。例如，如果珍妮立刻跳入河中，朝着泰山所在的方向沿直线游过去，这是最短的路程。但是由于她游泳的速度慢于跑步的速度，所以这还不是接近泰山的最快的路程。只有如下的方案才是最快的。首先珍妮要沿着河岸跑，一直跑到离泰山最近的一点，然后在这时跳入河中朝他游过去。但是珍妮应该跑多远呢？微积分的方法就让你能找到珍妮应该停止跑步、开始游泳的那一点的精确位置。

由于彭宁斯刚给他的学生们解释了这一问题的方法，他在黑板上画了各种不同的线来表明多种跑步和游泳时间的组合，并且证明了某两条相交的直线代表了最快的路程。当彭宁斯向河里扔球让埃尔维斯去捡时，课堂上的内容还历历在目。在他观察埃尔维斯的动作时，他被狗的行为彻底震惊了，因为埃尔维斯正是按照他刚才在黑板上的路线去寻找那个球，先沿着河岸跑一定的距离，然后再跳入河中向球的方向游去。作为一个科学家，彭宁斯的好奇心被这一奇异的时刻唤醒了，他想调查一下埃尔维斯是如何精确地按照微积分的方法来解决这个问题的。首先彭宁斯测量了狗跑步和游泳的平均速度。接下来他找到了一个长一点的卷尺和一个用于标示起始位置的螺丝刀，然后再将球扔到河里并且跟着狗一起跑。当埃尔维斯准备开始游泳的时候，彭宁斯将螺丝刀插到地上做了标示。后来他手拿卷尺快速地涉水跑到了那个球的位置，在狗拿到之前捡了起来，这样做的目的是为了更精确地测量这一位置。令埃尔维斯失望的是，彭宁斯像这样来回测量了几个小时之后停止了这个游戏，返回家去研究狗对这一问题的解决方法。这个埃尔维斯只用了不到一秒钟就考虑清楚的问题，却花费了我们这位成年数学家大约三个小时的时间。除此之外更令人吃惊的是，彭宁斯的计算结果显示，埃尔维斯对于这一转折点的选择离最准确的微积分答案只有大约一英寸。

我们应该相信埃尔维斯确实是做了数学计算并解决了这个微积分的方程吗？在一定程度上我们应该相信，因为它解决的是一个需要微积分知识才能解释的问题，而且不知怎么它就找到了最快取回那个球的路线。但是很明显，这不是一个有意识的数学计算过程，而是一种来自祖先在数学上的基因遗传。人也能表现出这个方面的计算能力，例如棒球运动员本能地跟踪飞行中的棒球，选择最快的路线与它的飞行路线相交并最终接住棒球。很显然，在以捕猎为生的动物大脑中，预置这类的计算问题是非常重要的。它可以使狗的野生祖先计算出最快的路程以捕获一只正在逃跑的兔子或其他猎物。除此之外，在种群竞争如此激烈的社会环境中，如果一只鸭子不小心游到了河岸的附近，那么那只可以选择出最恰当路线的狗就可以第一个接近鸭子，并得到最大部分的鸭肉。因此，在大脑中预置一定形式的数学计算问题，为那些以跑步追逐猎物为生的捕猎者（包括狗的祖先）带来了一个生存上的优势。

尽管见识到了狗表现出来的上述那些数学能力，但是我还是不会将我的便携式计算器交给我的小猎兔犬。因为在上次拿到这个计算器的时候，它没有用它来计算一些诸如$E=mc^2$之类的深奥的数学问题，而是做了一个正常的狗最应该做的事情，把计算器当作了咀嚼用的玩具。

第十五章

有褶皱的大脑

法国散文作家蒙田1580年曾经说道："年龄在思想中留下的褶皱要远远多于在脸上留下的。"对于人类来讲这句话是完全正确的，年龄的增大不仅影响了我们思维的速度和清晰度，而且在一定程度上还改变了我们思考的方式。年龄这种对人思维的影响在狗的身上也同样适用，事实上一些心理学家已经表明，年龄对于大脑和思维过程的影响在人和狗的身上是比较相似的，所以我们就可以将狗作为被研究者，来寻找那些在人类思考过程所发生的与年龄有关的变化。

狗的生命与人相比很短暂，这一事实对于将狗作为贴心伴侣的人来说肯定不是一个好消息，但是对于研究人员来说却是有利的，因为这样一来，年龄对狗自身其他方面的影响将比人更快地表现出来。例如人在30岁之前头发一般是不会变白的，但是对于狗来说，嘴部附近的毛在它六岁左右就会逐渐显现出灰白的颜色。这样一个快速成熟的过程对研究人员来说是一个很有利的信息，因为他们可以有效地缩短用于追踪和监视衰老过程的时间，从而有足够的时间来研究年龄在狗的整个一生中对于身体和思维等其他方面的影响。

你知道爱犬的年龄吗？

将狗的年龄换算成人的年龄需要考虑好几方面的因素。你可能听到过一个说法，狗的一年相当于人生命中的五年。这种说法并不是非常准确的。在生命中的第一年，狗的成长和变化是非常快的。在一岁生日的时候，你的爱犬身体的成熟程度几乎是一个16岁左右的人才能达到的，而且它的思维能力也与十多岁的成年狗不相上下。两岁的时候，它就相当于一个24岁的人。在这之后，我们才可以认为狗在一年中在身体（包括大脑和神经系统）上所发生的变化，相当于我们人类生活五年之后才能发生的变化。

因此，如果你想知道爱犬的年龄，就可以按照下面的例子进行计算。假设你的爱犬现在12岁，那么它出生的前两年你需要按照24年来计算，以后的10年每年都要乘以5。总的年龄数就是24加上50，这说明你的爱犬按照人的年龄单位来说已经74岁了。74岁正好是人类寿命的平均长度，所以12岁也是狗的平均寿命。我所知道的最长寿的狗是一只来自澳大利亚的牧羊犬，名字叫布鲁伊。当它于1939年死去的时候，已经29岁零5个月了。如果按照人类的年龄单位来说，布鲁伊已经超过160岁了。

如果这种方法再按照狗的种类进行细分，那么计算年龄将是一件非常麻烦的事情。概括来讲，体型大的狗的寿命短于那些体型小的狗。例如，寿命最高的纯种狗是爱尔兰猎狼犬，它的预测寿命仅仅七年多一点。身材挺拔、行为优雅的大丹犬平均寿命也只有八年；力量很大、身材仅比大丹犬低一点的罗威那犬平均可以活九年，迷你贵妇犬是13年。身材矮小、但是凶猛异常的杰克罗素梗和小巧的吉娃娃的平均年龄都在14年左右。

即使在体型差不多的情况下，狗龄变化的范围也是很大的，计算起来还需要考虑到其他的复杂因素。例如狗的脸型可以帮助你了解年龄。如果你的爱犬脸型较尖，长得很像狼，那么它的寿命就较长。如果脸长得很平，如斗牛犬和哈巴狗，那么它的寿命就较短。当然，细心的照顾可以极大地延长狗的寿命。

上述这些因素对于狗的精神年龄也有很大的影响。对人类来说，思维缓慢、记忆力下降等症状均出现在55岁左右时。一些体型很大的犬种，例如圣伯纳犬在五到七岁的时候会出现思维方式改变、解决问题和学习能力下降等这些人类衰老后才会出现的症状。体型较大的犬种，如阿拉斯加雪橇犬在六到八岁的时候思维开始老化。体型中等的犬种，如猎狐梗在七到九岁的时候开始进入老龄阶段。而体型较小的犬种，如卷毛比雄犬在九到十一岁之前是不会表现出老年犬的特征的。

在讨论年龄增大对思维功能和行为产生影响的同时，我们不应忘记仅是在同一个犬种内，这种影响的个体差异也是非常大的。有些狗衰老得很快，而有的已经活了好几年，在我们认为它的思维能力应该下降的时候，其思维能力和学习能力却没有任何降低。这种个体的差异对于人来说也同样适用。某些人在很年轻的时候就显现出精神上的衰老。在某些方面，精神上的衰老和个体的行为是有很大的关系的。时刻保持精神活跃，经常读书、上课、猜谜语和参加那些智力游戏的人大脑衰老得就很慢，他们很少得阿尔兹海默症（也叫老年痴呆症）和其他会降低记忆能力和损害思维的疾病。这种情况对狗来说也是适用的。对大脑和思维而言，最重要的还是那句老话：“要么使用它，要么失去它！”

衰老的大脑

没有人能准确地说出，为什么人和狗在衰老的时候自身能力会明显衰退。有的理论认为，衰退的原因与基因物质即脱氧核糖核酸DNA有关；当DNA在新的细胞内部进行自我复制时，连续的复制导致了DNA变得越来越不准确，这就像我们在用复印机复制文件一样，A复印原版，B复印A的版本，C再复印B的版本，像这样不断复印的版本肯定越来越不清晰，也越来越难以阅读。DNA损坏的原因还可能来自宇宙射线和许多陆地上的其他因素，例如呼吸了被污染的空气或某些化学物品溶解所产生的浓烟，这些原因都会导致生化酶进行错误的自我复制。当上述这些情况发生时，会造成神经系统或其他部位细胞的死亡。还有一些解释衰老的理论将衰老的原因归罪于磨损方面，他们认为频繁地使用会导致各种身体和神经系统的崩溃，如果处在压力之下，这些系统崩溃的进程还会加快。还有的理论认为，衰老的原因来自于体内新陈代谢所产生的废弃物质的累积和不稳定的化学物质，也就是游离基数目的增加，这些化学物质将会与细胞内的分子发生化学反应，并干扰这些分子发挥出本来的作用。

不论衰老的真正原因是什么，随着狗和人的逐渐衰老，他们的大脑和神经系统都会有非常显著的变化。相对于年轻的狗，年老的狗大脑体积较小、重量也较轻。这种变化的比例是非常显著的，一只年老的狗其大脑重量将比它年轻时降低25%左右。同时我们还需要注意到，这种变化的原因并不一定来自大脑细胞的死亡，这一点是十分重要的。在我第一次学习神经心理学时，许多课本都声称人在成年之后每天体内都会死亡10万个左右的细胞。虽然随着我们年纪的增大，我们肯定会损失一定的神经细胞，但是上述的那个数字已经证明是被严重夸大了的。事实上，我们确实会损失一些神经细胞，以及那些连接不同神经细胞之间的分支，也就是神经树突和神经轴突纤维。随着年龄的增大，这些连接其他细胞的分支也开始逐渐断裂。如果我们将大脑比喻为一个用复杂线路连接在一起的计算机，衰老的过程就可以解释为，由于与其他元件之间的导线断开，中央处理器上各种各样的电路就会停止运行。神经学家将这一过程比作修剪掉再也不会使用或不再需要的大脑分支，这就像你修剪花园里的矮树丛一样。对于大脑的大部分部位来说，正是这些连接分支的损失才导致了大脑体积的减小和重量的降低。

由于衰老所带来的另外一个神经系统上的变化，是神经系统的一点向另外一点传输信息的速度明显降低，同时神经系统所控制的反射也将会非常地缓慢。来自堪萨斯州立大学兽医学院的雅各布·莫热进行了相关的研究，他认为与衰老所导致的狗行为上的变化，与人衰老后的情况是一样的。一只健康的年轻狗体内的信息传输速度大约为每小时225英里，也就是每小时360公里，但这个速度在一只老龄狗的体内就是每小时50英里，也就是每小时80公里。

各种各样的测试技术还表明，神经细胞的效率会随着年龄的增加而逐渐降低。一些大脑扫描技术通过每次新陈代谢所使用的血糖（也就是葡萄糖）总量，来了解不同脑细胞反应的活跃程度。新陈代谢的速度是一个有效了解脑细胞活跃水平的途径。普遍认为大脑的前端是进行大部分判断、评价和解决问题的部位，在狗三岁以后，大脑前端的葡萄糖消耗量开始持续地降低。在狗14到16岁之间时，葡萄糖的利用量只是一只年轻犬消耗量的一半左右。除了新陈代谢速度的降低之外，脑供氧量也随着年龄的增大而降低，而脑供氧量这一数据直接反映了狗的长期记忆能力。虽然受年龄的影响，狗大脑中的神经活动总体上会降低，但是有研究人员发现，大脑中某些部位的活动会降低得非常迅速，还有一些部位的活动则保持得依然非常稳定。

降低衰老的影响

可以通过丰富视觉、听觉、味觉和触觉等方面的感官经历，增加解决问题和进行选择的机会来锻炼你的大脑，这对抵消年龄增大所带来的影响十分有用。这方面最好的例证来自美国伊利诺伊大学心理学系威廉·格里诺所在的实验室。虽然格里诺在他大部分的研究中使用老鼠来作为研究对象，但是实验的结果对于人和狗都是适用的。实验时，他首先挑选一批年龄偏大、身体变形还有些过度肥胖的老鼠，这些老鼠都是在实验室的标准笼子中长大的。阴暗和乏味的生活环境让它们整天生活得无所事事，没有什么好听的，也没有什么值得看的，这种笼子就相当于老鼠受惩罚而关在监狱里。然后将这些老鼠移到一个全新的环境中，这里一切都惊险刺激，简直可以被称为啮齿动物的神奇乐园。在这里有坡道、梯子、用于练习跑步的转轮、秋千、滑道，以及挂在天花板上的各种各样的玩具和物品。除此之外，还有其他老鼠和它们进行联系及交流。最初，就像你预料中的那样，这些年纪偏大的老鼠对新的环境非常恐惧，但是过了一段时间，它们慢慢明白这里没有什么好恐惧的。从此之后，它们逐渐开始尝试并适应这里的一切，爬坡道、登梯子、荡秋千、滑滑梯、踏转轮，并且玩各种各样的玩具。此外，它们也开始变得更加社会化，在这个全新且复杂的世界中与别的老鼠开始接触和交流。它们的身体逐渐健康起来，就连体重也降了下来，看上去这些年龄偏大的老鼠非常喜欢这个新环境中的一切。

更令人惊讶的消息来自于对这些经历了新环境的老鼠大脑的检查结果。与那些依旧生活在原来枯燥的实验室笼子中的老鼠相比，它们的神经联系活动明显增加。事实上，在另一个实验中，格里诺发现这种神经联系增加的范围在25%到200%之间，具体的数字取决于实验者研究的神经联系的种类。实验的几个结果令这个本已成功的实验更是精彩异常。首先，即使是这些已经进入老龄阶段的动物，神经细胞的个体也具备了长出新连接的能力。其次，通过体验新的经历和解决问题的方式锻炼并刺激了大脑本身，试验表明这种新的生长能力来自于大脑的锻炼和刺激。这些新发现的重要性对于已经衰老的狗来说意义也是非常重大的。也许我们不能减慢或阻止衰老在诸如细胞再生、荷尔蒙的产生、DNA的完整性和身体系统内基本的使用损耗等方面的影响，但是我们可以通过控制狗生存环境的各个方面以促进它加强身体和心理上的练习，并刺激它的感官能力达到一个全新的高度。这种刺激可以提高它大脑的功能，而且还会有效地减缓衰老的过程。我们不应相信那句老谚语“让昏昏欲睡的狗去睡觉吧”，而是应该通过锻炼，将它的思维和正在经历的生活推到一个更高的程度。

随着年龄的增大，大脑中化学物质的变化也会影响我们的行为、记忆和学习等方面的能力。在狗和人体内，负责将营养物质转化为能量的器官是细胞核内类似于线绳状结构的线粒体。随着狗和人年龄的增大，线粒体的工作效率逐渐降低。同时，线粒体本身也开始变得脆弱起来，这是因为它逐渐释放出游离基，这种化学物质将普通细胞正常发挥功能所需的化合物氧化掉了。而这些化合物的损失无疑将细胞置于一个非常危险的境地。随着这种组织功能的退化，一种叫作糖淀粉的蛋白质残渣开始在大脑中沉积。大量的糖淀粉，特别是在与成串的已经死亡和正在死亡的神经细胞联系在一起，就是一个人正在遭受老年痴呆症折磨的最好证据。包括心理学家诺顿·米尔格朗在内的一组研究人员在多伦多大学的研究表明，狗大脑内高量糖淀粉的存在会降低它的记忆能力，并加大学习新知识的困难，特别是在进行复杂思考和解决困难问题时，高量糖淀粉的影响尤其严重。

如果正是这种氧化剂的释放导致了狗大脑功能的降低和行为效率的减弱，那么至少从理论上讲，我们可以通过服用大剂量的抗氧化物质来减弱、甚至抵消这种对于神经方面的损害，它可以有助于帮助身体抵消这种有害的游离基的影响。抗氧化物质是十分普遍的，据估计，在我们的食物中有超过4000种化合物可以起到这种抗氧化的作用。最著名的抗氧化物质是维生素C，也叫抗坏血酸。这是一种存在于体液中的水溶性维生素，它可以通过神经系统来发挥作用。维生素C的一个缺点是它不能被身体储存下来，所以我们每天都必须服用一定的剂量。另外一种著名的抗氧化物质是维生素E，它可以溶解于脂肪中，并且被肝或其他器官的脂肪储存下来。维生素E的一个特点就是可以防止细胞膜遭到氧化作用的侵蚀。类胡萝卜素包括六百多种不同的抗氧化物质，其中最知名的是β胡萝卜素。这些物质将使线粒体功能发挥得更加有效，也就是减缓其内部化学物质的流失。一些矿物质，例如硒和脂肪酸（如DHA、EPA、肉碱和α硫辛酸）也有助于防止化合物的氧化所带来的对细胞的破坏。

米尔格朗所领导的小组还专门为实验准备了富含抗氧化物质的食谱。他们第一个实验所选择的对象是年轻的（小于两岁）和年老的（大于九岁）的猎兔犬。年轻和年老的猎兔犬中各有一半服用的就是这种特殊准备的、富含抗氧化物质的食物，而另一半食用的是普通的均衡营养的狗食。六个月后，米尔格朗采用了一个奇异的辨别力的测验，对狗的精神能力进行了调查，这个实验要求狗在一堆物品中寻找出不同的那个。

该实验的第一个重要结果是对以前结果的验证，它再次证明，相对于年轻的狗来说，年老的狗在学习这个辨别任务时花费的时间更长。在任务十分简单的时候，两者之间的差距是很小的，但是当任务的难度逐渐增大，这个差距也就越发明显。该实验的第二个重要结果就像预料中的一样，抗氧化性的食物看起来有效地降低了衰老对身体其他方面的影响。按照那种特殊准备的富含抗氧化物质的食谱服用食物的老年犬，比那些食用非特殊食物的老年同伴们的表现要出色很多。对于那些难度很高的任务来说，特殊食谱的改善作用是非常显著的。实验表明，在面对这些困难的任务时，按照特殊食谱服用食物的老年狗所犯的错误仅仅为那些食用非特殊食物的老年同伴们的一半左右。但是对于年轻的狗来说，那种特殊的食谱没有起到任何作用。

到现在为止我们得到了两个实验成果，第一个是多伦多实验小组的成果——抗氧化性食物对于年老犬的有益作用，第二个是格里诺的实验成果——精神上的练习和刺激可以减少衰老的影响。在接下来的实验中，来自多伦多的实验小组将两个成果结合起来。首先选择48只年老的猎兔犬，实验人员将其中24只的食谱定为那种特殊准备的富含抗氧化物质的，而另外的24只依然食用一般的均衡性食物。在以上的每一组中，还有一半的狗需要接受认知强化法的训练以锻炼它们的大脑。这回实验的特别之处是，这些按照分配接受认知强化法训练的狗，需要在每周中花费五到六天来学习各种新的任务，并且还需要参加一些困难问题解决的训练，例如寻找藏起来的食物奖励。在实验开展了一年之后，所有的四组老龄犬都需要参加一个测试，测试的结果显示，那种既按照特殊准备的富含抗氧化物质的食谱服用食物，又参加认知强化法训练的一组表现得最好。米尔格朗这样总结道："我们认为可以教一只老年犬学会新的技能，是因为这种方法可以减缓甚至部分阻止大脑能力的下降。实验中的一些狗确实变聪明了。"

米尔格朗在实验中所采用的这种特殊的食物现在已经作为狗的推荐食谱进行了推广，在希尔思宠物食品营养公司就可以买到这些食物。但令人遗憾的是，至少在我写这本书的时候，还没有适用于人的类似于这种特殊食物的食谱，但是我们可以改进我们的食谱，服用维生素和其他一些补品，以增加我们对抗氧化物质的摄入量。如果你有一只年老的狗，但是不想通过那个推荐的食谱或商店里的狗食来增加它对抗氧化物质的摄入量时，你可以自己增加一些水果和蔬菜来改进狗的食谱。以下是一些很重要的维生素C的来源，例如柑橘类水果（许多狗不喜欢吃这个东西），我们还可以给它吃一些它爱吃的东西，如青椒、椰菜、草莓、生卷心菜和马铃薯，这些东西都富含大量的维生素。你还可以将绿色叶片蔬菜的菜汁或这些蔬菜的半熟品，以及做饭时锅里的一些汤加进狗的食物中，因为这些东西中会溶解部分维生素。富含有大量维生素E的食物包括麦芽、坚果、种子、完整的谷粒、绿叶蔬菜的菜汁或绿叶蔬菜的半熟品、植物油和鱼肝油。你还可以在以下食物中找到β胡萝卜素和其他类胡萝卜素，例如胡萝卜、南瓜、椰菜、甘薯、西红柿、芥蓝、羽衣甘蓝、哈密瓜、桃子和杏。如果你还想在食物中加入一些矿物质硒，鱼、甲壳类动物、生肉、谷物、鸡蛋和鸡肉都是一些很好的选择。

狗的认知功能障碍

我们希望通过调节食谱和精神锻炼来抵制的疾病症状，正是衰老所导致的心脑能力的下降，科学术语叫狗的认知功能障碍。因为在50年前狗的平均寿命不像现在这么长，所以当时这个疾病并不常见。由于兽医科学的发展，据估计目前在美国等于或超过十岁的狗的数目是730万只。

我个人逐渐意识到这种狗类的老年痴呆症是开始于几年前，那时我深爱的名叫巫师的查理士王猎犬刚刚12岁半。这种担心来自于我每次回来时它在迎接行为上的变化。原来我经常是一进门就可以看见它在迎候我，即使没有听见开门，我的公文包扔在地上的巨大响声也会吸引它跑向我。但是现在，即使其他狗在我一进门后围着我转、发出我最喜欢听到的欢闹声，巫师也会在一两分钟后才出现在我的面前。这不是它关节炎伤痛的原因，因为这个伤病已经得到了控制，这也不是由于听力下降造成的，因为早在十岁的时候，它的听力就已经是现在这个样子了，虽然察觉不到微小的响动，但它还是应该能够听到像狠狠地关门这种非常响的声音的，或通过感觉到门的震动和看到其他的狗类同伴冲向大门而判断出我的归来。

除此之外，我还注意到了其他一些表明巫师精神能力下降的信号。在狗训练俱乐部中，虽然我已经很早就停止对它进行任何和跳有关的运动性训练了，但还会带着它做它喜欢的练习。它的爱好之一就是对气味的辨别训练，这个训练要求狗从地上一堆哑铃型的物品中找到带有它主人气味的物品，并交还给主人。巫师总是喜欢在冲进那一堆物品后，一边努力地用鼻子闻，一边左右摇摆着尾巴，直到找到目标并骄傲地用嘴叼还给我。但是现在，当它走到那一堆物品中间后，只是站在那里，好像脑子已经混乱得忘记了自己该干什么似的。只有当我多次重复命令“找到它！”后，它才会表现得像是突然明白了什么，然后进行寻找，并将含有我味道的物品叼给我。

后来这种短期记忆功能和思维能力的丧失发生得越来越频繁。例如，每天早上我起床后的第一件事就是带着巫师从屋子的后门出去，让它自由地大小便。在正常的情况下，一开始它会和它的狗朋友们一起跳下台阶，而在大小便完毕后坐在门的附近。但是现在，当走出门后，它只是坐在走廊上，静静地观察其他同伴们在院子里的一举一动。几分钟后，它会慢慢地徘徊到门口，转过头来看着我，表情就像是在说“我不得不去一次厕所了”。这很明显地说明，一旦走出屋子，它就会忘记自己为什么在那儿。最终我不得不亲自带它走下台阶，然后发出“动作快点！”的命令，就像我最开始收养巫师时训练它每天早上要到这里来一样。

而且现在的巫师看起来比原来更加忧心忡忡。它原来是一只非常安静、悠闲自得的狗，但是现在却变得焦虑起来，特别是在夜里，当它躺到自己的床上粗重地喘气时。每周总有一两次，我被它犬吠的咆哮声吵醒，但是我检查了周围的一切却并没有发现什么异常，而且其他狗很安静，也没有表现出任何的警觉。

巫师的问题是它最终被衰老这个病魔完全控制住了，并且开始显示出了症状。最近的统计表明，在年龄超过10岁的所有狗中，有大约62%的狗至少会显现出这个功能障碍的部分症状。其中最关键的症状就是思维混乱和方向感缺失。这也正是巫师所表现出来的。我曾经听说过，如果一只狗以徘徊的状态走进自家有栅栏的后院，这就表明它已经迷失了方向，不知道怎么会走到房屋的大门了。我还听说过，如果它被困在了墙角或家具的背面，也很明显地表明它已经不知道怎样从来时的路脱离困境了。狗的认知功能障碍的另外一个症状就是活动水平的降低和集中精力能力的丧失。以我的爱犬巫师来说，它会间歇性地望着天空或一面空空如也的白墙，而且持续的时间一般会达到几分钟。睡觉方式的改变，特别是伴随着持续增加的焦躁不安、行为缓慢或在夜间的大部分时间保持清醒等行为也是症状之一。除此之外，还有一个症状就是失去已确立多年的生活习惯。这种症状是最容易被狗的主人发现的，例如一只原本不管在何时何地都非常懂得保持屋内整洁的狗，现在却经常性地忘记训练，并且把屋子弄得一团糟等。还有一个最令我们感到悲伤的症状就是，某些患了认知功能障碍的狗无法辨认出相识多年的老友，甚至认不出它最熟悉的家庭成员。

如果你可以排除其他的因素（例如活动能力的降低或许是由于逐步恶化的关节炎，无法集中注意力是由于视觉或听觉能力的丧失），那么你就该去咨询一下兽医了。当然你需要做的第一步，就是在狗的饮食中添加抗氧化性物质和增加对爱犬的思维训练。除此之外，针对患有狗认知功能障碍疾病的某些患者，有一种新药也许有用。这种药原本是用来治疗患有老年痴呆症和帕金森氏症的人类患者的，现在狗版本的药名叫司来吉兰或丙炔苯丙胺，这种处方药的牌子众多，每个包装的含量也多样，购买时非常方便。如果可以正常地发挥疗效，该药不仅可以提高你爱犬的运动水平和思维能力，还可以防止DNA和其他氧化作用对细胞的破坏。如果初期使用后的疗效显著，那么它需要在以后的每一天中都服用一定量的药。因为你是在和一只年龄偏大的狗相处，仅仅通过这个简单的办法就可以提高它在生命中最后几个月、甚至几年的生活质量，所以说这种药可以有效地减轻我们的负担，使我们受益匪浅。

年龄大的狗可以学会新的技能吗？

即使对于那些没有患狗认知功能障碍症的健康的老龄犬来说，随着年龄的增加，它们的思维也会变得效率低下起来。多伦多大学的研究表明，学习的能力会随着年龄的增加而降低，特别是在一些学习难度很高的情况下，这种影响的效果尤其明显。他们所采用的实验方法非常简单，只是一个通常被心理学家称为标本匹配的记忆训练。首先给受测的老年犬展示一样物品，然后将其拿开，接下来再给它展示两样物品，其中一个是它刚才见到过的那个。训练的任务很简单，就是识别出刚才见到过的那个物品。如果我们在第一阶段为狗展示物品和第二阶段对其进行测试之间隔一定时间，虽然老龄犬的表现比年轻犬差一些，但是总体上说还是可以的。现在让我们加大这个测试的难度。假定我们的目的不是让老龄犬识别出那个刚才见过的物品，而是找出那个新的、或者说不同于刚才见到过的那个物品。我们将这时的实验称为非标本匹配，在这时的测试中，老龄犬的表现就差了很多。如果你再在展示物品和进行测试之间增加一定的时间间隔，那么老龄犬在学习这个新任务的难度和所花费的时间上无疑是成倍增加的。

心理学家德怀特·塔普在加利福尼亚大学欧文分校用另一种方法对狗进行了测验。他首先要教会狗辨别大小物体。例如，狗只有选择了两个物体中较大的一个时才会得到食物的奖励。判断中只考虑体积大小，不在乎物品的形状。第一轮测验时，要求狗在两个球中选择较大的一个，接下来的一轮要求它选择两个铁罐中较大的一个，以此类推。在进行上述实验时，老龄犬的反应速度比年轻犬慢一些，但是它们两者都在稳定的进步中，并且最终都完全掌握了。

当狗已完全能够辨别两物体中的较大的后，我们改变实验的要求，只在它选择较小的一个物体时才给予奖励。很明显，在一开始所有的狗都错了，但是后来年轻犬很快适应了新规则，而老龄犬则遇到了巨大的困难。

在对这些各种考验记忆力的实验结果进行分析时，我们能够得出一个大致的概念。老龄犬的真正困难并不在于学习全新的东西方面，而在于抵御和压制它们以前学习到的旧知识对现在学习的影响。老龄犬会坚持使用它们以前花费了很多时间和精力才学会的老方法。心理学家将这种行为称作“坚定不移”，也就是说即使在明白测试的规则已经发生了变化，老思想已经不适应的情况下，记忆或思想上的惯性还促使老龄犬坚持不变，一遍遍地重复错误的行为。对于老龄犬来说，早前的学习似乎在与现在的学习相竞争，并阻碍它们掌握新的概念和解决问题的新方法。

上述理论的一个很好例证，发生在我的一只名叫弗林特的凯恩梗身上。在它大约12岁的时候，有一天早晨我们一起出去散步，一只猫从一辆停在路边的白色货车下跑过。身为梗的弗林特急忙追逐，越出的距离已经达到了脖子上的狗绳所允许的极限。在接下来的两周内，它坚持检查停在路边的每一辆颜色明亮的货车。弗林特坚定地认为白色的货车下面肯定都藏有猫，即使在经过几十次晨练时徒劳地检查过货车底部后，这一观念还在它的脑中存在了很长时间。那时我还有一只年轻的狗，巫师，当时它才五岁。在最开始的几次检查中，巫师还和弗林特一起，但是它仅仅站在旁边，看着弗林特兴奋地搜查每一辆货车底部，脸上带有一丝疑惑、甚至些许的蔑视。这是因为巫师很快就发现，原来那种猫一定会藏在白色货车底下的想法是错误的。

早期的记忆比日后的记忆保存得要好，而且老龄犬还能一直回忆起它年轻时学会的知识。不仅如此，老龄犬还能将对人、对地方的好恶保持很多年。关于老龄犬记忆的故事随处可见。来自弗吉尼亚州诺福克德的斯蒂芬·伯奇就给我讲过一个这样的故事。当他离开家参加第二次世界大战时，他的爱犬，一只名叫弗兰内尔的黑褐色浣熊猎犬只有三岁。而当斯蒂芬完成服役回到家时，弗兰内尔已经将近十岁了。斯蒂芬一边坐在前门的走廊上抚摸着弗兰内尔的曾孙，一边看着远方回忆道：

弗兰内尔是一只很灵巧的狗，因为它的耳朵看上去就像法兰绒才得名的。它是我养的第一只浣熊猎犬，我们一起待过很长的时间。每当它感到我们要出去散步，或是游戏，或是到我工作的地下仓库去时，弗兰内尔总是高兴地跳舞，一边弯曲着前腿做出旋转的动作，一边发出“呜——呜”的声音。每当我外出一段时间后，一迈进家门就可以看见它这样欢快地跳着舞。我想它并不只是出于兴奋才会这样跳舞，而是向我表明它喜欢我，希望我带它做一些它喜欢的事。

不管怎么说，这些记忆都是1941年左右我所看见它时留下来的，之后我被迫参加了军事训练，然后被船运到北非参战，再后来是意大利。等到战争结束该返回祖国的时候，我又被委派了看管战俘营的工作，这样我的服役时间又延长了几年。最终在1948年，我才得以回家。

爸爸和妈妈知道我是去参战了，但不知道什么时候才能回来。所以一回国我就搭了便车往家赶，想给他们一个惊喜。当我走进家门的时候，第一眼看见的就是我的爱犬弗兰内尔。它明显老了，虽然耳朵还像法兰绒那样柔软，但是嘴边的毛也变得花白了。它一看见我，就像我们从没有分开过一样，开始跳起了它那标志性的舞蹈，并发出特有的“呜——呜”声。

妈妈当时还在厨房里，不知道我已经回来。当弗兰内尔发出它独特的声音时，妈妈喊道：“弗兰内尔，谁回来了？斯蒂芬不在家里，但是你表现得好像他回来了。”妈妈后来告诉我，在我走的这些年里，弗兰内尔从没有跳过这样的舞蹈，也没有发出过那特有的“呜——呜”声。弗兰内尔一定还记得我，因为它是在我一进门的时候就毫不犹豫地扑到我的怀里来的，从这以后到它死之前的每一天里，它都为我跳舞唱歌。这“呜——呜”的声音不仅让我知道我又回到家了，而且还提醒我在不在家的这段时间里，有人一直惦记着我、想我、深深地爱着我。

衰老的大脑和身体

在我们一直将行为活动的改变归咎于神经系统的变化时，还必须注意到，狗身体和感觉器官效率的变化也会直接影响到它的行为、思考甚至个性。我们必须明白狗的肌肉、骨头和关节等机能的改变都会巨大地影响到它的反应，甚至它对于自己生命的态度。

随着年龄的增长，狗身上的肌肉就像大脑一样，会在体积重量上呈现出下降的趋势。许多狗还会患上关节炎，这是一种会给它带来很多痛苦的疾病。我们平时最经常看到的症状是行动缓慢、跛腿走路、一只腿一直向上翘，或在你触摸它的某些关节时表现出很痛苦的样子。如果问题出在狗的背部或脊骨，也就是医学上说的脊椎炎，它就不情愿甚至没有能力上下楼梯。以前，狗经常跳上床或沙发去找主人，但是在患病以后，除了坐或跑的姿势难以强求外，以前那种跳跃的动作也不会再有了。一些用木板、瓷砖或油布作为表面材料的地板都会很滑，这种原本对狗来说无关紧要的问题，现在却会成为它稳定活动的障碍。虽然上述这些情况在你看来只是身体灵活性上的一点微小的变化，但是它们却会造成严重的后果。狗是一个社会性的动物，对它来说，时刻与同伴或家庭成员在一起是很重要的。老龄犬现在很难自由地跟着主人在房间里走动，这就可能给它带来失落感。只是身体灵活性方面的衰退就会使狗表现出被社会抛弃的迹象。原来就算是一只成天无忧无虑的狗，现在主人走到其他房间的一个动作也会让它因为感觉被抛弃而焦躁不安。

当我的爱犬巫师因为衰老而逐渐行动迟缓、活动受限时，它看起来也非常焦躁不安。因此我采取了几种措施来缓解它的担心。第一种措施在一定程度上也让我的妻子非常惊讶。我在床边搭了一个台阶，由于巫师自六个月起就和我们睡在一起，所以我搭的台阶会帮助它爬上床来。第二，我在卧室的中央垫了一个东西，不论我们在卧室，还是进出厨房，它都可以在不走动的情况下，站在高处看到我们的一举一动，这会给它带来一种和大家在一起而不是被孤立的感觉。

老龄犬有时还会表现得不冷静、行为懒散，甚至还会比原来具有更大的敌意和进攻性。肌肉和关节上的衰老会让狗疼痛。如果你还能回忆起前面的章节，就会知道狗在受伤时一般不会表现出任何征兆，可是一旦觉得疼痛，就立刻表现得急躁起来。这种急躁可以改变狗的个性。由于年龄增大而带来的身体疼痛，会使狗对客人、家庭成员，甚至家里的其他宠物表现出你从未见过的敌意和好斗性，这是由于它将这种疼痛归结于任何和它接触的人或动物。

老龄犬的脾气之所以变得这么坏，一个原因就是身体机动性的下降。在紧张的环境中，大多数狗所采取的自然反应就是逃离人、动物、环境等一切令它烦恼的东西。逃跑本是一个非常好的自我保护的策略，但是不幸的是，对于这些老龄犬而言，状况却有所不同。疼痛和机动性的下降只能让它待在原地。如果老龄犬再将这种环境理解为危险或威胁的话，就将会引发它用警告性的猛咬、甚至直接进攻等行动来保护它周围的一片区域。对于那些有新的小宠物或刚刚能够走路的小孩子的家庭来说，这无疑是一个棘手的问题。任何形式上与它一起玩耍或交流的企图都会被它理解为入侵和威胁，使它紧张和不安。如果它自己不能方便地逃离这种紧张的情境，唯一的选择就是赶走小宠物和小孩子，这将最终导致它敌对和好斗的情绪。因此，很奇怪的一件事就是，你对老龄犬与小孩子或宠物的接触要非常地警觉，这个警觉的程度甚至要大于对刚刚成年的年轻犬的注意。有时候最简单的解决方法就是给老龄犬一个安全的狗窝，甚至正如它平常住的板条箱就足够了。一旦在里面开始生活，老龄犬便会感到更大的安全感，除非有人拿指头故意戳它；而新宠物和小孩子都将更加安全。

老化的眼睛

这本书的开头，在我们开始关注狗的思考和思维过程的时候，我就指出阻碍思考和解决问题的最大障碍是狗的知觉。我们对周遭世界信息的掌握程度完全取决于通过感觉所得到的信息的质量。对于老龄犬来说，很不幸的是，它们正在经历着的最大变化就是知觉能力的下降。眼睛和耳朵这些最容易受损的器官也会给我们带来最多的问题。

随着狗年龄的增大，构成眼睛晶体的蛋白质的柔韧性会逐渐降低。狗这种即使在一生中最健康的时候也看不清楚身边物体的动物，在年老后视力就变得更差了，并且眼睛聚焦的速度也会有一定程度的下降，它将需要很长的时间才能辨认清楚身边的物体和人

（这个问题有时和思维能力的降低是有关系的）。在这种情况下，眼睛的瞳孔（有色的眼睛虹膜上那个有光通过的小孔）也很难随意地张开或关闭。瞳孔的大小对于调节周围环境中进入眼睛的光的数量是非常重要的，如果进入的光太多或太少，视觉成像的清晰程度自然就会下降了。

对于老龄犬来说，视觉上最大的变化就是会有一个云雾状的东西出现在眼睛的晶体上。这一症状被称为核心性白内障。幸运的是，除非这块云雾状的东西太厚，看起来完全像是白色的，否则它对狗的视力不会造成太大的影响。一些人将其他当作白内障，白内障有可能会导致老龄犬的失明，它同时也是狗失明的第一大因素。但实际上只有在晶体内的细胞长期地变暗或不透明时，狗才有可能得白内障这种疾病。一些种类的狗由于先天体质的问题，很容易得遗传性白内障，例如可卡猎鹬犬、贵妇犬和拉萨犬。白内障的成因很多，例如糖尿病、受伤、营养不良或某些毒素的影响。另外，眼睛暴露在比如太亮的阳光等含紫外线的光线下，也会导致晶体内不透明区域的形成。幸运的是，兽医学科学家通过外科手术这种适用于人类的修复方法，也可以有效地恢复狗的大部分视力。

让狗失明的第二大因素就是青光眼。这种疾病的主要问题是眼睛内的流体压力持续增加，在达到一定的限度后，它会损伤眼角膜和视觉神经。一只健康的眼睛中，眼睛中流进的液体速率和排出的液体速率应该是相同的，但是在患有青光眼的眼睛中，排出液体的通道由于某种原因口径减小，甚至堵塞了。和白内障一样，遗传性也是青光眼的成因之一。例如可卡猎鹬犬、西伯利亚雪橇犬、巴赛特猎犬和猎兔犬等犬种很容易受到来自祖辈的影响。另外，患有高血压的老龄犬也是青光眼的主要受害者之一。如果发现得早，虽然不能从根本上治疗这种疾病，但是通过药物和外科手术还是可以将失明推迟相当长的时间的。

许多养过盲狗的人都以为他的爱犬是突然间失明的，实际上大多数狗都是逐渐失去视觉能力的。只有当狗的视力下降到一定的程度，几乎看不清楚东西的时候，它的主人才会注意到这一点。有时候狗身上一个微小的征兆，比如行为或个性的改变，就可以表明它已经失去了视力。一只失去了视力的狗会变得非常担心害怕，更加依赖它的主人，很容易昏睡，有的时候甚至会变得非常好斗。有些情况下，一个可以判断狗的视力是否在下降的标志，就是它寻回东西的能力逐渐在下降，而且对追逐小球这类游戏的兴趣也慢慢地丧失。它会在爬台阶、跳上或跳下家具时非常地小心。甚至在上下高出路沿一部分的人行道时都会变得很谨慎，总是尽全力地向上或向下跳。

你可以借助一些很简单的实验来判断你的爱犬的视力是否正在逐步下降。其中最简单的一个方法涉及瞳孔随光线伸缩的原理。用一个有着几种光线的灯（闪光灯最好）在狗的一只眼睛前面照射几下。当光线到达狗的眼睛时，你应该可以看到它的瞳孔正在缩小。与此同时，你还应该发现它的另一只没有经过闪光灯照射的眼睛的瞳孔也缩小了。如果你没有看见它的瞳孔可以随着光线的强弱进行调节的话，这就表明你的爱犬的视力有问题，甚至已经失明了。但是还有一种可能，就是虽然它的瞳孔可以随着光线的强弱进行自我调节，但它的视力还是不足以辨别物体、图样和外物的移动，这是因为它的调节仅仅是根据光的亮度进行的。我们还需要对狗的视力进行其他的测验。

如果你的爱犬已经通过了上述那个瞳孔自然调节的测试，但是你还是觉得它的视力很差，那么你还可以进行以下的测试。第一个叫作幻觉条件反应法，这种方法所根据的原理是，如果一个东西马上就要打到你的眼睛和面部，你应该会眨眼，这一原理对狗也适用。最简单的测试方法，就是将手快速地伸向狗的眼睛。但是这其中有一个问题，也就是你手的这一移动必然扰动空气，使一股微风吹向狗的面部，这股风也可以使它眨眼。我们可以在狗的面前放一块透明的玻璃或塑料，然后再快速地伸出你的手，这样就可以有效地避免微风。这时，如果狗眨了眼睛的话，就表明它能够看清楚你的手和伸向它的动作。

除此之外，还有一种更加容易判断结果的方法，叫作视觉主导阻挡弯曲法。这种方法最适合于中小体型的狗，因为在测试的过程中需要将你的爱犬举起来。举起它时你必须保证它的前爪处于自由伸展的状态，不能受到任何束缚。你需要在举起的同时让它接近一个面对的物体，桌子或柜台的边沿都行。如果你的爱犬的视力还正常的话，它就会自然而然地伸出前爪，并放在正在接近的物体的表面。这就是一个视觉主导的反应，如果你的爱犬可以做出这个动作，就表明它还是有一定的视觉能力的。

最后一种可能有用的方法就是跟踪测试法。基本的程序是，你扔一个物体出去，看狗是否会朝着它移动的路线跟踪上去，但是你必须注意不能给狗任何声音上的提示，比如让它听到落地的声音寻找到物体。因此，你投掷的物品应该填充有脱脂棉之类的柔软材料。将这个物品在狗面前晃一晃，然后拿到它脑袋的一侧，用手指将它弹出手心，最终落到屋子的外面。这个过程中你必须保证那个物品划出的弧线就在狗脑袋的正前方。如果视力没问题的话，它应该可以看到这一切并最终找到物品。

当然，这些家庭测试的准确性不如兽医专家在实验室中所做的准确性高。但是如果你的爱犬连这些测试都通不过的话，你就确实应该带着它去做一些更加正规的检测，来看看它的视觉是否真的出了问题。

一只失去光明的狗也可以拥有非常快乐的生活，但作为狗的主人，你必须对它一些行为和个性上的改变做应有的心理准备，而且这些变化将是永久性的。大多数失明的狗都会变得胆怯、谨小慎微，并对主人有极大的依赖性。在失明的情况下，它似乎十分喜欢在脖子上戴着狗绳，因为狗绳可以让它知道你在哪里，并帮助它感受到你的移动。失明的狗相对来说更喜欢走而不是跳。许多失明的狗比原来还更愿意发出响声，因为狗看不见你，它只有这样不断地发出犬吠声才能引起主人的注意。失明的狗还更愿意待在它已经非常熟悉的环境中，所以你最好不要搬动房子里的家具。

还有一些其他的感官可以替代已经失去的视觉。在特别重要的地方涂抹一些廉价的香水或香油，比如狗睡觉和吃饭的地方，或一些不希望狗进去的房间或区域，比如头顶的阁楼，这些做法都很有用。如果还能在不同的地方施以不同的香味，那么效果就更加完美了。在狗睡觉的地方铺上一块不同的地毯也有助于告诉它到了哪里。我的一位朋友还买了一些不同大小的铃铛以发出不同的声响，她将这些铃铛挂在另外两只视力正常的狗身上，甚至还在她和她女儿的脖子上也挂了小铃铛。这样一来，她已失明的可卡犬就能很快地明白不同铃声的意义，明白它的家庭成员每时每刻在家里的哪个方位。这可以使已经失明的狗安下心来，平静许多。除此之外，你最好在每次抚摸它之前和它说两句话，因为一只受惊的失明犬很可能在未能辨认清你的身份之前就朝它被触摸的方向猛咬过去。

老化的耳朵

就像进入老年阶段的人一样，老龄犬的听力也会随着年龄的增长开始下降。许多症状都可以证明你的爱犬的听力或许已经丧失了，其中一些我已经在第三章中提到过了。每种测试方法的目的都是去寻找狗前后对于声音做出反应的变化。既然你的爱犬已经与你在一起生活了很长的时间，那么你应该很清楚它正常的行为是什么，因此任何行为上的变化对你来说都应该是非常明显的。一个最主要的变化就是，一只原来会很快对你的命令做出反应的狗，现在它也许仅仅会从远处看着你，而对你的命令置若罔闻。还有一些其他容易发现的症状，例如现在你的爱犬晚上会睡得很死，而不像原来那样有任何一点动静就立刻惊醒。在户外时，它也会对正朝它开来的汽车的声音置之不理。对于我的老凯恩梗弗林特来说，我第一次发现它失去听力，是在它对冰箱开关门及我们在厨房的柜台上放东西没有表现出任何反应的时候。在狗失去听力的时候，它的一些个性特征也会随之发生变化，比如它会变得非常害怕，对主人更加依赖，更容易遗忘东西，甚至与以前相比更具有进攻性。除此之外，如果在狗睡觉的时候触动它，它会发出咆哮声或朝你猛咬过来。如果发现你的爱犬有一些听力上的问题，你可以翻一下第三章的内容，对它的耳朵进行一些简单的测试。

狗因年龄的影响而失聪的最主要原因还是身体器官的磨损。狗的内耳有一块叫作听小骨的骨头，它的一般作用是将声音从鼓膜传递到内耳，但是长期的使用会使关节处受损，并逐渐丧失活动能力，就像得了关节炎。在内耳，也就是耳蜗处的微小毛状细胞可以通过弯曲来确认传过来的声音，但是多年频繁的使用将会造成那一部分组织的弱化，毛状细胞也会破裂，这就像一根由金属丝弯成的大衣衣架在一个地方被弯折多次以后的情况。耳蜗处的这些微小绒毛不像脑袋和身体内的其他毛一样断了之后还能再生，所以这里每当有一个毛状细胞受到破坏后，听力就会减弱一分。在人和狗的这些毛状细胞中，首先受到损坏的是那些确认高频声音的部分，因为高频的声音将使那些绒毛在确认声音时弯曲的程度较大，所以它们也是最早失效的。毛状细胞损坏的最初原因是经常性地将耳朵暴露于过大的声音中，对狗来说，主要原因是耳朵暴露于打猎时的枪声或城市中高分贝的噪音。最后还有一种感官性的失聪，它的主要原因是听觉通道和听觉处理中心处细胞的死亡或损坏，这些细胞的死亡和损坏主要是由于老化造成的，而将细胞暴露于清水、涂料稀释剂和塑料溶剂等各种溶解剂中则会加速这样的老化。终生都生活在噪声和周遭化学物质的潜在压力下，虽然强度并不大，但累积起来最终会给老年犬造成严重的失聪。大多数狗在12到15岁时都会表现出一些失聪的症状。

在很多病例中，那些看上去像是由于年龄增大而造成的失聪，其实都是一些其他的原因造成的，而这些原因中的大多数原本是可以避免的。狗耳朵中的通道比人的长许多，而且通道在到达鼓膜前还会弯一个直角的角度。耳朵的这种结构很容易堆积大量的残渣。皮肤内渗出的油、灰尘和毛发都很容易堆积在耳朵的通道中，最终成为一个塞子将声音在到达鼓膜之前就被挡住。这些物质还很容易吸引耳螨虫，导致耳部感染，即耳炎。弯曲处的阻塞所形成的液体的堆积都会降低声波到达中耳时的强度。所以那些常在水中，特别是池塘或湖等一些可能很不清洁的污水中玩耍的狗，就特别容易因此而失聪。最后还应注意的是，狗（特别是猎犬）的那两个又长又柔软的耳朵很潮湿，而且限制了空气的流通，这将更容易导致耳部的感染。

狗的许多行为都可以告诉我们它的耳朵已经出了问题。一般来讲，它会摇摇脑袋、抓搔它的耳朵，或对别人对它耳部的触摸做出很激烈的反应。揭开狗耷拉下的耳朵闻一闻，如果有很怪的气味，就表明它的耳朵可能出了问题。一只健康的狗的耳朵应该是粉红色的，略带一点琥珀色的蜡状物都是很正常的，这种蜡状物有助于保护耳朵中的通道。任何形式的流水、出血疱、颜色偏红或一些异物碎屑都表明狗的耳朵已经被感染了，耳螨虫已经开始影响到它的听力。如果出现上述任何症状，就表明有必要带着你的爱犬去看一下兽医了。

一些常规的耳部清理程序可以防止甚至治疗狗的耳疾。首先，你必须处理一些外部可见的症状。对于一些种类的狗，例如大部分猎犬和梗、贵妇犬、雪纳瑞、拉萨犬、法兰德斯牧羊犬、古代英国牧羊犬和一些其他犬种，它们耳朵的通道里都生长着绒毛。这种结构很容易阻止空气的流通，耳朵通道中总有一定湿度，非常易于导致狗耳朵发炎。耳朵通道外围的绒毛可以轻易地用剪刀剪除。对于耳朵通道里面一厘米之内的绒毛，你也可以采用拔的方式，每次拔掉一些，但是再往里面的绒毛你就无能为力了。

为了清理耳部、溶解里面的蜡状物，你需要在商店里买一些清理耳部专用的滴露、橄榄油或轻矿物质油。如果你爱犬的个头和力气特别大的话，在清理的过程中你可能需要找人帮忙。首先，将一个棉花球或一小块柔软的布浸入过氧化氢溶液或油中，然后擦去耳朵口周围所有看得到的杂物。记住千万不要将棉签直接伸入狗的耳朵，这样不仅有可能对耳朵内部的器官造成损伤，而且还会将蜡状物质推向耳朵通道的深处，蜡状物质会变得更结实，以至堵塞到只有兽医才能解决的程度。接下来，将装有油的瓶子放入一大碗热水中加温，直到油温热为止。转动狗的脑袋使一只耳朵朝上，把温热的油灌入狗耳朵直至灌满为止。然后用食指和拇指按摩耳朵的根部，将耳内堆积的杂物溶解。与此同时，将溢出来的油用棉球擦净。开始清理时向狗耳朵里灌油，或清理完毕后倒出耳朵里面的油时，狗都会拼命地摇头，因此你在选择清理地点的时候，需要注意到屋内的墙面和家具。在狗将它耳朵里面的油完全摇出来后，用棉签擦掉耳边剩余的部分。虽然一周像这样清理一次就够了，但是如果你真的觉得你的爱犬的耳朵通道是被杂物堵住的话，像这样的清理最好一周两次。这种方法的作用就是软化耳朵内的蜡状物，最终让它们自己从耳朵中脱离出来。有的时候，对于一只看起来好像是失聪的狗来说，这种清除蜡状物、使耳朵通道令耳螨虫无法寄生的清理方法是有奇效的。

当狗的年龄慢慢增大，失聪逐渐成为现实时，它的个性也会发生变化，但程度不是很大。你最需要注意的是，失聪的狗和失明的狗一样，会在心里产生一种被隔离的感觉，这会让它担心甚至心痛。我们可以采取与对待失明的狗差不多的办法来对待失聪的狗，以让它安心。第一种可以让狗增加安全感的办法，就是让主人坚持使用同一种香型的沐浴露或同种味道的润肤水。狗的嗅觉是它所有器官中最出众的一项，同时衰老对嗅觉的影响也是最小的。主人身上散发出的气味可以更方便它跟着你。除此之外，香味可以在空气中和物体的表面残留一会儿，这样一来，你的爱犬凭借香味就可以知道你最近刚到过这里，即使听不到你的声音，它也能感到一丝心理慰藉。另外，你还可以用香味来让狗辨认你的身份，以避免它睡觉的时候受到惊吓。例如，晚上当你的爱犬已经入睡，如果你想叫醒它，应该首先将手放到它的鼻子附近停留几秒钟。这样一来，你身上的香味就可以通过这种方式进入狗的大脑，它一般会在几秒钟之内立刻醒来，并且知道你就在附近。当它的眼睛睁开后，你就可以抚摸或拍拍你的爱犬了。

奇怪的是大部分失聪的狗都有同一个问题，就是它经常会发出犬吠声。虽然失聪的狗不能听到自己的犬吠，但是它能意识到自己在叫，而自己又听不到，所以只有不断地增大声音，试图让自己听到。失聪的狗经常用犬吠声来吸引主人的注意，这是因为它觉得自己被隔离了而十分焦虑。有人在听到狗一直这样叫时，便会随便给它一点食物或轻轻地拍一拍，试图安慰它，但这实际上是在鼓励它继续叫下去，所以结果往往是声音越来越大。一种有效的办法是将它关在一个小房子或狗窝里直到它停止犬吠。在犬吠的间隙，也就是在停止吠叫的大约30秒后把它放出来，并给予这种不叫的行为以一定的奖励。

对于失明的狗来说，我们可以在家庭成员和其他宠物伙伴身上系上铃铛，来帮助它确定你们的位置。但是失聪的狗听不到任何东西，所以这种做法没有任何用处。但是在失聪的狗身上系一个铃铛却很必要。很显然，一只失聪的狗是不会对你的呼唤发出任何回应的，但铃铛声却可以帮助你来确定它的位置。

狗的防衰老训练法

还有一个很重要的问题，就是如何和你已失聪的老龄犬进行交流。由于预计到爱犬们在年龄大了以后有可能失去听力或视力，所以我在家里经常用一种防止衰老训练法来训练它们。这样的话，爱犬们无论是对语言的命令还是手势的信号都会做出反应，这就保证了在它们失去视力或听力时，我还能与它们进行交流。我甚至还有一个表示“乖乖狗！”的手势，这个手势经常用在与它间隔一段距离时，以示奖励。这手势仅仅是将我张开的手掌瞬间一闪，并且伴随着“乖乖狗！”的言语。手势做完后，需要马上给予一定的食物奖励。如果你还能回忆起前几章所讲的关于狗学习的内容，你就会知道这个手势的信号会因条件反射的作用，在狗的意识中产生良好的感觉，所以如果爱犬做出一些正确的动作时，你可以用这个手势对它予以肯定。

如果你在最开始训练爱犬的时候没有使用手势信号，这也没有关系，你可以重新开始使用这种信号训练它做出“过来”“坐下”“趴下”和“待在原地”等基本动作。但是一定要注意各个手势信号都要容易辨别，相互之间不易混淆。一位非常聪明的驯狗师在许多年前曾经给我演示了一个技巧，这个技巧可以帮助她和一只名叫明妮的失聪的谢德兰牧羊犬之间进行交流。她首先将一个小型的闪光灯系在一个绳子上，然后就像戴项链一样戴着这个绳子。当想让小狗明妮做出反应的时候，她就从脖子上拿下那个特殊的绳子，打开开关，在手中持有闪光灯的情况下做出手势。“这种方法将使手势的信号更加醒目，我想以后即使明妮的视力下降得很快，闪光灯的清晰度也肯定会超过普通的手势。除此之外，如果想吸引正在穿过屋子的明妮的注意，我只需要将打开的闪光灯在它面前闪一闪，它就明白我正在找它，也会主动过来找我了。”

这里还有其他一些简单的方法可以帮助我们和已失聪的爱犬进行交流。在地板上跳一跳，接触地板时所产生的振动也可以引起你爱犬的注意，这样一来，当它看你的时候，你就可以做出手势的信号了。快速反复地开关房屋里的灯也可以达到同样的效果。如果想在夜晚叫一只正待在院子里的狗进屋，你就可以多次快速地开关走廊上的灯，狗应该很快就可以学会这种叫它进屋的信号的。

只要老龄犬还能不断地获取周遭的信息，它的大脑就足以让它保持行为适当、解决问题、学习新的关系的能力，从而让它有良好的感觉。如果狗的感觉能力丧失了，我们还可以通过其他渠道与它进行交流，告诉它所有的东西。对于老龄犬来说，我们可以用其他方式为它提供持续的帮助。对于失明的人来说有导盲犬，而对于失明的狗来说，我们也可以帮它寻找一只在听力上能给它帮助的狗。为什么你的老龄犬就不能有一只帮助它的狗呢？家里一只年轻的狗可以按照你的命令做出反应。狗身上与生俱来的交流的天性，可以使你的老龄爱犬通过看或听的方式来跟随着其他的狗类同伴。这样一来，当你呼唤那只年轻的狗过来时，那只老龄犬也会随着年轻犬一起到你的身边来。

来自加拿大赫尔的伊莱恩·多德有意确立了一种“为盲犬提供帮助的导盲犬”的关系。当她的名叫埃玛的杜宾犬失明的时候，伊莱恩专门为它找了一只导盲犬。这只导盲犬名叫埃米，也是一只杜宾犬，它颈部的项圈上还系有一个铃铛。伊莱恩对埃玛进行了跟随埃米铃音的专门训练。在埃米的带领下，埃玛可以到达任何它们的主人伊莱恩需要它们去的地方。在埃米的帮助下，埃玛不仅可以很容易地绕过或跳上家具，避开与墙和门的碰撞，还能在远足时爬一些岩石制的坡道，甚至还游过泳。伊莱恩现在还带着它们一起逛商场。“没有人能相信一只盲犬还能做这么多事”，她说道，“当我告诉其他人的时候，他们谁也不敢相信！”

第十六章

狗的主观意识

Canine Consciousness

当我可爱的黑狗奥丁死的时候，家里的另外一只狗丹瑟为奥丁的死感到非常难过，至少在我看上去是这个样子的。当丹瑟第一次来到我家的时候才八周大小，从那时起，奥丁就开始手把手地教它我家里的一些习惯，例如如何尊重我太太的宠物猫洛基，什么时候可以发出犬吠声以及一些其他注意事项。它们每天都在一起玩耍、互相追逐几个小时。现在奥丁走了，丹瑟还经常仔细地端详家里奥丁曾经睡觉的地方。以前丹瑟也用这样的目光观察过这些地方，甚至每个小时都观察一遍，不过那时是在寻找它的好朋友和好导师奥丁。现在，丹瑟以一种极不正常的方式站在屋子的正中央，一会儿看看我，一会儿看看茶几下面那块空空的地方，那是奥丁曾经待过的地方，与此同时，丹瑟还用十分悲哀的呜咽声来表达自己的悲痛。

如果小红狗丹瑟所表达的就是悲伤的话，那么在它的大脑中一定保留着对奥丁的印象，而且它也一定能回想起一些与老朋友奥丁在一起的生活，当它将这些记忆和眼前的情形相比较时，它肯定会发现两者之间的不同。丹瑟现在有可能意识到了自己的孤独，也正在想象着未来那些没有老朋友奥丁陪伴的日子。丹瑟的所有这些想象都涉及了一种高等级的思维过程，其程度之高到了令人难以置信的地步，甚至包括了主观意识和自我意识。

当看到丹瑟的上述表现时，我突然意识到自己犯了一个错误，用我一个多年的教授朋友的话说，就是"违反科学的万物类人论"。万物类人论这一词语来自希腊的相术，英文的写法是anthropomorphism，其中anthropo就是人的意思，而morphism则是"外形或种类"的意思，组合到一起的意思就是将人的一些特征，比如身体、思想和行为等各种特征都赋予那些非人的生物。在这个例子中，我作为人为爱犬的死感到悲伤，主观地意识到了它的离去。虽然我想象并认为丹瑟也具有和我一样的能力，也在思考着、经历着和感觉着我想到的一切，但我希望这些都是真实地发生在丹瑟心中的，而不是我在将其人格化的诱导下的错误想法。

具有像人一样的意识

使非人的事物人格化，是人思考和处理某些事情时一种根深蒂固的想法，心理学家将这一特点称为反身意识，它指的是我们喜欢用对自己行为和感觉的了解，来理解和预见别人的行为。以最简单的例子来讲，在大家共同面对一个情景的时候，你总是用自己在这种情况下所应该表现出来的感觉和行为来揣测别人。对于人来说，善于站在他人的角度思考应该是他的一个优点，因为他可以预测出竞争对手下一步的做法，从而超越对手。同时这种预测还会让你有足够的时间来预计可能的冲突，从而避免麻烦。没有这种预测的能力，我们就没有办法在处理复杂的任务时与人进行充分的合作，所以说这一能力无论是在建造房屋、农业生产，还是生产加工或狩猎打仗中都是不可或缺的。

观察情况和预测他人的反应都是基于这一设想产生的，即他人会有和自己一样的想法和行动，但这并不是人的专利。我曾经听到有人说“我的狗认为它就是一个人”，但这个想法是不对的，正确的应该是狗认为我们人也是狗。在看见狗直立行走而不是四脚着地时，我们可能会觉得非常奇怪；同时，如果说我们可能是狗的话，我们可能还不是一只聪明的狗，因为我们不能在能力允许的范围内像它们一样做出各种各样的动作。虽然有上面诸多不同点，但我还是要说我们的行为确实非常像狗，因为只有这样，狗才会在观察到我们对信号的反应上与它们如此相似的情况下与我们友好相处。我们的爱犬就是进入了一种其专业术语为“万物类狗论”的思维状态，这个词的英语写法是cynomorphism，其中希腊词根cyano的意思就是狗。这一理论也就为我们解释了许多现象背后的原因，例如为什么狗见了我们会像见了它的狗类伙伴一样摇尾巴、闻我们身上的味道；为什么狗会以完全展开前爪的方式弯下身来试图和我们一起玩耍等。而最重要的是对于为什么我们能控制狗行为的解释：狗在它们的社会等级中也很尊重领导者的地位，它们把人类就当作它们的领导者一样地听从我们的命令并服从我们的管理。

从上面的内容我们可以看出，在我们人类看来有万物类人论，而在狗来说又有万物类狗论，如果这两者缺少了任何一样，狗都很难像现在这样被成功地驯服，与我们生活在同一顶屋檐下，并像我们的伙伴和同事一样为我们服务。使用反身意识去预测狗的行为，能够使我们得到一种合理而有效的近似值，即关于狗如何对某些特定行为做出与我们同样的反应。我们知道，如果一个地方或一个人曾经给狗带来过伤痛，这只狗就会极力回避这个地方和这个人。如果我们为狗提供的是食物、安全感、礼貌的身体接触和交流时正面的影响，那么它就会被我们所吸引，并按照我们的命令做出回应。与此相同，狗也会辨认出我们人类的意图，并做出合理的回应，以为自己得到最大化的利益，这一切就好像它也运用了和我们人类一样的反身意识。

事实上，我也意识到，在整本书中，我一直在极力回避一个绝大多数的狗主人真正关心的问题，这就是狗真的像我们人一样具有意识和逻辑推理能力吗？或者万物类人论这个设想是正确的吗？最简单的答案就是，在一定程度上狗是具有意识和逻辑推理能力的，否则我们早就抛弃这个无用的设想了，就好像对待其他无用的猜想一样。在与狗的日常交流中，我们对待它是基于它至少是具有最低级的意识水平这一判断。

心理学家并不完全同意今天对意识这个词的最佳定义。在日常语言中，意识这个词都表示对自己所处的环境保持清醒，并能做出应有的反应；我们也常常拿这个词与睡眠或昏迷来做对比。如果做这种简单的理解是没问题的，但是心理学家认为还应该在定义中添加一些其他的意思。比如一个人不仅要对周围的环境保持清醒的头脑，还需要对世界形成一种思想上的认识以规划将来的行为。一个有意识的个体还需要对那些指导他行为的实践有着很好的记忆。意识的一个很重要的方面就是自我意识，也就是作为一个独立的个体且区别于其他所有个体的自觉。最后，作为一个有意识的人，你还需要有自己的目的和计划，并且明白其他人也有其目的和计划，有可能与你的完全不同。在我们与狗的大多数交流中，我们都认为它们是有意识的，而且处事的风格很像我们人类，最起码很像小孩子。我们都是根据自己在一定的环境中可能的行为来预测狗，虽然有的时候我们错了，但是正确的概率还是足以证明我们关于万物类人论的猜想是正确的。

有的时候我们对于他人行为的预测出现了错误，原因之一就是我们对被预测者使用了万物类人论，但他实际上很明显不具有我们认为他应该有的能力。例如我们会认为一个新生儿之所以会哭是为了吸引我们的注意，但是这对于几天或几周大小的婴儿是完全不可能的，因为宝宝还太小，以至其智力还没有发育到可以推理的程度，比如“如果我哭，大人们就会过来给我一些关注”。除此之外，我们还竟然对机器也做了万物类人论的猜想。例如我的太太会抱怨道：“今天早晨我的车又不愿意启动了。”我的同事也发牢骚地说：“我的电脑正在毁坏我的生活。”还有人抱怨道：“证券市场恨我！”这些例子之间的区别在于，如果你认真地问说话者，他们都会承认这些汽车、书桌上的电脑、证券市场甚至那个新生儿并不具有我们在谈话中为其所赋予的思考能力，我们只是将对于事情的情感融入了这种十分方便的语言中去了。但是对于狗来说情况则完全不同，大多数人都认为狗是具有意识和思考的能力的。

有意识的机器

现在让我们来面对这个问题。丹瑟或其他狗怎样才能说服一位持怀疑态度的科学家承认它们具有意识和逻辑推理能力呢？为了全面地了解这个问题，让我先给你出一道和丹瑟完全一样的问题，也就是说你如何才能证明你自己具有意识和逻辑推理能力。假设某一天起来后，你的配偶突然诬陷你是一个冒名顶替者。他或者她声称你不再是一个人，而是一个被外民族或政府的间谍遥控的机器人。这个情形很奇怪，这种症状的正式名称叫作卡普格拉氏幻觉，往往是大脑受到损伤后的症状。这种大脑混乱的受害者认为他们的配偶或一些很亲密的熟人是冒名顶替者，甚至已经不是人了。虽然那个人长得很像自己的配偶，行为处事也很像人，并且一直坚称自己就是他或她的配偶，但患有卡普格拉氏幻觉的病人十分肯定地认为他们在撒谎。在一些悲剧性的例子中，精神的错乱导致卡普格拉氏幻觉的患者殴打甚至杀害了那些他们认为是冒名顶替的人或被控制的机器人。

现在你所面临的问题是，怎样才能对那个患有卡普格拉氏幻觉的病人证明你是一个有意识、有思考能力的人，而不是一个机器人呢？你究竟需要说些什么才能让他相信呢？如果你能回答病人问你的一些私人问题，那只能证明你冒充的那个人的个人信息已经被编入了你这个机器人的程序中了。在这种情况下，无论说什么或做什么都无法证明你具有一个有意识的大脑。当然你可以让他看一张你大脑的扫描图，但是这也没有什么用，这只能说明你的脑袋中有一个像大脑一样的东西，而且这个东西中正在进行一些电子运算。众所周知，计算机可以被做成任何形状，里面的电路形状也可以非常奇怪，在这种奇怪的电路内可以进行电子运算，所以你大脑的扫描图仅能证明某种东西在你的脑袋中进行着运算，而不代表你具有一个有意识的大脑。

事实上，如果将智能计算机的话题和狗是否会思考的问题联系起来，我们就会得到一个提示，这个提示会帮助我们去判断我们的狗类朋友是否也具有意识。其实早在20世纪初期，一位名叫艾伦·图灵的数字计算机先驱就在研究这一问题。那个时候，科学幻想题材的作家和公众都被一个设想迷惑住了，这就是原本在幻想中的“会思考的机器”在不久的将来就要以巨型计算机的形式出现了。这种设想的合理性在于，大脑是由数目众多的神经细胞组成的，虽然每个神经细胞的结构非常复杂，但是它们的作用和机器非常类似。我们大脑中有数以百万计的神经细胞，也就是说可以把我们的大脑看作是一台机器。虽然如此，它毕竟还受制于自然法则。既然我们已具有创造出许多复杂机器的能力，那么至少从理论上讲，我们也有能力制造出一台和我们大脑具有相同信息处理方式的机器。20世纪五六十年代的许多科幻著作都将电脑描述成了已经具有意识和思考能力的机器，而且这些电脑大部分都是在试图夺取对世界的控制权。虽然早期的计算机发明者坚持认为这一设想是永远不可能成为现实的，但是对于一个问题的探讨却已广泛展开，这就是如果计算机真的有一天发展到了可以进行主动思考的程度，我们人类该怎么办?

图灵还提供了一个测试方法来判断一台机器是否已经具备了思考的能力。他解释道，既然意识是主观的，那么它一定是不可预测的，因此我们判断一台计算机是否智能的唯一可行的办法就是问它问题。图灵建议首先将一台电脑放在一个房间中，请一个人到另外一个房间，接下来就由一个人或一个陪审团的所有成员一起，向电脑和那个房间里的人提出相同的问题，然后由专家来研究计算机和那个人的答案，并判断出哪个是人的答案，哪个是计算机的答案。图灵总结道，如果我们不能在两个答案中区分出回答者是谁的话，那么这台计算机也就可以被看作是人了。图灵在此前还提出了一个基本的概念，即“如果一个东西长得像鸭子、行为像鸭子、飞起来像鸭子、游泳也像鸭子，就连嘎嘎叫的声音也像鸭子的话，那么我们就可以认为这个东西是一只鸭子了”。在这个例子中，我们只是将鸭子换成了有意识的大脑，同时将原来鸭子的行为也做了一些适当的修改。

图灵对于狗的测试

也许正如你想象的那样，对于我们是否在和一个既会思考又有主观意识的大脑打交道这个问题而言，并不是所有的人都会认为图灵的测试是一个有效的方法，但也没有人能为我们提供一个更加有效的办法。至少图灵测试方法的一个优点就是可以用来检测狗的行为，以将狗的行为与需要主观意识思维的人类行为进行比较，这是没有任何问题的。如果两者的行为是无法辨别的，至少我们可以肯定狗具有一个有意识地进行逻辑判断的大脑。例如，下面的这个情景就可以使用图灵的方法对狗的行为进行测试。

这是一个简单的家庭内的场景，而不是像图灵所要求的那个必须具备一只狗、一个人和很多科学鉴定家的实验室，但是就是这个简单的家庭场景也可以为我们讲清楚道理。我住在我们家的小农场里，我的小女儿带着她自己的女儿桑坦妮来看我们。因为那天阴天，还下着毛毛雨，要进行户外活动是没有任何可能的，所以我太太琼和卡里就决定一起到城里去买点东西，留下我一个人来照看我的孙女桑坦妮。只过了一会儿，玩具和电视就已经不能提起桑坦妮的兴趣了，她努力在寻找一些其他好玩的东西。因为桑坦妮刚两岁多一点，我想到了一个一定会令她感兴趣的游戏。

这个我偶然发现的游戏的参与者还有我的猎兔犬达比，虽然当时达比只有九到十个月大小，但是已经显现出了猎兔犬的显著特征，一是乐于进行交流，二是对食物的喜爱，当然这两个特征的顺序不一定对。在进行游戏时，达比坐在我们面前的地上，头上被我蒙了一块毛巾。然后我唱着歌问桑坦妮："达比在哪儿呀？"孙女就会蹒跚地走到达比旁边，并笨拙地拉开达比头上的毛巾。然后我就唱道："完全正确！这个就是达比！"并鼓掌以示奖励。与此同时，我也对被盖着毛巾的达比很乖的表现予以奖励，奖励的食物有时候由我给，有时由孙女给，并且在喂完食物后轻轻地拍拍它。达比看上去很喜欢这个游戏，因为它的尾巴一直在左右地摇摆，更重要的是它一直很乖地坐在原处，而没有为了躲避我和孙女的噪音而走开。

就像与这个年龄的孩子做游戏的一般情况一样，我将这个游戏重复了十多次，在其中仅有一点微小的变化，有的时候让孙女转过身去，不让她看到我用毛巾盖住达比的动作；有的时候则让桑坦妮自己用毛巾来盖住达比。在整个过程中，达比都很高兴地接受食物和我们的关注。最后，桑坦妮看看我，又抿抿嘴，并发出类似于"呒呒呒"的声音叫停了这个游戏，我知道这是她渴了想喝牛奶的意思。我最后一次拍了拍达比，朝冰箱走去给桑坦妮取牛奶，并随手将毛巾扔到了邻近的一把椅子上。

当桑坦妮一拿起她的防滴溅包装的牛奶时，那个一直没有关的电视就再次吸引了她的兴趣，她就慢慢地走到了电视前并坐了下来。与此同时，我发现达比还是静静地坐在我们玩游戏时的地方。这时我的注意力转移到达比的身上，只见它突然站起来，环顾整个屋子，好像在找什么东西。接下来快步走向我放毛巾的那把椅子，上身直立地坐在了后腿上，并用嘴叼住了那条毛巾。紧接着叼着那条毛巾又回到了屋子的中央，也就是我们做游戏的地方，并坐了下来。当发现我没有任何反应时，达比首先看了看毛巾，又看了看我，然后目光再次回到了毛巾上。我被这一情景震惊了，因为在我看来它是在尝试着与我进行交流，以表达想继续玩那个游戏（或至少是为了每次游戏后作为奖励的食物）的愿望。当时我还是没有做出任何反应，达比低下头去，用下巴夹住了那条毛巾的一边，然后在抓住毛巾一边的情况下开始在地上打滚，直到整整转了一圈、双脚再次接触到了地面为止。然后，达比在相当困难的情况下再次恢复了坐的姿势，在这时，那条毛巾几乎已经完全地盖住了它的脑袋和后背。达比再次向四周张望，它的样子就好像低成本科幻电影中的角色那样：一个来自别的星球的大鼻子牧师试图拉住自己所穿的长袍的一角来掩盖面部，以避免暴露身份。

当我在为它的奇怪动作而暗自发笑时，达比发出抱怨的犬吠声以吸引我的注意。犬吠声同时也吸引了桑坦妮的注意。她快速地放下手中的牛奶杯，一边发出吱吱声，一边蹒跚地走到被包裹住的达比身边拉掉了毛巾，并高兴地鼓起掌来。很显然他们又要继续做这个游戏了，所以我又给了达比一点食物，这时它很满意地摇起了尾巴，摇摆的速度比以前更快了。

当看到达比以小孩子的交流方式来表达要继续玩这个游戏的愿望时，我知道一些非常聪明的科学家又会固执地认为我在编造故事了。作为一个心理学家，我知道我的很多同事不会被这一情景轻易说服，从而相信达比的行为说明狗具有一定的有意识的推理和逻辑能力，或者说是定向的智力（directed intelligence）。他们又要再一次地争辩狗是否具有如此的推理能力。他们还会继续解释，认为这一过程中不存在任何诸如自我意识、计划和对于未来事件的预测。他们还极有可能据此认为我是一个万物类人论者。

为了证明事实，让我们把这个游戏中桑坦妮和达比的位置进行一个调换。我们现在玩的游戏叫作“桑坦妮在哪？”。在游戏的过程中，我在桑坦妮的身上盖上毛巾。顺便说一下，这是另一个流行于和我孙女一样大小的孩子们当中的游戏，因为在听到“桑坦妮在哪？”这个引人注目的问题后，孩子们可以迅速拉下盖在头上的毛巾以显示自己的聪明。假设这次是在我中断了游戏后，小孩子自己找回毛巾盖在头上，并把我叫回来，那些细心的心理学家就会毫不犹豫地像这样说："她想继续玩游戏，并以毛巾盖住自己，还用她仅会的语言来吸引你的注意，并最终让你继续游戏。"这就表明这个小孩具有了计划、对于未来情形的结果预测、逻辑推断和自我意识等那些我的达比所没有的能力。但请大家注意的是，达比和小孩子在面对同样的情况时做出了同样的反应。

现在假设我们稍稍改动一下实验的设计，将图灵的实验应用于一些很容易观察的行为之上。与此同时，我们也不让那些陪审团的专家来观察并评判小孩和狗各自的行为，而是让一位普通人将他所看到的那些很容易观察的行为用语言记录下来。那个普通人可能用下面的语言来描述他所看到的两者的行为，"一个个体走到了放有毛巾的椅子旁边，将毛巾罩在头上，接下来一边看着你，一边发出声响来引起你的注意"。如果两者的行为都用上述的语言来进行描述的话，那么你将很难区分出这两个行为到底哪个是狗的，哪个是小孩子的。这就意味着两种可能，要么我的爱犬达比的行为很合理，并且其中蕴含着一些含有主观意识的计划成分，要么我孙女的反应完全是在一种毫无意识、没有任何思考成分的自动程序下完成的行动。既然我们一直以来都认为小孩是具有主观意识和逻辑推理能力的（尽管这种小孩的推理能力不如成年人敏锐，其意识能力也局限于一定的范围之内），那么根据图灵实验的规则，我们就应该认为狗是具有主观意识和思考能力的。

有的人可能还会进一步争论，认为狗的这一行为也许带有一定的思考和推理成分，但这难道就能证明狗是具有意识的吗？我要说的是根据图灵的理论，这一行为已足以证明它是具有意识的了。有时我不得不借用《梦的解析》的作者西格蒙德·弗洛伊德的话来解释这一切："在意识的特性还没有对精神的来源形成任何正确的观点以前，我们不要对它进行过度的评价。"毕竟，就像我先前说到的那样，我们也无法向别人证明我们自己是具有主观意识的人而非一台有着先进程序的机器。

梦中的狗

事实上，既然我已提到了弗洛伊德的那本著名的关于梦的书，那么就让我也利用一些特殊的经历来更进一步地讨论狗是否具有主观意识吧。我相信大部分人都会接受梦只是那些存在于意识中的事件这一观点。虽然梦与我们大脑中发生的事情有关，但是在大脑外它不具有任何真实性。梦基本上就是在我们睡觉时浮现在意识中的大脑的电影。如果梦仅仅是精神的图画，这些图画都是一些事件的剪辑和重现，有的来自白天的经历，有的来自睡梦中人的幻想，而且这个做梦的人还必须有能力去经历一些有意识的情景，那么这些梦的出现就说明这个做梦的人的大脑是有主观意识的。

大多数人都观察过狗睡觉时的情形，并对于这一情形有深刻的印象。在睡觉的大部分时间中，许多狗都会出现颤动、腿抽搐，甚至咆哮或突然地咬向那些在睡眠的过程中产生的幻影，这些动作都会让人觉得它们在做梦。从结构上讲，狗的大脑和人类的大脑是极其类似的，在睡觉时狗的脑电波波形与人的脑电波波形相比，具有基本相同的波动过程和类似的阶段，而且上述的这些特点与人们原本关于狗做梦的观点是相互一致的。

事实上，即使狗不做梦，我们也会为最近的一个证据而吃惊不已，这个证据表明一些在大脑结构上比狗简单、智力比狗低下的动物都具有做梦的能力。来自麻省理工的马修·威尔逊和肯威·路易为我们带来了一个引人注意的证据，认为一只睡眠中的老鼠大脑的功能在某种程度上毫无疑问地表明它是在做梦。人夜里做的很多梦都与白天的活动有关。这一特点对于老鼠来说也是适用的，也就是说它在梦里可能会思考那些它在白天所未能走出去的迷宫。海马状凸起是大脑中记忆的形成和储存记忆的地方，对这一部分的电波记录显示，当老鼠在醒的时候学习走迷宫时的脑电波图形非常特殊，并且易于辨认。在老鼠睡觉，且大脑波形显示它已经进入了和人一样的正常睡眠阶段后，白天走迷宫时的电脑波形再次出现了。实际上，这些波形是如此清晰和易于辨认，以至于研究人员可以详细地指着记录说明，从哪里开始波形的图像就如老鼠在醒着的时候刚进入迷宫时的波形一样，在哪个波形时它一直前进，又在哪个波形时它站着不动了。威尔逊谨慎地说道："老鼠肯定在当时回忆起了那些发生在它醒着的时候的事情，而且这个回忆的过程发生在它睡觉的时候，这一切就像我们人类在睡觉时所做的一样。"

既然狗的大脑结构比老鼠的复杂，而且电波也显示出了相同的结果，那么我们就有理由认为狗也具有做梦的能力。还有进一步的证据表明，狗不仅可以做梦，而且所做的梦还是一些常见的有关狗的活动。该研究利用了一个事实，即大脑中的一种特殊构造能够阻止我们在睡觉时将梦境付诸实践。一些人年龄大了以后，脑干中的桥连接部分会逐渐萎缩，无法阻止睡觉时做出梦中的动作，所以这些老年人在睡觉时会有突然跳跃、梦游和一些其他奇怪的行为，甚至做出一些危险的举动。实验中，当科学家将狗大脑中的那部分摘掉后，尽管大脑电波还在显示狗处于睡眠中，但实际上已经开始梦游了。狗只有在大脑进入了睡眠中的做梦阶段后才会开始梦游。在整个的做梦过程中，这些实验中的狗都会在睡眠时将它们梦中的行动付诸实践。因此，实验人员发现一只睡梦中的指示猎犬一开始做梦就寻找游戏并引导道路；一只梦乡中的猎鹬犬会故意惊吓一只梦中的鸟；一只睡梦中的杜宾犬甚至有可能与梦中破门而入的盗贼打起来。

当然，你不必求助于外科手术或脑电波记录，也可以轻易地判断你的爱犬是否已经开始做梦。你所需要做的只是从它一开始打瞌睡就仔细地观察。通常当狗睡得很深以后，它的呼吸就开始变得规律起来。对于一只中等个头的狗来说，20分钟以后它就开始做第一个梦了。你可以很轻易地判断它是否已经开始做梦，因为狗的呼吸从做梦开始时就会变得很浅，而且变得不规律。你会发现有的肌肉不定时地开始抽搐，如果观察的距离足够近的话，你就会发现它的眼珠开始转动。眼珠之所以转动，是因为狗已经进入了它幻想中的那个世界，并开始观察梦中的图像了。眼珠的转动是狗开始做梦的一个非常明显的特征。如果你在某个人睡眠中眼睛快速地转动时叫醒他，他一定会说他当时是在做梦。

不同种类的狗的睡眠类型是不同的。一个很奇怪的现象就是，个头小的狗做梦的频率要高于身材高大的狗。比如类似一只玩具贵妇犬那样的小狗，每10分钟就会做一个梦，而一只像马士提夫獒犬或爱尔兰猎狼犬那样的大狗，一个半小时左右才会做一个梦。

狗做梦时还有一个特征与人很相似。像人一样，狗做梦的总时间取决于它们的年龄。年轻的狗睡觉做梦的时间远远多于老龄的狗。但是不论在任何一个年龄段，梦境只存在于事件发生在其意识中的某一个特殊的阶段，这是能够被电波记录所监视的。也就是说，梦的出现表明具有某种程度的有意识的图像在那个睡梦中的狗的大脑中出现，而且这还说明狗确实做梦。

可以知道的比可以感觉到的要多

从技术的层面讲，心理学家需要得到包括狗能够做梦在内的更多的证据，才能相信狗具有某种意识。现在让我们探讨一下我们所说的主观意识到底指的是什么。显然，我们所说的意识绝不局限于那种日常的差别，即一只清醒着的动物与其睡眠或昏迷时相比所具有的有意识的警觉。哲学家和心理学家对于除了警觉以外，意识还包括哪些方面争论不休。对他们其中的一些人来说，意识仅仅是能够察觉世界、处理信息，并且将我们已经理解了的东西搁置为记忆的能力。因此，牛津大学的哲学家迈克尔·洛克伍德就认为"意识就是有知觉记忆的前沿"。证明意识存在的一条更为苛刻的证据或许是这样的，即我们应当对世界有一个超出当下感知的图景，例如应当懂得物体的存在与否并不依赖于我们在此刻是否能够看到它。最近，还有一些理论家认为我们必须具有自我的意识和自我的概念，甚至还需要明白自己的存在性。对于意识的最高要求是，我们必须要意识到我们自己是具有意识的，明白其他的个体也具有他们自己的思想和意识，并且他们的思想和意识与我们有可能相同，也有可能完全不同。

现在，让我们来看一看狗是否能达到那些主观意识存在性证据的更为苛刻要求吧。这种更为苛刻的条件首先是需要我们在用感官随时认识世界之外，还需要对世界的认识有一个精神上的图像。简单讲就是，即使我的妻子正在走出屋子，而且我的眼睛也没有看着她，但我还是确信她是存在的；或者说我那只名叫女妖的查理士王猎犬正在桌子下面打盹，虽然我这时看不见它，但是我也知道小狗女妖是存在的。一个物体在某一时刻的存在与否并不取决于我们在这一刻是否能看见它，用瑞士心理学家让·皮亚杰的话来说，这种能力叫作物体的永恒性。他可以证明这一能力并不是我们与生俱来的。证明的方法很简单：我们给一个一岁左右的宝宝看一个他很喜欢的玩具。在正常的情况下，宝宝会伸手试图去抓那个玩具。现在我们在宝宝看着玩具的时候将一张打印纸挡在玩具的前面，这样一来这张纸就挡住了宝宝看玩具的视线。这时，这个宝宝没有穿过或绕过那张纸的任何尝试，而是表现得像玩具不存在了那样，毫无表情地看看四周，或为此号啕大哭。在孩童期的早期，对宝宝来说，即便是宝宝的父母也是进入其视野时就存在、离开其视野时就消失的事物，这也就是为什么宝宝如此爱玩捉迷藏的原因。大约在宝宝一岁半到两岁的时候，他就逐渐明白了物体的永恒性这一原理，知道了那个玩具还在那里，只不过被纸挡住了视线。这个时候再做这个实验时，宝宝会向纸的后面看并用手去够，或者尝试着走到障碍物的后面去取那个玩具。皮亚杰认为，宝宝在这时对世界的认识已经形成了精神上的图像或认知图；而且，宝宝将对周围环境的这种认识带入了主观意识：这将告诉宝宝物体是永远存在的，并且帮助宝宝确定物体的位置。在意识中，宝宝对物体所代表的意义的掌握在最开始是以一种非常具体的方式进行的，后来会变得越来越抽象。但是我不认为皮亚杰在谈到宝宝在明白物体的永恒性之前是不存在意识的，他只是说在宝宝具有这种能力的时候，他的意识已经发育到了一定的水平，可以进行更复杂的思考并用来解决问题了。

即使不在实验室对狗明白物体的永恒性这一事实进行证明，它也是显而易见的。很明显，如果狗的野生祖先在兔子或任何其他猎物躲在一块岩石后面，或经由一条曲折的路逃走，总之是在视野中后消失就认为这猎物不存在了的话，那么狗的这些野生祖先早就饿死了。我每天都能见到我的爱犬兴奋地试图寻找滚到沙发或其他家具后面的那些消失在视野中的小球。除此之外，每一只合格的寻回犬，当它们看见两只鸟被猎枪从天空中射落到高高的草丛中并从视野中消失时，肯定知道这两只鸟还存在，因为它们总是很有信心地径直跑向鸟坠落的方向，并将它叼回来交给主人。

在实验室中进行关于狗是否明白物体永恒性的正式实验，是由来自加拿大魁北克拉伐尔大学的两位心理学家西尔万·加尼翁和弗朗索瓦·多雷进行的。他们发现狗具有这种心理能力的年龄比人类还早。在一只幼犬还只有五周大小的时候，它就已经对物体的永恒性具有了一些基本的认识。在八周大小的时候，它就已经完全具备这一能力了，而这是一个18个月大的宝宝才能达到的程度。

在上述实验中，狗的表现已经足以使一些人相信它在认识世界时大脑具有有意识的图像，但是还有一些人要求狗进一步展示出更高水平的意识能力。当我们的实验对象是儿童时，我们加大物体永恒性测验的难度，这样一来就更加有力地证明了儿童在认识世界时大脑里肯定具有了有意识的图像。这一水平的测验叫作不可见移动实验。在这一测验中，实验人员将一个物体放入容器中，这样一来物体就看不见了，同时它的存在与否需要用一定水平的物体永恒性能力来判断。接下来，实验人员将装有物体的容器放置于一块挡屏的后面，在宝宝看不见的情况下，将物体从容器中拿出来放在挡屏的后面。在这一不可见的移动完成之后（请牢记，宝宝看见的是装有物体的容器被移动了，而不是物体本身），实验人员将空的容器带回到宝宝的视野中，并将这个空的容器打开来给他。很明显，容器中空空如也的情形很容易让他得出物体被移动过了的结论，虽然他并没有看见这一移动的过程。如果宝宝具有了认识世界的有意识的想象或认知图的话，他应该可以推断出虽然物体被移动但是一定还存在，并且知道现在物体一定是在挡屏的后面。这一推断将帮助他很快找到那个物体。正像你所看到的那样，虽然这一判断很简单，但是它需要一种高级的意识过程，所以与上面那个很简单的物体永恒性测验相比，现在的测验需要宝宝具有一种更成熟的智力。两岁左右的宝宝是可以成功地完成这一测验的。加尼翁和多雷同时对幼犬也进行了这个不可见移动的测验，他们发现狗不仅可以完美地完成这一测验，而且它们年龄更小，只有一岁左右。更多的实验还表明，如果进一步加大这种物体永恒性测验的难度，例如将物体可能存在的地方增加到五个，并且在物体从视野中消失到允许狗去寻找，其间间隔有四分钟左右的时间，它还是可以成功地运用逻辑推理来完成这个测验（虽然不像原来挡屏的数量很少时完成得那么迅速）。我们之所以将这个实验修改到完成者需要具有一定的意识记忆图（conscious memory map）和逻辑推理能力，是为了让那些对狗具有意识能力持怀疑态度的人无法辩驳。

记忆与主观意识

几年前，来自塔夫斯大学的哲学家丹尼尔·丹尼特非常明确地告诉我，他相信狗是没有经历性记忆这一能力的，而正因为此，他无法接受那种狗具有和人相似的主观意识的观点。后来我发现这一观点是为数众多的哲学家和部分行为学家所共有的。为了明白丹尼特的观点的意思，你首先必须清楚记忆分为很多类型。心理学家经常将记忆分为两大类，即外显记忆和内隐记忆。将两者区分开来的最简单的办法就是，牢记外显记忆是那种根据意愿可以回忆起并且进行描述的能力，而内隐记忆则是那种在并非出于自愿的情况下自然而然地记忆的能力。在后天的学习过程中所运用的记忆能力都是内隐记忆。因此，虽然自行车很易学，而且你还很容易记住怎么骑，但是如果让你向他人描述你是如何平稳地骑在上面的却几乎不可能。你明白怎样去做一件事，但是在与别人交流的过程中，你无法意识明确地讲述这些具体的行动。

在我们说起外显记忆的时候，首先要知道这一记忆种类也应再被分为两种，即经历性记忆和语义性记忆。经历性记忆是对你个人所经历过的事件的记忆。当你回答你昨晚吃的什么，你昨天穿的什么衣服，或描述一下你第一次浪漫的接吻时，你所用的记忆方式都是经历性记忆。语义性记忆和经历性记忆是完全不同的，它涉及对事实真相的记忆。在你回答“谁是乔治·华盛顿”或“月球上的气候什么样的”问题时，你所用的已经不是经历性记忆，因为你并没有见过乔治·华盛顿，也没有到过月球。有的人将经历性记忆看作是一次精神上的旅游，会让你在意识中重新经历一次原先经历过的事件，从而将事件的整个过程带到你的意识中。经历性记忆并不是基于不断的练习和重复，因为一生中大部分的事件都只会发生一次，但它还是被记住了。经历性记忆的一个很重要的特征就是，每一段记忆都会包括时间、地点和当时发生了什么等要素。

即使按照我对狗的行为的偶然观察来说，丹尼特的看法也令我感到非常困惑。例如，很多狗的主人都会发出一些类似于“寻找那个东西”之类的命令，而且狗对于这些命令都会做出很恰当的回应。例如在我发出命令“你的球在哪儿”这一命令时，我的爱犬就会立刻跑开去寻找球，并最终将它叼回给我。如果找不到，它就会站在它认为球可能在的地方并发出犬吠声。“琼在哪儿”是我要求爱犬帮我寻找我太太的命令，它也会对这一命令做出恰当的回应。每当听见这一命令，我的爱犬就会跑到它最近一次看见我太太的房间。如果我太太在楼上或地下室，它就会跑到琼所在的楼层，并在那里等待。如果太太不在屋子内，狗就会跑到我太太出门时所经过的大门口。如果压根儿就不知道琼在哪儿，或者没有看见我太太已经出门，狗就会四处去寻找。上述的每一种情况都是经历性记忆的一个例子，因为狗记住了它最后一次看见我们所让它找的东西的位置。很明显，这一记忆需要用到时间、地点和当时发生了什么这三要素，因为我们是在问狗，它在何时何地看见了我们让它寻找的那个特殊的事物。

当我将“琼在哪儿”这一事例讲给丹尼特听的时候，他还是不肯相信。丹尼特认为这是狗表现出来的一个“运用了类似于经历性记忆的行为”。他还告诉我他会进一步思考这个例子，并在发现了我推理中的错误时联系我。但是自那以后丹尼特再也没有就此而联系过我。

事实上，狗的经历性记忆的能力是非常好的，以至于它不仅可以作为失明或失聪的狗的向导，而且我们自己某一天都有可能需要一只帮助记忆的狗。虽然这个说法听起来非常奇怪，但事实上世界上已经有了一只这样的狗，它的主人和训练员是来自加拿大艾伯塔省韦塔斯基温市的约翰·迪格纳德。迪格纳德在五岁时遭遇了一场车祸，这对他的大脑造成了损伤。车祸后，迪格纳德不仅在学习上遇到了困难，而且短期记忆能力也不十分稳定。在某件事变成长期记忆之前，他必须将这件事再重复学习无数遍。迪格纳德在车祸之前的记忆还是存在的，所以他能回忆起他从四岁起就知道的电话号码，但是如何记住新的信息对他来说是个大问题。例如，他在婚后花了大约一年的时间才记住了他太太的名字。迪格纳德还告诉我：“当你由于记不住一个人的名字而问了他600遍时，这种挫败感是无法想象的。”我当时也是不无悲痛地怀疑他能否按照我们原先商量好的时间和地点接受我们的专访。

实际上，如果一个人失去了短期的记忆能力，那么任何简单的任务对他来说都将变得非常可怕。如果迪格纳德去一家大型商场购物，出来的时候，他经常已经忘了自己把汽车停在了哪里。在这时，一只具有经历性记忆能力的狗对他来说将变得非常重要。现在的迪格纳德会充满自信地去逛商场，因为他有了一位帮助他记忆的助手，一只名叫歌利亚的德国牧羊犬。歌利亚是第三只为他提供帮助服务的狗了。很明显，歌利亚在名字、电话号码和采购清单上不会对迪格纳德有什么帮助，但是它起到了一个特殊的作用，忒修斯（雅典的英雄和国王）在穿过迷宫看到人身牛头怪物之后，顺着他进来时留下的一串小球而找到了走出迷宫的路，现在歌利亚所起到的就是这一串小球的作用。歌利亚的任务就是领着迪格纳德去那些他回忆不起来的地方，例如从进入建筑物的原路走出大楼。

迪格纳德说道："如果没有歌利亚，我随时可能迷失方向。但是现在我只需要告诉它'到出口去！'或'到停车处去！'，它就会带我到达停车场。"在这一例子中，很明显是歌利亚的经历性记忆替代了它的主人受损的经历性记忆。我不知道丹尼特先生对于这个例子将会表达出什么样的看法。

有自我意识的狗

对一些理论家来说，意识一词还有更深的含义。它必须包括一种自我的意识，对于自己的个性和身份的认知。事实上也就是说，我们必须在精神上走出我们自身，并将我们看作是一个个分离的主体。虽然如果不用语言，你很难去探究一种动物是否具有自我意识，但至少对于灵长类动物来说，你所需要的只是一面镜子和一些红色的唇膏。

这一系列的实验就像其他实验一样，最先都是由查尔斯·达尔文开展的。当时达尔文正在研究动物和人的情感表达。有一天他访问了动物园，并在一个封闭的关有猩猩的笼子里放置了一面镜子。然后他的任务仅仅是在一旁观察，并将所观察到的记录下来。猩猩首先看了看那面镜子，然后走到镜子的后面，就好像在寻找从镜子中看见的猩猩。接下来，它们在仔细观察镜子的同时，先做出了一些特殊的动作，后来又做了一系列面部表情。达尔文认为他所看到的这一结果的意思非常含糊。毕竟，这种面部表情可以被解释为是真实的猩猩向它们在镜子中所看到的猩猩做出的。但达尔文认为，这很有可能是这些猩猩已经认识到了镜中的猩猩仅仅是它们自己的影像，猩猩们只是做出一些表情来看看自己的样子。许多孩子也会在镜子前面玩这种面部表情的游戏。

美国纽约州立大学的心理学家戈登·盖洛普继续了达尔文的观察，并将这个实验更进了一步。首先，他将一面镜子放在了黑猩猩所住的笼子里。最开始，黑猩猩的反应和达尔文所观察到的猩猩的行为完全一致。但是，盖洛普知道有些人从一生下来就失明，但他们在大脑中还保存着对自己的印象；盖洛普还知道一些没有见过镜子的小孩子，他们在见到镜子中自己的影像时，最初的反应就好像是看见了一个另外的人。但是一段时间以后，他们都会明白那是自己。因此，盖洛普将镜子在笼子里面放了很长一段时间。接下来盖洛普将黑猩猩麻醉了一会儿，并在它昏迷的时候用红色的唇膏在它的一条眉毛和一只耳朵上各做了一个记号。当黑猩猩醒来之后，最开始它还没有感觉到这个记号，后来它在镜子里面看见了自己的影像后发现了不对的地方。黑猩猩一看到那个影像上的红色记号，就一面仔细地观察着镜子里面的像，一面触摸自己被做了记号的眉毛和耳朵。盖洛普相信这些都表明了黑猩猩是具有自我意识的。很显然，黑猩猩明白它是一个独立的个体，镜子里面的那个是它自己的影像，而且如果那个影像上有某些改变的话，那就表明它自己发生了某些变化。猩猩、非洲大猩猩和海豚在面对镜子里面的影像时，都表现出了这种可以证明自己具有自我意识的反应。

狗和其他种类的动物在面对镜子里面的影像时，表现得就好像那个影像是自己的同类朋友一样，或者完全视而不见。实验人员据此认为狗缺乏自我意识，也就是说明狗是不具有意识的。当然，还有一种结论就是，虽然狗知道镜子里面的影像是它自己，但它们没有像比它们高级的灵长类动物那么愚蠢，而且并不在意自己的形象。

科罗拉多大学的生物学家马克·贝科夫用另一种方法对这明显不利于证明狗具有意识的例子进行了解释。贝科夫认为视觉上的事件对于狗造成的影响力低于人和大多数猿，所以用这种视觉的特征去测试狗的自我意识很有可能是存在困难的。就像我们前面提到的那样，对狗来说最重要的感觉是嗅觉。狗毫无疑问可以辨认出它所熟悉的狗类同伴和人身上的气味，所以如果狗自身带有气味的话，我们可以让它来辨认自己的气味，而不是像前面那样辨认自己在镜子中所成的像。所以贝科夫采用“黄雪（含有狗尿的雪）测试”取代了原来的“红色斑点测试”。贝科夫的实验对象是他自己的爱犬杰思罗，一只德国牧羊犬和罗威那犬的混血犬。贝科夫对这一虽然很巧妙但是并不文雅的实验进行了如下的描述：

> 我花了五个冬天的时间一直跟随在杰思罗的后面，获取含有它的尿液的黄雪，并将这些黄雪放到杰思罗必经之路旁边的那些干净（没有其他的黄雪）的地方。我同时也会将一些别的狗的黄雪也放到杰思罗每天的必经之路上。采用积雪做这个实验具有很多好处，例如积雪易于保留狗尿的气味，而且非常利于移动。这项实验的数据采样花费了我五个冬天的时间，由此

可见我对此的兴趣。

在转移这些黄雪的时候，杰思罗都不在现场，当然也没有看见贝科夫转移的过程。实验非常简单：贝科夫观察杰思罗的行动路线，计算出它到达黄雪地点的时间，测量狗花了多少时间去闻那堆黄雪，并观察它在此后的行为。就像大多数狗主人料想的那样，杰思罗在每一堆黄雪前都停了下来，首先用鼻子闻了闻，然后在那些被其他狗尿过的黄雪上小便。而且，杰思罗似乎可以辨认出它自己的气味，因为当它遇到自己尿过的黄雪时，它闻的时间要比闻那些别的狗尿过的黄雪所用的时间短，而且一旦辨认清楚后不做任何反应就扬长而去。

基于这些数据，贝科夫认为狗在某些方面具有像人一样的自我意识。根据贝科夫的说法，狗具有一种“身体性”（bodyness）的感觉，也就是一种可以支配自己的身体，并且拥有身体每一个器官（例如“我的爪子”“我的脸”等）的感觉。除此之外，狗还有一种“这是我的”的感觉，也就是说可以区分出哪些东西属于我，而哪些东西又属于别人。这种感觉包括对于“我的领地”“我睡觉的地方”和“我的骨头”的判断能力。但是以上的数据并不能完全使人信服狗是具有一种自我的意识的，也就是说我们还缺少一个更为明确的证据来表述清楚狗具有这种自我意识，例如泰山所说的“我是泰山，你是简”就清楚地表现出了泰山的自我意识。所以说到现在为止，这些用于检测狗的自我意识的实验看来还不是十分成功。

心理理论

可能对于意识的最严格的测验牵扯到由宾夕法尼亚大学的心

理学家大卫·波马克提出的心理学理论。了解这一理论的第一步是需要懂得这一理论不是由科学家们提出的心理学理论，而是我们每个人都具有的理论，是关于其他人和他们的理解力的理论。基本上说，这一理论认为我们不仅仅具有意识和自我意识，而且还知道别的人和动物也具有意识和自我意识。同时我们还必须明白其他人和动物具有他们自己的观点和思维的过程，而且这些观点和思维的过程与我们有可能相同，也有可能完全不同。头脑推测理论是成功的社会交往中所必需的，因为在交往中不仅需要思考一些例如“如果我这么做，让他知道的话，他会怎么做呢”之类的问题，还要求我们去商谈、避免冲突，有时甚至是撒谎和欺骗。人们普遍认为一个具有头脑推测理论的动物就已经达到了意识的最高水平，一部分是因为头脑推测理论包括了意识的所有元素，这些元素分别是对于周围情况主动的了解、对于世界在精神上的再现和自我的意识。自我的意识是将你置于别人的位置，使用自己的经验，并且利用自己的思维过程来预测别人的思维和行为的过程。

年龄在四岁以下的儿童的头脑推测理论还没完全建立，他们认为自己所看到和经历的事情必然和别人看到和经历的事情完全一样，他们无法想象别人的观点和另一种方式的思路是和自己完全不同的。一个简单的实验就可以为我们展示儿童的这种思维，在这个实验中，实验人员首先给小孩展示了两个具有两只手的木偶，然后表演了下面这个简单的情节：

> 这位是伯特。伯特有一个篮子。这位是厄尼。厄尼有一个箱子。伯特有一箱彩色蜡笔。它将这些蜡笔放入了它的篮子中。然后伯特离开屋子去散步了。厄尼将这些彩色蜡笔从篮子中拿了出来，然后放入了箱子中。现在伯特散步回来了。它想

要它的蜡笔画画。请问伯特会到哪里去找它的蜡笔呢？

小孩观看了彩色蜡笔被从篮子里转移到箱子里的全过程，所以小孩知道蜡笔在哪里，而没有看见这一过程的木偶伯特则完全不知道。三岁和三岁以下的孩子几乎都会将手指向箱子，这是因为他们还不能将他们自己所知道的和别人（或木偶）所知道的区别开来。那个可以让小孩明白别人的观点和思维过程可能与自己完全不同的头脑推测理论，在不到四岁的孩子身上还没有形成。在达到四岁的时候，这些孩子会明白伯特并不知道他们所知道的事情，因为伯特没有看见彩色蜡笔被转移的那一幕。那时孩子们会将手指向篮子，因为头脑推测理论在他们思想中已经完全形成，而且他们还明白伯特的观点和他们是完全不同的。

这就是为什么在做游戏时，我们让孩子们躲起来，但他们通常仅仅会蒙住自己眼睛的原因。在头脑推测理论还没有形成的时候，孩子们会认为如果你看不见别人，那么别人也就看不到你。

我与孙子拉维的一次非常有趣、还有一点挫败感的对话可以为我们证明这一点。拉维当时三岁左右，我们寄给了他三四本图画书。每一本的内容都是完全不同的，例如有的是讲动物，有的是讲卡车和小卧车。有一天，我的女儿丽贝卡打来电话，告诉我拉维很喜欢这些图画书中的一本，他想亲自对我说谢谢。

“那么你最喜欢哪一本呢？”我问道。

“这一本。”他回答道。

“好的，那么这一本是哪一本呢？”我问道。

“就是这一本，我真是太喜欢这本书了。”他回答道。

很显然那些图画书都在拉维的面前，他可能已经用手指着那本他最喜欢的书了，但是通过电话线的传递后，他的语言没有给我传递过来任何信息。但是拉维并不明白别人可能无法看见他正在观看的东西。他的年龄还不足以在思想中形成完整的头脑推测理论。

从另一个方面来讲，狗看起来是懂得别的人和动物是有其自己的观点和思维过程的。如果能从这样一个角度，即狗的思想中为什么会形成这种头脑推测理论，你就会明白头脑推测理论与进化的水平是非常适应、紧密关联的。野生的犬科动物，例如狼，经过进化都会具有"将自己放到脚印中"这一能力来作为捕食的技巧。头脑推测理论会告诉狼它必须保持在所追逐的猎物能看到和听到的范围之外，所以在追踪捕食猎物时狼必须尽量保持安静。一旦追逐真正开始，头脑推测理论还能帮助犬科动物进行预测，例如，在逃窜时被追击的猎物可能选择哪条路线之类的问题。当一群狼一起追逐大型猎物的时候，狼群经常会分为几个部分，其中一只或一群狼会在一个特定的方向躺下，以设好埋伏。一旦埋伏的狼就位以后，剩下的狼就会按照事先计划好的各个方向冲向猎物，把猎物向那个事先埋伏有狼的方位驱赶。这一策略不仅需要狼具有一定的远见和计划的能力，而且还要推测出猎物如何看待所处的形势以及可能的反应。因此对于群居的捕食者，比如狗来说，头脑推测理论是非常必需的。

狗看起来很明白、并经常考虑到其他生物也具有它们独特的观点。当你在户外与你的爱犬一起玩寻找并取回东西的游戏时，你爱犬的表现就是一个很好的例证。当你已经在那个将小球扔出、让爱犬寻找并交还给你的游戏玩了多次后，你只需要故意地转过身子背对它，毫无疑问，狗还会绕着跑到你的身前，并将球放到你的身前。这意味着你的爱犬看起来明白人在扔球之前是必须看到这个球的，而且只有在面对球的时候你才能看见它。

斯蒂芬·布迪安斯基曾经写过好几本关于动物的行为以及动物和人如何互相影响的好书。现在，他给我们带来了另一只狗是如何利用头脑推测理论发挥自己优势的例子。布迪安斯基的小猫是在他家畜舍的食物储藏室里面喂养的。他经常将食物储藏室的门关起来，以防止狗偷吃猫粮，但是有的时候当他进去取东西时，他的边境牧羊犬就会悄悄地潜进屋里偷吃。当然，当它发现主人正在呵斥它的行为时，就会停下来。但是，屋子里面总是有电话。当布迪安斯基走进屋里去接电话时，一旦他的注意力集中在通话上，且眼睛没有注意着狗的话，边境牧羊犬就会冲向放猫粮的地方开始吃，并且大部分时间还可以侥幸逃脱。当布迪安斯基怀疑狗是否具有头脑推测理论的时候，边境牧羊犬的表现无疑证明了一点，这就是狗有意识地了解到在打电话的时候，布迪安斯基的注意力被吸引走了，所以不会知道在这一段时间它到底干了什么。边境牧羊犬这个方面的头脑推测理论给了它一个盗取不该吃的东西的机会，使它十分自信自己的行为不会被发现。

事实上，实验已经证明了狗会考虑其他人或动物的观点。例如，何塞普·考尔和一组来自马克斯·普朗克学会进化人类学研究所的研究人员经过研究证明，狗可以明白身边的人都在关注些什么，并且通过观察人的目光所在来判断出那个人在注视着什么。实验中，实验人员在地上放置了一点食物，并严厉警告狗不要吃。但是如果实验人员离开了那个房间，狗就会立刻跑过去叼起那块食物。如果屋子里有人一直注视着狗，狗就不太会去碰这些食物，或者说如果狗决定去偷那块食物，它就会悄悄地到处转，并且在下手的前一刻保证实验人员的目光没有注视着它。最有趣的情况是，虽然屋子里面有人，但是这个人要么转过身去干一些自娱自乐的活动，要么闭上眼睛（很显然这种情况与布迪安斯基走开去接电话时的情景差不多）。在这种情况下，狗似乎发现了那个人的目光没有注视着它，并且它非常有可能找机会冲过去叼走那块食物。很明显，狗注意了那个人的目光所注视的地方，并且进行了一些基于头脑推测理论的分析，判断出那个人所关注的事情和偷吃后可能的反应，最后狗会根据这些判断来指导自己的行为。

撒谎、欺骗和理解

我们上面讨论到的狗的这些行为，不仅说明它是具有头脑推测理论的，而且还表明可以主动地利用信息，甚至是使用诡计来达到一些个体的目的。坦率地说，尽管大多数人都相信狗是有道德的，而且还很诚实，但是上述行为清楚地告诉我们，狗这个我们人类最好的朋友也是会撒谎和欺骗的。为了成功地欺骗别的动物，你必须坚信它也具有自己的观点和想法，并对它所思考的和所相信的加以利用。这是一种相对来说水平较高的主观意识，但是生活在如今这个组织社会化的世界中，欺骗这种能力毫无疑问是狗在竞争中的一个优势。

使用欺骗这种诡计的例子之一，就发生在我女儿卡里养的两只狗特莎和毕晓普身上。周末的时候，我们经常带着两只狗到我们的农场去玩，在那里它们可以和我的爱犬们一起玩耍。特莎当时年龄大了，它已经不像年轻时那样喜欢和别的狗一起蹦跳打闹了，但是还是很喜欢和别的狗在一起的感觉，还对在树叶丛中嗅来嗅去情有独钟，因为这在城市中是根本不可能的。但是特莎的最大爱好还不是以上这些，而是烟熏的猪耳朵。在农场的时候，我们每天都会给每只狗一片猪耳朵。有一天，当我才给狗分完猪耳朵时，特莎就已经开始以躺下这种它最喜欢的姿势咀嚼它的那份了。毕晓普也得到了自己的那份，但只是叼着，并没有开始吃。在这时，我的太太购物回来了，将汽车停在了屋子的旁边。不知是毕晓普发觉了汽车的声音，还是它那种向来以警觉著称的“家庭守卫者”的身份做出的反应。毕晓普丢掉了它的烟熏猪耳朵，向大门方向跑去，一边跑一边吠。特莎抬头向毕晓普的方向看了看，在发现它消失在通往大门的路上后，丢掉了它自己的烟熏猪耳朵，一路小跑冲向了原来毕晓普待的地方，叼起了毕晓普丢下的烟熏猪耳朵回到了它自己的位置，躺在了它自己的那份猪耳朵上面，开始大口咀嚼同伴的那份。当我太太进屋后，跑过去的毕晓普向她表示了欢迎，然后跑回原处寻找它的食物。毕晓普在仔细检查了它扔下食物的那块地方后开始四处转悠，搜寻任何有可能的角落。在毕晓普看来一直待在原地的特莎则继续旁若无人地咀嚼着毕晓普的烟熏猪耳朵。但是当它很快吃完后并没有马上站起来。特莎向前伸了伸爪子和脑袋，然后半闭着双眼仔细地观察着面前的一切。几分钟后，毕晓普在附近完成了它的搜索，向屋子方向慢慢走去了（有可能是去看看它的食物是否丢在半路上了）。当毕晓普一离开特莎的视线，特莎就站起来并叼起了那块被压在身下的烟熏猪耳朵，然后再次躺下，开始咀嚼起自己的那份。毕晓普看起来不仅不知道特莎抢了它的烟熏猪耳朵，而且也没有发现特莎以躺在赃物上面的这种非常聪明的方式，从它的眼皮底下隐藏了它的烟熏猪耳朵。

除此之外，还有很多关于狗欺骗的轶事趣闻。在一些例子中，狗甚至采取了一系列的欺骗动作。来自芝加哥的布伦达·爱德华给我讲述了一个关于她的两只杜宾犬——罗尔夫和范妮的故事。爱德华的故事如下：

要明白我为什么说范妮是一个真正的欺骗艺术家，你必须了解我们讲的两件事。第一件是我的爱犬们都很喜欢吃骨头，我给它们喂的都是大块的牛胫骨；而且每几天都可以得到一根。当它们把骨头啃得已经很碎、或很难看的时候，我就会把那些碎骨捡起来扔掉，有的时候它们自己也会丢掉。如果某些时候两只狗只有一块骨头，它们也不会为了这块骨头打起来。它们似乎达成了一个协议，也就是说在某一时刻谁控制了这块骨头，它就属于谁。

第二件事是，对于我的爱犬来说，吸引力唯一超过骨头的就是我的丈夫史蒂夫。我想原因是每当我的丈夫进屋的时候，他不仅会轻轻地拍一拍我的爱犬，而且还会从放在后门旁边的罐子中取一些美食喂给它们。史蒂夫经常把车停在车库中，而车库就在房屋的后面，所以他经常是从后门进屋的，这就意味着我丈夫会带来一个品尝美食的机会。

总之事情是这样的。有一天下午，罗尔夫在啃一块骨头，而范妮什么也没有。范妮站着看了看罗尔夫，然后不再盯着罗尔夫嘴里的骨头，而是在屋子里面四处转悠。当我走进厨房干活的时候，范妮突然从我的身边跑过，冲向后门的方向。它突然跳起来，用前爪狠狠地撞了一下后门。因为那扇门已经有些年头了，范妮的撞击让门晃动，让碰撞造成的门的移动听起来就像是关门的声音。紧接着，范妮就往回冲向厨房的门，靠在一边，紧贴着厨房里的台子，这是一个紧贴着门，但是进来的人却看不见的位置。当门被撞响的时候，罗尔夫听到了，它将这个声音理解成我丈夫史蒂夫回来时关门的声音。当罗尔夫一进入厨房，范妮就飞似的冲进屋子，抓起骨头占为己有。

我相信范妮撞击后门以发出好似关门的声音，是为了让罗尔夫以为史蒂夫回来了，并期待我的丈夫会奖赏给它一点美食，当把罗尔夫吸引出来之后范妮就可以去偷那块骨头了。更令我深信不疑的是，离开后门、躲在门的旁边让进来的人察觉不出，直到罗尔夫经过它后才开始它的行动等，这一切都是计划好了的。范妮真是一个欺骗高手啊！

特莎和范妮有关欺骗的故事都存在着一个问题，就是这两个故事都是在自然情况下发生的，所以虽然听起来很像是狗用欺骗的行为展示了它们的大脑意识，但实际上很难将其看作是科学的证据。但是来自东肯塔基大学的心理学家罗伯特·米切尔和克拉克大学的心理学家尼古拉斯·汤普森发现，狗在某一种很平常的情况下，是可以通过欺骗的行为展示出自己所具有的头脑推测理论的。这就是它们在玩耍的时候。这些实验人员用录像机记录下来了24只不同的狗与它们的主人或陌生人玩耍的过程，并一秒一秒地分析了狗与人之间交流的过程。在游戏中，狗与人都多次使用了欺骗的方法。我们将两种欺骗的方法分别称为“离开”和“误导”。当人在主导游戏的时候，他们的欺骗方法经常如下：首先给狗展示一个需要被寻回的物体，比如一个小球，接下来做出好像要将寻回物给狗的样子吸引它过来，然后突然将寻回物拿到狗所能触及到的范围之外，例如藏到身后，或当狗冲过来时将寻回物扔出去。当然，也可以假装要将寻回物扔出去的样子，但实际上并没有这么干。

狗将含有两种欺骗方式的游戏都玩了一遍。在“离开”游戏中，狗在嘴里叼着一个物体的情况下走向人，离人的距离近到将人吸引过来，但是还正好超出人所能触及到的范围。有时狗还故意停住脚步，将物体扔到地上，站在物体上面，有时甚至还后退一两步，就好像要把那个东西交给人一样。但是如果人在狗的引诱下走了过来想抓起这个物体时，狗就会立刻重新叼起这个物体，或者把东西一脚踢开，然后再拾起来，最后迅速地脱离人手臂所及的范围之外。另外一种涉及更多误导欺骗方式的游戏的名字叫自我离开，也就是狗径直向人跑去，但是当人被引诱着向前移动时，狗就立刻改变方向有意识地躲开了。

对于狗和人来说，这些游戏的部分乐趣并不仅仅局限于那种扔东西并寻回来的练习，而是互相测试对方头脑推测理论的一种实验方式。欺骗的成功看起来给人和狗都会带来喜悦。这也就可以解释为什么78%的人经常试图去欺骗狗，而同样，有92%的狗乐于欺骗人的原因。这些数据还告诉我们狗相对于人来说更喜欢欺骗。由这个实验得出的另外一个很有趣的数据就是人和狗两者欺骗对方的成功率。当人在游戏中欺骗狗时，他的成功率大概在47%。而当狗在游戏中欺骗人时，狗的成功率也达到了41%。如果说成功欺骗的基础是利用你的头脑推测理论去准确判断被你欺骗的个体所看到的、所理解到的和可能的反应的话，那么这就说明人大脑理论的准确性比狗强，但差距也仅仅是六个百分点，大大低于大多数人的预测。所以我们可以说，狗不仅确实故意在尝试欺骗的行为，而且成果几乎和人的一样出色。

现在让我们对这项实验的范围做一个很有意思的推测。假设我们利用一些特效技术，将米切尔和汤普森所拍摄的狗与人的欺骗游戏中的狗和人均作马赛克处理，两者的样子均变成相等大小的不可辨认的斑点图案。假设我们现在再让人们来辨认两块斑点图案的行为，并判断出哪个图案是人，而哪个图案又是狗。我猜测大部分人可能都无法进行辨认吧。如果两者的行为无法区别的话，那么就是说狗通过了图灵的测验。如果是这样的话，那么根据图灵博士的理论，我们就必须接受这一非常有道理的假说，即至少在游戏所限定的情况下，狗和人都使用了同一种推理方法、头脑推测理论和主观意识。

那么这种解释的适用范围到底多大呢？当然我并不是说狗就是用四条腿走路、并且穿狗皮大衣的人。我的意思是说狗的智力看起来大约相当于两到四岁儿童的智力（具体数字取决于你实验时所采用的测试项目），而且狗看起来还有一定的自我意识，同样，狗具有的头脑推测理论的水平至少相当于一个四岁的儿童。我并不是在说狗与一个成年人在主观意识所包含的所有方面的能力大小相当，而是说如果在没有准确数据进行对比的情况下，那么一个年龄在两到四岁之间的人和一只狗在主观意识和推理能力方面的能力看起来是大体相当的。

但是狗和人的行为可以说是殊途同归，也就是说两者会表现出差不多的行为，行为的结果也相同，但是使用的却是完全不同的思维过程。在我的一位同样是心理学家的名叫吉姆的朋友展示他的金毛寻回犬荷乔是具有阅读能力的时候，这种殊途同归的情况尤为明显。

“实际上我的爱犬荷乔就认识两个词，也就是我两个女儿的名字。但是我们可以用这两个词来与荷乔做游戏。”吉姆解释道。

之后，吉姆在两张卡片上分别打印了他女儿的英文名字Stephanie（斯蒂凡妮）和Pat（帕特），然后将小狗荷乔叫过来给它看这两张卡片，并且说道：“好的，荷乔，送一下信。”

狗在卡片的正反面都看了看，然后选择出一张印有Stephanie的卡片，跑向坐在屋里另一边的两个呵呵笑的女孩中的一个。在交给一个女孩后，它又迅速地返回，叼起另外一张印有Pat的卡片交给了另外一个女孩，后一个女孩接到卡片后抱了抱荷乔，并夸它是个非常聪明的家伙。

“让我试试。”我说道，因为我知道吉姆很有可能无意识地给出了一些提示或信号，指导了它的行为。

我另拿了两张新的卡片，在上面同样印上两个女孩的名字，然后展示给这只身材高大的金毛狗看。它仔细地观看了两张卡片，然后选择了印有Stephanie的卡片，交给那个叫作斯蒂凡妮的女孩，马上又返回将剩下的那张卡片交给另一个女孩。我被这一情景惊呆了，但是当我将那两张卡片收集起来后，吉姆看起来也非常地吃惊。

“这很奇怪，”他说道，“我经常是用黑体的大写字母在卡片上印我女儿的名字的，因为我认为这种字体方便狗进行辨认和学习。而你在打印的时候除了首字母外，其他用的都是小写体，可我还没有开始教它学习识别小写字母呢。”

我马上重新取了两张新的卡片开始测试，只是这次我用潦草的手写体代替了打印机的印刷体。但是好像荷乔一点没有受到这种字体改变的影响。它还是准确地辨认出了这两个词，然后迅速地分别将卡片送到了两个女孩手里。吉姆在嘀咕的同时做出了惊愕的表情，因为他的爱犬荷乔从来就没有受过手写体辨认的训练。但是当我看见这一情景时，一个情形突然在我的脑中一闪。

这一次我再次取了两张新的卡片，并且在一张上并排写了九个X（斯蒂凡妮的英文名Stephanie是由九个字母组成），而在另一张卡片上并排写了三个X（帕特的英文名Pat是由三个字母组成）。荷乔在观看了卡片上的单词后，非常自信地首先选择了那张有九个X的卡片交给了斯蒂凡妮，然后返回将另一张有三个X的卡片交给了帕特。现在我们就立刻清楚到底发生什么了。吉姆认为他教会了狗进行简单的单词区别，也就是如何识别两个特定的单词，因为这是人脑的思维。但是看来荷乔一点也没有学会辨认单词和字母的形状，而是学会了当遇到两张上面有字迹或图画的卡片时，仅仅根据卡片上的字符或图画的长短把字迹长的这张卡片交给斯蒂凡妮，字迹较短的交给帕特而已。

原因非常简单：虽然狗具有良好的智力能力和精确的思考过程，但是我们不能根据狗和人取得了相同的结论就说明狗所用的思维方式和人一样。

编后语

在完成整本书的最后一个部分时，我突然听到了某种兴奋的呜咽声。我的猎兔犬达比在我的办公室和厨房之间来回乱窜。我的好奇心驱使我离开电脑，跑过去探个究竟。原来我的达比迷恋上了我太太的名叫洛基的猫，达比正在疑惑洛基是怎么跑到桌子和台子上去的，因为猎兔犬的小短腿相对台子的高度来说实在是太短了，连挨都挨不着。像我其他的爱犬一样，达比也对猫的食物很感兴趣，总是想着怎么从洛基的碗里偷点东西出来。正因为这个原因，我们才将装有洛基的食物的碟子放在了厨房的台子上，这样一来就可以防止狗在好奇的时候偷吃洛基的食物了。事实上，我在大约二十分钟前才给洛基喂过食。由于台子很高，我们经常在它旁边放一个塑料制的垫脚用的小凳子，这样那只懒猫就不会很费劲地跳上台子；并且因为凳子很矮，高度也不足以让我那只贪吃的短腿狗接触到台子。刚才喂食时像平常一样，达比总是很关心我给洛基喂食的过程，当我将食物倒进洛基的碗里时达比更是特别地注意，与此同时还发出很兴奋、很向往的声音。现在当我好奇地走进厨房看它们在干什么的时候，洛基已经跳到了台子的上面。达比眼睛向上看看洛基，又看了看我，然后开始做出很奇怪的动作。达比伏下身去开始在台子的脚下挖着什么。但是当我向下看的时候却什么都没有看见。

“达比，你想说什么？”我问它，就好像期待着达比能回答一些什么似的。

这时它抬头看了看我，然后又在台子的脚下疯狂地挖着什么。我再次伏下身去仔细地看了看，但是还是什么都没有发现。达比停了一下，以更大的决心继续开始挖台子的脚了。最终，为了搞清楚达比到底在挖什么东西，我双手和双脚都挨在地上，弯下身来仔细检查这一区域。突然，我感到背上有个什么东西，但是当我向上看时，达比已经站在了台子的上面，吃起了洛基刚才没有吃完的食物。

一个人可以有很多的方式来解释刚才所看到的这件事情。最普遍的一种是说达比发现洛基是踩着垫脚的凳子才爬上了台子，而且它还明白它自己必须要有一个更大的垫脚的东西才能爬上台子。达比还明白，如果它专心致志地干某件事时，我往往会过来仔细看个究竟。所以，如果说达比事前设计了一个计划，那么这个计划也很简单，就是使我在台子附近伏下身来，然后将我当作一个更大、更有效的垫脚石从而爬上台子。在我看来，这一连串的推测证明了小狗达比不仅有主观的意识和思考能力，而且水准还很高。作为一个科学家，我知道我没有证据表明这些推测就是达比刚才策划时脑子里所想的，与此同时，我也没有证据表明这些推测不是达比刚才策划时脑子里所想的，因为很清楚，小狗达比在这件事中所表现出来的聪明才智超出了很多心理学博士的水平，所以现在我可以更欣慰地说，这一事件就是狗具有思考能力和智慧的证据。

新知
文库

01 《证据：历史上最具争议的法医学案例》[美] 科林·埃文斯 著 毕小青 译

02 《香料传奇：一部由诱惑衍生的历史》[澳] 杰克·特纳 著 周子平 译

03 《查理曼大帝的桌布：一部开胃的宴会史》[英] 尼科拉·弗莱彻 著 李响 译

04 《改变西方世界的 26 个字母》[英] 约翰·曼 著 江正文 译

05 《破解古埃及：一场激烈的智力竞争》[英] 莱斯利·罗伊·亚京斯 著 黄中宪 译

06 《狗智慧：它们在想什么》[加] 斯坦利·科伦 著 江天帆、马云霏 译

07 《狗故事：人类历史上狗的爪印》[加] 斯坦利·科伦 著 江天帆 译

08 《血液的故事》[美] 比尔·海斯 著 郎可华 译 张铁梅 校

09 《君主制的历史》[美] 布伦达·拉尔夫·刘易斯 著 荣予、方力维 译

10 《人类基因的历史地图》[美] 史蒂夫·奥尔森 著 霍达文 译

11 《隐疾：名人与人格障碍》[德] 博尔温·班德洛 著 麦湛雄 译

12 《逼近的瘟疫》[美] 劳里·加勒特 著 杨岐鸣、杨宁 译

13 《颜色的故事》[英] 维多利亚·芬利 著 姚芸竹 译

14 《我不是杀人犯》[法] 弗雷德里克·肖索依 著 孟晖 译

15 《说谎：揭穿商业、政治与婚姻中的骗局》[美] 保罗·埃克曼 著 邓伯宸 译 徐国强 校

16 《蛛丝马迹：犯罪现场专家讲述的故事》[美] 康妮·弗莱彻 著 毕小青 译

17 《战争的果实：军事冲突如何加速科技创新》[美] 迈克尔·怀特 著 卢欣渝 译

18 《口述：最早发现北美洲的中国移民》[加] 保罗·夏亚松 著 暴永宁 译

19 《私密的神话：梦之解析》[英] 安东尼·史蒂文斯 著 薛绚 译

20 《生物武器：从国家赞助的研制计划到当代生物恐怖活动》[美] 珍妮·吉耶曼 著 周子平 译

21 《疯狂实验史》[瑞士] 雷托·U. 施奈德 著 许阳 译

22 《智商测试：一段闪光的历史，一个失色的点子》[美] 斯蒂芬·默多克 著 卢欣渝 译

23 《第三帝国的艺术博物馆：希特勒与"林茨特别任务"》[德] 哈恩斯－克里斯蒂安·罗尔 著 孙书柱、刘英兰 译

24 《茶：嗜好、开拓与帝国》[英] 罗伊·莫克塞姆 著 毕小青 译

25 《路西法效应：好人是如何变成恶魔的》[美] 菲利普·津巴多 著 孙佩妏、陈雅馨 译

26 《阿司匹林传奇》[英] 迪尔米德·杰弗里斯 著 暴永宁、王惠 译

27 《美味欺诈：食品造假与打假的历史》[英] 比·威尔逊 著 周继岚 译

28 《英国人的言行潜规则》[英] 凯特·福克斯 著 姚芸竹 译

29 《战争的文化》[以] 马丁·范克勒韦尔德 著 李阳 译

30 《大背叛：科学中的欺诈》[美] 霍勒斯·弗里兰·贾德森 著 张铁梅、徐国强 译

31《多重宇宙：一个世界太少了？》[德]托比阿斯·胡阿特、马克斯·劳讷 著　车云 译

32《现代医学的偶然发现》[美]默顿·迈耶斯 著　周子平 译

33《咖啡机中的间谍：个人隐私的终结》[英]吉隆·奥哈拉、奈杰尔·沙德博尔特 著　毕小青 译

34《洞穴奇案》[美]彼得·萨伯 著　陈福勇、张世泰 译

35《权力的餐桌：从古希腊宴会到爱丽舍宫》[法]让－马克·阿尔贝 著　刘可有、刘惠杰 译

36《致命元素：毒药的历史》[英]约翰·埃姆斯利 著　毕小青 译

37《神祇、陵墓与学者：考古学传奇》[德]C. W. 策拉姆 著　张芸、孟薇 译

38《谋杀手段：用刑侦科学破解致命罪案》[德]马克·贝内克 著　李响 译

39《为什么不杀光？种族大屠杀的反思》[美]丹尼尔·希罗、克拉克·麦考利 著　薛绚 译

40《伊索尔德的魔汤：春药的文化史》[德]克劳迪娅·米勒－埃贝林、克里斯蒂安·拉奇 著　王泰智、沈惠珠 译

41《错引耶稣：〈圣经〉传抄、更改的内幕》[美]巴特·埃尔曼 著　黄恩邻 译

42《百变小红帽：一则童话中的性、道德及演变》[美]凯瑟琳·奥兰丝汀 著　杨淑智 译

43《穆斯林发现欧洲：天下大国的视野转换》[英]伯纳德·刘易斯 著　李中文 译

44《烟火撩人：香烟的历史》[法]迪迪埃·努里松 著　陈睿、李欣 译

45《菜单中的秘密：爱丽舍宫的飨宴》[日]西川惠 著　尤可欣 译

46《气候创造历史》[瑞士]许靖华 著　甘锡安 译

47《特权：哈佛与统治阶层的教育》[美]罗斯·格雷戈里·多塞特 著　珍栎 译

48《死亡晚餐派对：真实医学探案故事集》[美]乔纳森·埃德罗 著　江孟蓉 译

49《重返人类演化现场》[美]奇普·沃尔特 著　蔡承志 译

50《破窗效应：失序世界的关键影响力》[美]乔治·凯林、凯瑟琳·科尔斯 著　陈智文 译

51《违童之愿：冷战时期美国儿童医学实验秘史》[美]艾伦·M. 霍恩布鲁姆、朱迪斯·L. 纽曼、格雷戈里·J. 多贝尔 著　丁立松 译

52《活着有多久：关于死亡的科学和哲学》[加]理查德·贝利沃、丹尼斯·金格拉斯 著　白紫阳 译

53《疯狂实验史Ⅱ》[瑞士]雷托·U. 施奈德 著　郭鑫、姚敏多 译

54《猿形毕露：从猩猩看人类的权力、暴力、爱与性》[美]弗朗斯·德瓦尔 著　陈信宏 译

55《正常的另一面：美貌、信任与养育的生物学》[美]乔丹·斯莫勒 著　郑嬿 译

56《奇妙的尘埃》[美]汉娜·霍姆斯 著　陈芝仪 译

57《卡路里与束身衣：跨越两千年的节食史》[英]路易丝·福克斯克罗夫特 著　王以勤 译

58《哈希的故事：世界上最具暴利的毒品业内幕》[英]温斯利·克拉克森 著　珍栎 译

59《黑色盛宴：嗜血动物的奇异生活》[美]比尔·舒特 著　帕特里曼·J. 温 绘图　赵越 译

60《城市的故事》[美]约翰·里德 著　郝笑丛 译

61《树荫的温柔：亘古人类激情之源》[法]阿兰·科尔班 著　苜蓿 译

62《水果猎人：关于自然、冒险、商业与痴迷的故事》[加]亚当·李斯·格尔纳 著　于是 译

63《囚徒、情人与间谍：古今隐形墨水的故事》[美]克里斯蒂·马克拉奇斯 著　张哲、师小涵 译

64《欧洲王室另类史》[美]迈克尔·法夸尔 著　康怡 译

65《致命药瘾：让人沉迷的食品和药物》[美]辛西娅·库恩等 著　林慧珍、关莹 译

66《拉丁文帝国》[法]弗朗索瓦·瓦克 著　陈绮文 译

67《欲望之石：权力、谎言与爱情交织的钻石梦》[美]汤姆·佐尔纳 著　麦慧芬 译

68《女人的起源》[英]伊莲·摩根 著　刘筠 译

69《蒙娜丽莎传奇：新发现破解终极谜团》[美]让-皮埃尔·伊斯鲍茨、克里斯托弗·希斯·布朗 著　陈薇薇 译

70《无人读过的书：哥白尼〈天体运行论〉追寻记》[美]欧文·金格里奇 著　王今、徐国强 译

71《人类时代：被我们改变的世界》[美]黛安娜·阿克曼 著　伍秋玉、澄影、王丹 译

72《大气：万物的起源》[英]加布里埃尔·沃克 著　蔡承志 译

73《碳时代：文明与毁灭》[美]埃里克·罗斯顿 著　吴妍仪 译

74《一念之差：关于风险的故事与数字》[英]迈克尔·布拉斯兰德、戴维·施皮格哈尔特 著　威治 译

75《脂肪：文化与物质性》[美]克里斯托弗·E.福思、艾莉森·利奇 编著　李黎、丁立松 译

76《笑的科学：解开笑与幽默感背后的大脑谜团》[美]斯科特·威姆斯 著　刘书维 译

77《黑丝路：从里海到伦敦的石油溯源之旅》[英]詹姆斯·马里奥特、米卡·米尼奥-帕卢埃洛 著　黄煜文 译

78《通向世界尽头：跨西伯利亚大铁路的故事》[英]克里斯蒂安·沃尔玛 著　李阳 译

79《生命的关键决定：从医生做主到患者赋权》[美]彼得·于贝尔 著　张琼懿 译

80《艺术侦探：找寻失踪艺术瑰宝的故事》[英]菲利普·莫尔德 著　李欣 译

81《共病时代：动物疾病与人类健康的惊人联系》[美]芭芭拉·纳特森-霍洛威茨、凯瑟琳·鲍尔斯 著　陈筱婉 译

82《巴黎浪漫吗？——关于法国人的传闻与真相》[英]皮乌·玛丽·伊特韦尔 著　李阳 译

83《时尚与恋物主义：紧身褡、束腰术及其他体形塑造法》[美]戴维·孔兹 著　珍栎 译

84《上穷碧落：热气球的故事》[英]理查德·霍姆斯 著　暴永宁 译

85《贵族：历史与传承》[法]埃里克·芒雄-里高 著　彭禄娴 译

86《纸影寻踪：旷世发明的传奇之旅》[英]亚历山大·门罗 著　史先涛 译

87《吃的大冒险：烹饪猎人笔记》[美]罗布·沃乐什 著　薛绚 译

88《南极洲：一片神秘的大陆》[英]加布里埃尔·沃克 著　蒋功艳、岳玉庆 译

89《民间传说与日本人的心灵》[日]河合隼雄 著　范作申 译

90《象牙维京人：刘易斯棋中的北欧历史与神话》[美]南希·玛丽·布朗 著　赵越 译

91《食物的心机：过敏的历史》[英]马修·史密斯 著　伊玉岩 译

92《当世界又老又穷：全球老龄化大冲击》[美]泰德·菲什曼 著　黄煜文 译